土木工程施工
与测量技术研究

翁栎超 高续鑫 嵇国强 ◎著

U0333982

中国出版集团
中译出版社

图书在版编目（CIP）数据

土木工程施工与测量技术研究 / 翁枥超，高续鑫，嵇国强著. -- 北京：中译出版社，2023.12

ISBN 978-7-5001-7705-0

Ⅰ.①土… Ⅱ.①翁… ②高… ③嵇… Ⅲ.①土木工程—施工测量—研究 Ⅳ.①TB22

中国国家版本馆CIP数据核字（2024）第022064号

土木工程施工与测量技术研究

TUMU GONGCHENG SHIGONG YU CELIANG JISHU YANJIU

著　　者：翁枥超　高续鑫　嵇国强

策划编辑：于　宇

责任编辑：于　宇

文字编辑：田玉肖

营销编辑：马　萱　钟筏童

出版发行：中译出版社

地　　址：北京市西城区新街口外大街 28 号 102 号楼 4 层

电　　话：（010）68002494（编辑部）

邮　　编：100088

电子邮箱：book@ctph.com.cn

网　　址：http://www.ctph.com.cn

印　　刷：北京四海锦诚印刷技术有限公司

经　　销：新华书店

规　　格：787 mm×1092 mm　1/16

印　　张：17

字　　数：338 千字

版　　次：2025 年 1 月第 1 版

印　　次：2025 年 1 月第 1 次印刷

ISBN 978-7-5001-7705-0　　　定价：68.00 元

前　言

　　土木工程是人类赖以生存的重要物质基础，其在为人类文明发展作出巨大贡献的同时，也在大量地消耗资源和能源，可持续的土木工程结构是实现人类社会可持续发展的重要途径之一。随着我国具有国际水平的超级工程结构的建设不断增多，施工控制及施工力学将不断走向成熟，并将不断应用到工程的建设之中为工程建设服务。

　　土木工程施工是土木工程专业的一门必修专业课，主要研究土木工程施工原理和施工方法以及新技术、新材料、新工艺在土木工程施工中的发展和应用。基本任务是使学生通过对土木工程施工技术、施工工艺、施工组织原理的学习，掌握土木工程施工的基本概念、基本理论以及一般规律，培养发现、分析、解决土木工程施工关键问题的基本能力，为将来参加技术管理和施工现场管理打下良好的基础。

　　本书是土木工程方向的书籍，主要研究土木工程施工与测量，从土木工程与测量技术概述入手，针对深基础工程、结构安装工程、防水工程、装饰工程、砌体工程、钢筋混凝土工程、路面工程与地下工程进行了分析研究，还对水准测量、全站仪角测量、角度测量、距离测量、建筑工程施工测量、道路桥隧施工测量进行了简单的介绍。本书旨在摸索出一条适合现代土木工程施工与测量技术的科学道路，帮助其工作者在应用中少走弯路，运用科学方法，提高效率。

　　由于作者水平有限及时间仓促，书中难免存在不足之处，敬请广大师生与读者提出宝贵的意见和建议，我们将进行进一步的修订和完善。

作　者

2023 年 10 月

目 录

第一章　土方工程与测量技术

第一节　土方工程概述

一、概述

（一）土方工程的内容及施工

1. 土方工程的内容

①场地平整：将天然地面改造成所要求的设计平面时所进行的土石方施工全过程。

②地下工程的开挖和回填：开挖宽度在3m以内的基槽且长度大于或等于宽度的3倍或开挖底面积在20m²以内且长度小于宽度的3倍的土石方工程，是为浅基础、桩承台及沟槽等施工而进行的土石方开挖。

③地下工程大型土石方开挖：对人防工程、大型建筑物的地下室、深基础施工等进行的地下大型土石方开挖。

④土石方填筑：是对低洼处用土石方分层填平。回填分为夯填和松填两种。

2. 土方工程施工

（1）土方工程施工特点

面广量大，劳动强度大，施工条件复杂，工期长，受气候、水文、地质等影响大。

（2）土方工程施工要求

标高、断面要准确，土体要有足够的强度和稳定性，工程量要小，工期要短，费用要省。

（3）土方工程施工资料准备

建设单位应向施工单位提供场地实测地形图，原有地下管线、构筑物竣工图，土石方施工图，工程地质、水文、气象等技术资料，以便编制施工组织设计，并应提供平面控制桩和水准点，作为工程测量和验收的依据。

（4）土方工程施工方案

①根据工程条件，选择适宜的施工方案和效率高、费用低的机械；

②合理调配土石方，使工程量最小；

③合理组织机械施工，保证机械发挥最大的使用效率；

④安排好道路、排水、降水、土壁支撑等一切准备和辅助工作；

⑤合理安排施工计划，尽量避免雨季施工；

⑥保证工程质量，对施工中可能遇到的问题进行技术分析，并提出解决措施；

⑦有确保施工安全的措施。

（二）土的工程分类

在土木工程施工中，按土开挖的难易程度将土分为八类，见表1-1，这也是确定土木工程劳动定额的依据。

表1-1　土的工程分类

土的分类	土的名称	开挖方法	可松性系数	
			K_s	K'_s
一类土（松软土）	砂，亚砂土，冲积砂土，种植土，泥炭（淤泥）	能用锹、锄头挖掘	1.08~1.17	1.01~1.04
二类土（普通土）	亚黏土，潮湿的黄土，夹有碎石、卵石的砂，种植土，填筑土，亚砂土	用锹、锄头挖掘，少许用镐翻松	1.14~1.28	1.02~1.05
三类土（坚土）	软及中等密实黏土，重亚黏土，粗砾石，干黄土，含碎石、卵石的黄土，亚黏土，压实的填筑土	主要用镐，少许用锹、锄头，部分用撬棍	1.24~1.30	1.04~1.07
四类土（砂砾坚土）	重黏土，含碎石、卵石的黏土，粗卵石，密实的黄土，天然级配砂石，软的泥灰岩及蛋白石	用镐、撬棍，然后用锹挖掘，部分用楔子及大锤	1.26~1.37	1.06~1.09

土的分类	土的名称	开挖方法	可松性系数	
			K_s	K'_s
五类土（软石）	硬石炭纪黏土，中等密实的页岩、泥灰岩，白垩土，胶结不紧的砾岩，软的石灰岩	用镐或撬棍、大锤，部分使用爆破方法	1.30~1.45	1.10~1.20
六类土（次坚石）	泥岩，砂岩，砾岩，坚实的页岩、泥灰岩，密实的石灰岩，风化花岗岩、片麻岩	用爆破方法，部分用风镐	1.30~1.45	1.10~1.20
七类土（坚石）	大理岩，辉绿岩，粗、中粒花岗岩，坚实的白云岩、砂岩、砾岩、片麻岩、石灰岩	用爆破方法	1.30~1.45	1.10~1.20
八类土（特坚石）	玄武岩，花岗片麻岩，坚实的细粒花岗岩、闪长岩、石英岩、辉绿岩	用爆破方法	1.45~1.50	1.20~1.30

（三）土的工程性质

1. 土的天然含水量

土的天然含水量是指土中水的质量与土的固体颗粒的质量比，以百分数表示。

$$w = \frac{m_w}{m_s} \times 100\%$$

式中：w ——土的天然含水量；

m_w ——土中水的质量；

m_s ——土中固体颗粒的质量。

含水量是反映土的湿度的一个重要物理指标。天然状态下土层的含水量变化范围很大，与土的种类、埋藏条件及其所处的自然地理环境等有关。一般干的粗砂土，含水量接近于0，而饱和砂土含水量可达40%；坚硬的黏性土含水量小于30%，而饱和状态的软黏性土（如淤泥），含水量可达60%或更大。一般说来，对于同一类土，当其含水量增大时，强度就降低。含水量对于挖土的难易、施工时边坡稳定及回填土的夯实质量都有影响。在一定含水量的条件下，用同样的夯实工具，可使回填土达到最大密实度，此含水量称为最佳含水量。

2. 土的干密度

土的干密度是指单位体积土中固体颗粒的质量。

$$\rho_d = \frac{m_s}{V}$$

式中：ρ_d——土的干密度；

V——土的天然体积。

干密度越大，表示土越密实。在填土压实时，土经过打夯，其质量不变，体积变小，干密度增加，通过测定土的干密度，可判断土是否达到要求的密实度。这是评定土体密实程度的标准，可用以控制填土工程质量。

3. 土的可松性

天然土经开挖后，其体积因松散而增加，虽经振动夯实，但仍不能恢复原来的体积，这种性质称为土的可松性。土的可松性大小用可松性系数表示，包括最初可松性系数和最终可松性系数。

$$K_s = \frac{V_2}{V_1} \ , \ K'_s = \frac{V_3}{V_1}$$

式中：K_s——最初可松性系数；

K'_s——最终可松性系数；

V_1——土在天然状态下的体积；

V_2——土经开挖后的体积；

V_3——土经回填压实后的体积。

土的最初可松性系数是计算车辆装运土方体积及挖土机械的主要参数，土的最终可松性系数是计算填方所需挖土工程量的主要参数。

4. 土的渗透性

土体孔隙中的自由水在重力作用下会产生流动，土体被水透过的性质称为渗透性。土的渗透性是土的水力学主要性质之一，用渗透系数表示，反映水流通过土中孔隙的难易程度，地下水的流动及在土中的渗透速度都与它有关。

5. 土的密实度

土的密实度表示土的相对紧密程度（压实系数）。

二、场地平整

场地平整,就是将自然地面改造成人们所要求的平面,达到设计标高,并满足泄水坡度的要求。

大型工程项目通常都要确定场地设计平面,进行场地平整。确定场地设计平面,就是要确定场地的设计标高,这一设计标高应满足建筑规划、生产工艺及运输、排水及最高洪水位等要求,并力求使场地内土方挖填平衡且土方量最小。

(一)确定场地设计标高

1. 场地平整的程序

现场勘察→清除地面障碍物→标定平整范围→设置水准基点设置方格网→测量标高→计算土方挖填工程量→平整土方→场地碾压→验收。

2. 场地平整的一般要求

①平整场地应做好地面排水。平整场地的表面坡度应符合设计要求,如设计无要求,一般应向排水沟方向做成不小于0.2%的坡度。

②平整后的场地表面应逐点检查,检查点为每100~400m²取1点,但不少于10个点;长度、宽度和边坡均为每20m取1点,每边不少于1个点。

③场地平整应经常测量和校核其平面位置、水平标高和边坡坡度是否符合设计要求。平面控制桩和水准控制点应采取可靠措施加以保护,定期复测和检查;土方不应堆在边坡边缘。

(二)场地平整土方量的计算

1. 用平均高度法计算场地的挖、填土方量

零线确定后,可进行场地土方量的计算,方格中的土方可分为以下几个类别进行计算,如图1-1所示。

①方格四个角点全挖或全填。

$$V = \frac{a^2}{4}(h_1 + h_2 + h_3 + h_4)$$

②方格四个角点中两个是填方,两个是挖方。

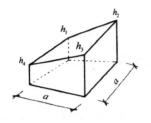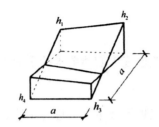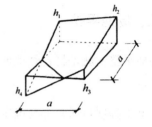

（a）角点全挖或全填　　　（b）角点两填两挖　　　（c）角点一填（挖）三挖（填）

图 1-1　场地土方量计算

挖方：

$$V_{挖} = \frac{a^2}{4} \left(\frac{h_1^2}{h_1 + h_4} + \frac{h_2^2}{h_2 + h_3} \right)$$

填方：

$$V_{填} = \frac{a^2}{4} \left(\frac{h_4^2}{h_1 + h_4} + \frac{h_3^2}{h_2 + h_3} \right)$$

③方格四个角点中一个是填方，三个是挖方；或相反。

填方：

$$V_{填} = \frac{a^2}{6} \frac{h_4^3}{(h_1 + h_4) + (h_3 + h_4)}$$

挖方：

$$V_{挖} = \frac{a^2}{6} (2h_1 + h_2 + 2h_3 - h_4) + V_{填}$$

2. 基坑、基槽土方量计算

基坑（槽）、路堤土方量（图 1-2）可按拟柱体体积公式计算。

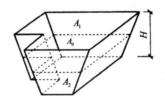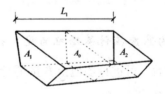

（a）基坑土方量计算　　　　　（b）基槽、路堤土方量计算

图 1-2　土方量计算

①基坑土方量可按下式计算：

$$V = \frac{H}{6} (A_1 + 4A_0 + A_2)$$

式中：V——土方工程量；

H——基坑深度；

A_1，A_2，A_0——基坑的上底面面积、下底面面积、中截面面积。

②基槽（路堤）土方量可沿长度方向分段计算 V_i，再求和，即 $V = \sum V_i$，如下式所示：

$$V = \sum V_i = \sum \frac{L_i}{6}(A_1 + 4A_0 + A_2)$$

式中：V——土方工程量：

L_i——槽段长度；

A_1，A_2，A_0——基槽的左端面面积、右端面面积、中截面面积。

三、土方的填筑与压实

（一）土料的选用与处理

填土土料应符合设计要求，保证填方的强度和稳定性。选择的填料应为强度高、压缩性小、水稳定性好及便于施工的土、石料。如无设计要求，应符合下列规定：

①碎石类土、砂土和爆破石渣可用于表层以下的填料。

②含水量符合压实要求的黏性土，可作为各层的填料，但不宜用于路基填料。若用于路基填料，必须充分压实并设有良好的排水设施。

③一般不能选用淤泥和淤泥质土、膨胀土、有机质含量大于8%的土、含水溶性硫酸盐大于5%的土、含水量不符合压实要求的黏性土作为填料。

填土土料应严格控制含水量，施工前应进行检验。当土的含水量过高时，应采用翻松、晾晒、风干等方法降低含水量，或采取掺入干土、打石灰桩等措施；当土的含水量偏低时，则可预先洒水湿润，否则难以压实。

（二）填土及压实方法

1. 填土方法

①人工填土：一般用手推车运土，用锹、耙、锄等工具进行填筑，只适用于小型土方工程。

②机械填土：可用推土机、铲运机或自卸汽车进行填筑。自卸汽车填土，需用推土机推平。采用机械填土时，可利用行驶的机械进行部分压实工作。

2. 填土要求

①填土应从最低处开始，由下向上，整个宽度分层铺填、碾压或夯实。

②填土应分层进行并尽量采用同类土填筑。

③应在相对两侧或四周同时进行回填与夯实。

④当天填土应在当天压实。

3. 压实方法

填土的压实方法一般有碾压法、夯实法和振动压实法等。

（1）碾压法

碾压法适用于大面积填土工程。

碾压机械有平碾、羊足碾和气胎碾等。应用最普遍的是刚性平碾；羊足碾只能用于压实黏性土；气胎碾工作时是弹性体，给土的压力较均匀，填土质量较好。

（2）夯实法

夯实法主要用于小面积填土，其优点是可以压实较厚的土层。

夯实机械有夯锤、内燃夯土机、蛙式打夯机和振动压实机等。

①夯锤。它借助起重机提起并落下，质量大于 1.5t，落距为 2.5~4.5m，夯土影响深度可超过 1m，常用于夯实湿陷性黄土杂填土以及含有石块的填土。

②内燃夯土机的作用深度为 0.4~0.7m，蛙式打夯机的作用深度一般为 0.2~0.3m。两者均为应用较广的夯实机械。

③振动压实机。它主要用于压实非黏性土。

4. 影响填土压实质量的因素

影响填土压实质量的主要因素有压实功、土的含水量及每层铺土厚度等。

（1）压实功的影响

填土压实后的密度与压实机械在其上所施加的功有一定的关系，若土的含水量一定，则在开始压实时，土的密度急剧增加，到接近土的最大密度时，压实功虽然增加许多，但土的密度则变化甚小。在实际施工中，对于砂土只需碾压或夯击两三遍，对粉质黏土只需碾压或夯击三四遍，对粉土或黏土只需碾压或夯击五六遍。此外，松土不宜用重型碾压机械直接滚压，否则土层出现强烈的起伏现象，效率不高。如果先用轻碾压实，再用重碾压实，就会取得较好效果。

（2）含水量的影响

在同一压实功条件下，填土的含水量对压实质量有直接影响。较为干燥的土，由于土颗粒之间的摩擦阻力较大，因而不易压实。当含水量超过一定限度时，土颗粒之间的孔隙由水填充而呈饱和状态，压实功不能有效地作用在土颗粒上，同样不能得到较好的压实效果。只有当填土具有适当含水量时，水起了润滑作用，土颗粒之间的摩擦阻力减小，土才易被压实。每种土都有其最佳含水量，土在这种含水量条件下，使用同样的压实功进行压实，所得到的密度最大。工地上简单检验黏性土最佳含水量的方法一般是以手握成团、落地开花为适宜。为了保证填土在压实过程中的最佳含水量，当土过湿时，应翻松晾干，也可掺入同类干土或吸水性土料；当土过干时，应洒水湿润。

（3）土在压实功的作用下，其应力随深度增加而逐渐减小，影响深度与压实机械、土的性质和含水量等有关。铺土厚度应小于压实机械压土时的作用深度，铺得过厚，要压很多遍才能达到规定的密实度；铺得过薄，同样要增加机械的总压实遍数。最优的铺土厚度应能使土方压实而机械的功耗最少。

上述三个方面影响因素之间是互相关联的。为了保证压实质量，提高压实机械的生产率，重要工程应根据土质和所选用的压实机械在施工现场进行压实试验，以确定达到规定密实度所需的压实遍数、铺土厚度及最优含水量。

5. 填土压实的质量检查

填土压实后应达到一定的密实度及含水量。

密实度一般根据设计由工程结构性质使用要求及土的性质确定。

填土的密实度以压实系数 λ_c 控制。

$$\lambda_c = \frac{\rho_d}{\rho_{dmax}}$$

式中：ρ_d——施工控制干密度；

ρ_{dmax}——土的最大干密度。

施工前，应求出现场各种填料的最大干密度 ρ_{dmax}，土的最大干密度可由击实试验确定。然后乘以设计的压实系数 λ_c，求得施工控制干密度 ρ_d，以作为检查施工质量的依据。

填土压实后，可用"环刀法"取土样，取样组数应符合规范的规定。试样取出后，先测定土的湿密度及含水量，然后用下式计算土的实际干密度 ρ_0（g/cm^3）：

$$\rho_0 = \frac{\rho}{1 + 0.01W}$$

若 $\rho_0 \geq \rho_d$，则压实质量合格；若 $\rho_0 < \rho_d$，则压实不够，应采取相应措施提高压实质量。

四、土方的机械化施工

（一）推土机

推土机是在拖拉机上安装推土板等工作装置而成的机械，是场地平整工程土方施工的主要机械之一。推土机是集铲、运、平、填于一身的综合性机械，由于其操纵灵活、运转方便、所需工作面小、行驶速度快、易于转移、能爬 30° 左右的缓坡等，应用十分广泛。

推土机的适用范围：推土机开挖的基本作业是铲土、运土和卸土三个工作行程和空载回驶行程。多用于场地清理和平整、开挖深度在 1.5m 以内的基坑、填平沟坑，以及配合铲运机、挖土机工作等。在推土机后面可安装松土装置，也可拖挂羊足碾进行土方压实工作。推土机可以推挖一至三类土，四类土以上需经预松后才能作业。推土机经济运距在100m 以内，效率最高的运距为 60m。

推土机的生产率主要取决于推土机推移土的体积及切土、推土、回程等工作的循环时间。为提高生产率可采用下坡推土、并列推土、槽形推土等施工方法。

（二）铲运机

铲运机是一种能独立完成铲土、运土、卸土、填筑、整平的土方机械。铲运机管理简单，生产率高且运转费用低，在土方工程中常应用于大面积场地平整、填筑路基和堤坝等。它最适宜于开挖含水量不超过 27% 的松土和普通土，坚土（三类土）和砂砾坚土（四类土）需用松土机预松后才能开挖。自行式铲运机在运距为 800~1500m 时效率最高，拖式铲运机在运距为 200~350m 时效率最高。

铲运机的生产率主要取决于铲斗装土容量和铲土、运土、卸土、回程的工作循环时间。为提高生产率，可采用下坡铲土、推土机助铲等方法，以缩短装土时间和使铲斗装满。

铲运机的开行路线主要有环形路线和 "8" 字形路线两种形式。铲运机运行路线应根据填、挖方区的分布情况并结合当地具体条件进行合理选择。环形路线是一种既简单又常用的路线。当地形起伏不大，施工地段较短时，多采用环形路线。根据铲土与卸土的相对位置不同，环形路线分为两种情况，每一循环只完成一次铲土和卸土；当挖填交替且挖填方之间的距离又较短时，则可采用大循环路线。此时，一个循环能完成多次铲土和卸土，可减少铲运机的转弯次数，提高工作效率。"8" 字形路线是装土、运土和卸土轮流在两个工作面上进行，每一循环完成两次铲土和两次卸土作业。这种运行路线，装土、卸土沿直线开行，上、下坡时斜向行驶，比环形路线运行时间短，减少了转弯次数和空驶距离。同时，每次循环两次转弯方向不同，可避免机械行驶时的单侧磨损。它适用于取土坑较长（300～500m）的路基填筑或地形起伏较大的场地平整。

（三）单斗挖土机

1. 正铲挖土机

正铲挖土机的特点是"前进向上，强制切土"。正铲挖土机适用于开挖停机面以上的一至四类土和经爆破的岩石、冻土。与运土汽车配合能完成整个挖运任务，可用于大型干燥基坑以及土丘的开挖。正铲挖土机开挖方式有正向挖土、侧向卸土和正向挖土、后方卸土两种。

正向挖土、侧向卸土是挖土机沿前进方向挖土，运输工具在挖土机一侧开行和装土。采用这种作业方式，挖土机卸土时铲臂回转角度小、装车方便、循环时间短、生产效率高，而且运输车辆行驶方便，避免了倒车和小转弯，因此应用最广泛。

由于正铲挖土机作业于坑下，无论采用哪种卸土方式，都应先挖掘出口坡道，坡道的坡度为 1∶10～1∶7。

正向挖土、后方卸土是挖土机沿前进方向挖土，运输工具在挖土机后方装土。这种作业方式的工作面较大，但挖土机卸土时铲臂回转角度大，运输车辆要倒车驶入，增加工作循环时间，生产效率降低。此作业方式一般只宜用于开挖工作面较狭窄且较深的基坑（槽）、沟渠和路堑等。

2. 反铲挖土机

反铲挖土机的特点是"后退向下，强制切土"。反铲挖土机适用于开挖停机面以下的一至三类土，适用于开挖深度不大的基坑（槽）或管沟等及含水量大或地下水位较高的土方。反铲挖土机可以与自卸汽车配合，装土运走，也可弃土于坑（槽）附近。反铲挖土机的开挖方式有沟侧开挖和沟端开挖两种。

沟侧开挖是挖土机沿沟槽一侧直线移动，边走边挖，运输车辆在挖土机旁装土或直接将土卸在沟槽的一侧。卸土时铲臂回转半径小，能将土弃于距沟边较远的地方，但挖土宽度和深度较小，边坡不易控制。由于机身停在沟边工作，边坡稳定性差。因此，只在无法采用沟端开挖方式或挖出的土不需运走时采用。

沟端开挖是挖土机在基坑（槽）的一端，向后倒退着挖土，汽车在两旁装车运土，也可直接将土甩在基坑（槽）的两边堆土。此法的优点是挖掘宽度不受挖土机械最大挖掘半径的限制，铲臂回转半径小，开挖的深度可达到最大挖土深度。

3. 抓铲挖土机

抓铲挖土机的特点是"直上直下，自重切土"。抓铲挖土机适用于开挖停机面以下一、二类土，如挖窄而深的基坑、疏通旧有渠道以及挖取水中淤泥等，或用于装卸碎石、矿渣等松散材料。在软土地基的地区，其常用于开挖基坑、沉井等。它的开挖方式有沟侧开挖和定位开挖两种。

沟侧开挖是抓铲挖土机沿基坑边移动挖土，适用于边坡陡直或有支护结构的基坑开挖。

定位开挖是抓铲挖土机立于基坑一侧抓土；对较宽的基坑，则在基坑两侧或四周抓土。挖淤泥时，抓斗易被淤泥吸住，应避免用力过猛，以防翻车。

4. 拉铲挖土机

拉铲挖土机的特点是"后退向下，自重切土"。拉铲挖土机适用于开挖停机面以下的一、二类土，适用于开挖较深、较大的基坑（槽）、沟渠，挖取水中泥土以及填筑路基、修筑堤坝等。拉铲挖土机大多将土直接卸在基坑（槽）附近堆放，或配备自卸汽车装土运走，但工效较低。拉铲挖土机的开挖方式有沟端开挖和沟侧开挖两种。

（四）挖土机与运土车辆的配合计算

当挖土机挖出的土方需用运土车辆运走时，挖土机的生产率不仅取决于本身的技术性能，还取决于辅助运输机械是否与挖土机相互配套，协调工作。

单斗挖土机挖土配以自卸汽车运土时，其配套计算如下。

1. 挖土机数量 N 的确定

$$N = \frac{Q}{P} \cdot \frac{1}{TCK}$$

式中：Q——基坑土方量，m^3。

T——计划工期，d。

C——每天工作台班数，台班/d。

K——单班时间利用系数。

P——挖土机单机生产率，m^3/台班，可查定额确定或按下式计算：

$$P = \frac{8 \times 3600}{t} q \frac{K_e}{K_S} K_B$$

2. 自卸汽车数量 N' 的计算

自卸汽车的数量 N' 应能保证挖土机连续工作，可按下式计算：

$$N' = \frac{T}{t_1 + t_2}$$

式中：T——自卸汽车每一工作循环延续时间，由装车、重车运输、卸车、空车返回及等待时间组成，s。

t_1——运输车辆掉头而使挖土机等待时间，s。

t_2——运输车辆装满一车土的时间，s，可按下式计算：

$$t_2 = nt$$

$$n = \frac{10Q}{q\dfrac{K_c}{K_S}\gamma}$$

式中：n——运土车辆每车装土次数；

Q——运土车辆的载重量，t；

q——挖土机的斗容量，m³；

γ——土的重力密度，kN/m³。

第二节　测量技术概述

一、测绘学与土木工程测量概述

（一）测绘学的任务及作用

测绘学是研究测定和推算地面几何位置、地球形状及地球重力场，据此测量地球表面自然物体和人工设施的几何分布，编制各种比例尺地图的理论和技术的学科。测绘学的研究对象是地球的形态、位置、重力分布等地理空间信息，因而测绘学可认为是地球科学的一个分支学科。近年来，测绘学的研究对象还从地球表面扩大到了地球外部空间及地球内部构造等领域。

按照研究范围、研究对象及采用技术手段的不同，测绘学的学科分支有：大地测量学、摄影测量学、地图学、工程测量学、海洋测绘学。

①大地测量学：研究和确定地球的形状、大小、重力场、整体与局部运动和地表面点的几何位置以及它们变化的理论和技术的学科。大地测量学是测绘学各分支学科的理论基础，基本任务是建立地面控制网、重力网，精确测定控制点的空间三维位置，为地形测量提供控制基础，为各类工程施工测量提供依据，为研究地球形状、大小、重力场及其变化，地壳形变及地震预报提供信息。现代大地测量学包括三个基本分支：几何大地测量学、物理大地测量学和空间大地测量学。

②摄影测量学：研究摄影影像与被摄物体之间的内在几何和物理关系，进行分析、处理和解译，以确定被摄物体的形状、大小和空间位置，并判定其性质的一门学科。从不同角度对摄影测量学可进行如下分类：按距离远近分为航空摄影测量、航天摄影测量、地面摄影测量、近景摄影测量和显微摄影测量；按用途分有地形摄影测量和非地形摄影测量；按技术处理方法分为模拟法摄影测量、解析法摄影测量和数字摄影测量。

③地图学：研究模拟和数字地图的基础理论、设计、编绘、复制的技术方法以及应用的学科。地图学由理论部分、制图方法和地图应用三部分组成。地图是测绘工作的重要产品形式。学科发展促使地图产品从模拟地图向数字地图转变，从二维静态向三维立体、四维动态转变，利用遥感技术获得的信息进行遥感图像制图，利用虚拟现实技术实现对现实环境的模拟，借助特殊装备，可使用户有身临其境的感觉。计算机制图技术和地图数据库的发展，促使地理信息系统（GIS）产生，数字地图的发展及宽广的应用领域为地图学的发展和地图的应用展现出光辉的前景，使数字地图成为21世纪测绘工作的基础和支柱。

④工程测量学：研究工程建设和自然资源开发中，在规划勘测设计、施工和运营管理各个阶段进行的控制测量、大比例尺地形测绘、地籍测绘、施工放样、设备安装、变形监测及分析与预报等的理论和技术的学科。工程测量学是一门应用学科，按其研究对象可分为：建筑工程测量、水利工程测量、矿山测量、铁路工程测量、公路工程测量、输电线路与输油管道测量、桥梁工程测量、隧道工程测量、港口工程测量、军事工程测量、城市建设测量以及三维工业测量、精密工程测量、工程摄影测量等。

⑤海洋测绘学：以海洋水体和海底为对象，研究海洋定位，测定海洋大地水准面和平均海面、海底和海面地形、海洋重力、海洋磁力、海洋环境等自然和社会信息的地理分布及编制各种海图的理论和技术的学科。其内容包括海洋大地测量、海道测量、海底地形测量和海图编制。

测绘学的应用范围很广，测绘工作常被人们称为建设的尖兵，在国民经济建设、国防建设以及科学研究等领域，都占有重要的地位，对国家可持续发展发挥着越来越重要的作用。

在国民经济建设方面，测绘信息是国民经济和社会发展规划中最重要的基础信息之一。测绘工作为国土资源开发利用，工程设计和施工，城市建设、工业、农业、交通、水利、林业、通信、地矿等部门的规划和管理提供地形图和测绘资料。土地利用和土壤改良、地籍管理、环境保护、旅游开发等都需要测绘工作，应用测绘工作成果。

在国防建设方面，测绘工作为赢得现代化战争提供测绘保障。各种国防工程的规划、设计和施工需要

测绘工作，战略部署、战役指挥离不开地形图，现代测绘科学技术对保障远程导弹、人造卫星或航天器的发射及精确入轨起着非常重要的作用，现代军事科学技术与现代测绘科学技术已经紧密结合在一起。

在科学研究方面，诸如航天技术、地壳形变、地震预报、气象预报、滑坡监测、灾害预测和防治、环境保护、资源调查以及其他科学研究中，都要应用测绘科学技术，需要测绘工作的配合。地理信息系统（GIS）、数字城市、数字中国、数字地球的建设，都需要现代测绘科学技术提供基础数据信息。

随着空间科学、信息科学的飞速发展，全球导航卫星系统（GNSS）、遥感（RS）、地理信息系统（GIS）技术已成为当前测绘工作的核心技术。计算机和网络通信技术的普遍应用，测绘领域早已从陆地扩展到海洋、空间，由地球表面延伸到地球内部；测绘技术体系从模拟转向数字、从地面转向空间、从静态转向动态，并进一步向网络化和智能化方向发展；测绘成果已从三维发展到四维、从静态发展到动态。随着新的理论、方法、仪器和技术手段不断涌现及国际间测绘学术交流合作日益密切，我国的测绘事业必将取得更多、更大的成就。每个测绘工作者都有责任兢兢业业、不避艰辛，努力当好国民经济建设的尖兵，为我国的经济建设和社会发展多做贡献。

（二）土木工程测量的任务

土木工程测量属于工程测量学范畴，广泛应用于建筑、道路、隧道、桥梁、水电站、港口、管线、环境等工程的勘测设计、施工和管理各个阶段。其主要任务是：

①建立区域测量控制基准，测绘地形图。地形图是工程建设勘察、规划、设计的依据。在工程勘测阶段，需要确定地球表面局部区域建（构）筑物、自然地物和地貌、地表高低起伏形态的空间三维坐标测量原理和方法；研究局部区域地图投影理论，以及将测量资料按比例绘制地形图的原理和方法。在工程竣工阶段，土木工程测量的任务是测绘竣工图。

②利用地形图进行规划、设计。在工程规划设计阶段，根据地形图的成图原理和方

法，如图幅大小、坐标轴系、各类图示符号的性质等，在图上进行点、线、面的量测，然后把量测结果转换为实地相应的数据，同时在地形图上进行土地平整、土方计算、道路与管线选线、建筑设计和区域规划等工作。

③进行建（构）筑物施工测设和建筑质检。施工测设是工程施工的依据，测设又称放样。在工程施工阶段，土木工程测量的任务是将规划设计在图纸上的建（构）筑物的平面位置和高程，通过测量定位、放线、安装和检查，准确地标定和放样在实地上，为施工提供准确的位置信息。同时，还要开展整个施工过程及大型结构物安装中的测控工作，以保证施工的质量和安全。

④对大型建（构）筑物的安全性进行变形监测和分析。大型建（构）筑物施工过程中和竣工后，为确保工程建设和使用的安全，应对建（构）筑物的位移和变形进行监测，并对其安全性进行分析和评估。

总之，测量工作贯穿于工程建设的整个过程。从事土木工程工作的技术人员必须掌握工程测量的基本知识和技能。土木工程测量是工程建设技术人员必修的一门技术基础课。学习本课程之后，学生应掌握地形测量学和工程测量学的基本知识、基础理论；能熟练使用水准仪、全站仪等测量仪器和工具；了解大比例尺地形图的测绘方法；具备正确应用地形图及有关测量资料并进行一般工程施工测设的能力，能灵活利用所学知识为专业工作服务。

二、地球的形状与大小

（一）大地水准面

测量工作的对象主要是地球的自然表面，但地球表面极不规则，有高山、丘陵、平原、河流、湖泊和海洋，比如，世界第一高峰珠穆朗玛峰高达 8844.43m，而位于太平洋西部的马里亚纳海沟深达 11034m。尽管有这样大的高低起伏，但相对于平均半径为 6371km 的地球球体来说仍可忽略不计。据科学调查，地球表面的海洋面积约占 71%，陆地面积只占 29%。因此，测量中把地球形状看作由静止的海水面向陆地延伸并围绕整个地球所形成的某种形体。

地球的形状主要是由地球的引力和自转产生的离心力决定的。地球表面任一质点都同时受到两个作用力：地球自转产生的惯性离心力和整个地球质量产生的引力，这两种力的合力称为重力。引力方向指向地球质心，如果地球自转角速度是常数，惯性离心力的方向垂直于地球自转轴向，重力方向则是两者合力的方向，重力的作用线又称为铅垂线。用细绳悬挂一个垂球，其静止时所指示的方向即为铅垂线的方向。

处于静止状态的海水面称为水准面。这个水准面是一个重力等位面，水准面上处处与重力方向（铅垂线方向）垂直。在地球表面重力的作用空间，不同高度的点都会有这样一个水准面，因而水准面有无限多个。其中，把一个假想的、与静止的平均海水面重合并向陆地延伸且包围整个地球的特定重力等位面称为大地水准面。

大地水准面和铅垂线是测量外业所依据的基准面和基准线。

（二）参考椭球体

由于地球表面起伏不平和地球内部质量分布不匀，地面上各点的铅垂线方向产生不规则的变化，故大地水准面实际上是一个略有起伏的不规则曲面，该面包围的形体近似于一个旋转椭球，称为大地体，常用来表示地球的物理形状，但无法用数学公式精确表达。

研究表明，地球形状极近似于一个两极稍扁的旋转椭球，即一个椭圆绕其短轴旋转而成的形体。由于旋转椭球面可以用数学公式准确表达，所以在测量工作中，选用这样一个规则的曲面代替大地水准面作为测量计算的基准面。

代表地球形状和大小的旋转椭球称为"地球椭球"。与大地水准面最接近的地球椭球称为总地球椭球；与某个区域如一个国家大地水准面最为密合的椭球称为参考椭球，其椭球面称为参考椭球面。由此可见，参考椭球有多个，而总地球椭球只有一个。

为了便于计算测量成果，参考椭球可以用数学公式表示为：

$$\frac{X^2}{a^2} + \frac{Y^2}{a^2} + \frac{Z^2}{b^2} = 1$$

式中：a、b 为参考椭球体几何参数，a 为长半径 b 为短半径。参考椭球体扁率 α 应满足下式：

$$\alpha = \frac{a-b}{a}$$

三、测量常用坐标系

地面点的空间位置可在采用的坐标系统下进行表示。测量上常用的坐标系有空间直角坐标系、大地坐标系、高斯投影平面直角坐标系、独立平面直角坐标系等。在空间直角坐标系中，用 X、Y、Z 表示地面点的空间三维坐标。在大地坐标系和高斯投影平面直角坐标系中，用 B、L 和 x、y 表示地面点沿着基准线投影到基准面上的平面位置；用 h 表示高程，为地面点沿基准线到基准面的距离。该基准线可以是铅垂线，也可以是法线；基准面是大地水准面、平面或者是椭球体面。

（一）大地坐标系

我国常用的大地坐标系如下。

1.1954 年北京坐标系

中华人民共和国成立以后，我国大地测量进入全面发展时期，在全国范围内开展了正规的、全面的大地测量和测图工作，当时迫切需要建立一个参考坐标系。为此，采用了苏联的克拉索夫斯基椭球参数，并与苏联 1942 年坐标系进行联测，通过计算建立了我国大地坐标系，定名为 1954 年北京坐标系。因此，1954 年北京坐标系可以认为是苏联 1942 年坐标系的延伸，它的原点不在北京而在苏联的普尔科沃。我国采用 1954 年北京坐标系进行了大量测绘工作，在我国经济建设和国防建设中发挥了重要作用。但是这个坐标系存在如下缺点：

①椭球参数误差较大，其参考椭球长半轴偏长，比地球总椭球的长半轴约长 109m。

②椭球基准轴定向不明确，给坐标换算带来一些不便和误差。

③参考椭球面与我国大地水准面不太吻合，存在自西向东明显的系统性倾斜，东部高程异常可达 68m，西部新疆地区高程异常为零。

④点位精度不高。

2.1980 年国家大地坐标系

为了更好地适应经济建设、国防建设和地球科学研究的需要，克服 1954 年北京坐标系存在的问题，充分发挥我国原有天文大地网的潜在精度，于 20 世纪 70 年代末，对原大地网重新进行了平差。该坐标系是采用 1975 年国际大地测量与地球物理联合会（IUGG）推荐的地球椭球，以中国地极原点 JYD1968.0 系统为椭球定向基准，大地原点选在西安附近的泾阳县永乐镇，综合利用天文、大地与重力测量成果，以地球椭球体面在中国境内与大地水准面能达到最佳吻合为条件，利用多点定位方法而建立的国家大地坐标系统。

3.2000 国家大地坐标系

2000 国家大地坐标系，是我国当前最新的国家大地坐标系，英文名称为 China Geodetic Coordinate System 2000，英文缩写为 CGCS 2000。

随着社会的进步，国民经济建设、国防建设和社会发展、科学研究等对国家大地坐标系提出了新的要求，迫切需要采用原点位于地球质量中心的坐标系统（以下简称地心坐标系）作为国家大地坐标系。采用地心坐标系，有利于采用现代空间技术对坐标系进行维护和快速更新，测定高精度大地控制点三维坐标，并提高测图工作效率。

我国自 2008 年 7 月 1 日起，全面启用 2000 国家大地坐标系。

（二）高斯平面直角坐标系

1. 地图投影问题

在工程建设规划、设计和施工中，直接使用大地坐标（B、L）或空间直角坐标（X、Y、Z）是很不方便的，也不直观，赤道上 $1''$ 的经度差对应的地面距离约为 30m。为此，需要将球面上的大地坐标按一定的数学法则归算到平面上，即采用地图投影的理论绘制地形图。

由于椭球体面是一个不可直接展开的曲面，运用任何数学方法进行这种曲面到平面的投影转换都会产生误差和变形。为缩小误差，就产生了各种投影方法，测量上常以投影变形不影响工程要求为条件选择投影方法。按变形性质，地图投影可分为三类：等角投影、等面积投影和任意投影。以下仅介绍测量中普遍采用的等角投影。

等角投影也称正形投影，它保证在椭球体面上的微分图形投影到平面后保持与原图形相似。这是地形图的基本要求。正形投影有两个基本条件：

①保角条件，即投影后角度大小不变；

②长度变形固定，即长度投影后会变形，但是在一点上各个方向的微分线段变形比刀 m 是一常数 k：

$$m = \frac{\mathrm{d}s}{\mathrm{d}S} = k$$

式中：$\mathrm{d}s$——投影后的长度；

$\mathrm{d}S$——球面上的长度。

2. 高斯投影的概念

高斯投影是一种正形投影，它是设想用一个椭圆柱面与地球椭球体面横切于某一条经线上，按照等角条件将中央经线东、西各 3° 或 1.5° 经线范围内的经纬线投影到椭圆柱面上，然后将椭圆柱面展开成平面。该投影是 19 世纪 20 年代由德国数学家、天文学家、物理学家高斯最先设计，后经德国大地测量学家克吕格补充完善，故名高斯-克吕格投影，简称高斯投影。

椭球体中心 O 在椭圆柱中心轴上，椭球体南北极与椭圆柱相切，并使某一子午线与椭圆柱相切，该子午线称为中央子午线。然后将椭球体面上的点、线按正形投影条件投影到椭圆柱上，再将椭圆柱沿着通过南北极 N、S 点的母线切开并展成平面，即成为高斯投影平面。在此平面上：

①中央子午线为一直线，其长度不变形。离开中央子午线的其他经线为凹向中央子午线的曲线，长度会变形，离开中央子午线越远，变形越大。中央子午线两侧经差相同的子午线互相对称。

②投影后赤道为一直线，且长度改变，其他纬线呈凸向赤道的曲线，赤道两侧纬差相同的纬线互相对称。

③投影后，中央子午线与赤道仍保持正交。

3. 投影带

高斯投影可以实现椭球面到平面变换，但是除中央子午线外，各点均存在长度变形，且距中央子午线越远，变形越大，这种变形将会影响测图和施工的精度。为了控制长度变形，测量中将地球椭球面按一定的经度差分成若干范围不大的狭长带，称为投影带。带宽一般分为经差6°和3°，分别称为6°带和3°带。

6°带是从本初子午线开始，每隔经差6°自西向东分带，依次编号1，2，…，60，这样将椭球分成60个带。每带之间的子午线称为轴子午线或中央子午线，各带相邻子午线为分界子午线。我国领土跨11个6°投影带，即第13~23带。带号N与相应的中央子午线经度L_0的关系是：

$$L_0 = 6°N - 3°$$

若已知某点大地经度L，可按下式计算该点所属的带号：

$$N = \frac{L}{6}（整数商）+ 1（有余数时）$$

为了控制投影变形误差，满足更大比例尺测图要求，可将投影带细分为3°和1.5°。

3°带是在6°带基础上划分的，以6°带的中央子午线和分界子午线为其中央子午线，即自东经1.5°子午线起，每隔经差3°自西向东分带，依次编号1，2，…，120。我国领土跨22个3°投影带，即第24~45带。带号n与相应的中央子午线经度l_0的关系是：

$$l_0 = 3n$$

（三）高程系统

地面点的高程是指地面点到某一高程基准面的垂直距离。由于高程基准面选取不同，就有不同的高程系统。测量上常用的高程基准面有参考椭球体面和大地水准面，其相应的高程为大地高和海拔高。大地高是以参考椭球体面作为高程基准面，是地面点沿法线到椭球体面的距离；海拔高是以大地水准面为高程基准面，是地面点沿垂线到大地水准面的距离，也称为绝对高程，用H表示。由于大地水准面是非光滑曲面，所以地面上一点的大地高和海拔高是不同的。

海水面受潮汐、风浪的影响，是个动态曲面，所谓的静止海水面是不存在的，所以常用平均海水面代替。即在海岸边设立验潮站，进行长期的潮汐观测，取海水面的平均高度作为高程零点。中华人民共和国成立以后，我国采用青岛验潮站1950~1956年的验潮结果求得黄海平均海水面作为我国高程基准面，称为"1956年黄海高程系"。并在青岛市观象山建立了水准原点，其高程为72.289m。后来又利用该验潮站1952~1979年的验潮资料进行归算，确定青岛国家水准原点高程为72.260m，称为"1985国家高程基准"。

在局部地区，如果引用绝对高程有困难，可采用假定高程系统。即假定一个水准面作为高程基准面，这样所得到的地面高程称为假定高程或相对高程。

地面上两点间的高程之差称为高差。

由此可见，两点之间的高差与高程起算面无关。

四、测量的基本工作和原则

1. 测量的基本工作

土木工程测量的主要任务是测绘地形图和施工放样，即测定和测设。其测量过程的实质就是通过距离测量、角度测量、高差测量来确定地面点的空间三维位置，即地面点的平面位置和高程。

地球表面复杂多样的形态，归纳起来可分为地物和地貌两类。地面上人工或者自然形成的固定性物体称为地物，如房屋、道路、河流、湖泊等；地表面各种高低起伏的形态称为地貌，如高山，深谷、陡坎、悬崖峭壁等。地物和地貌统称为地形。地形图测绘的实质就是在地物和地貌上选取一些有代表性的特征点进行测量，如房角点，道路和河流弯曲点、森林边界点等地物特征点，以及山顶.鞍部、山脚等地貌特征点，然后将这些特征点的位置按一定比例尺和符号绘制在图纸上。

施工放样也是如此，其实质是测设点位。通过测量，将图纸上设计好的建（构）筑物特征点的平面位置和高程标定在实地上，以指导施工。施工测量贯穿于整个施工过程中。

2. 测量的基本原则

任何测量工作都不可避免地会产生误差，故每点（站）上的测量都应采取一定的程序和方法，以便检查错误或防止误差积累，保证测绘成果的质量。因此，在实际测量工作中应当遵守以下基本原则；

①在测量布局上，应遵循由整体到局部的原则；在测量精度上，应遵循由高级到低级

的原则；在测量程序上，应遵循先控制后碎部的原则。

②在测量过程中，应遵循步步有检核的原则。

3. 控制测量的概念

控制测量是在一定区域内，为地形测图和工程测量建立控制网（区域控制网）所进行的测量工作。控制测量分为平面控制测量和高程控制测量，平面控制网与高程控制网一般分别单独布设，也可以布设成三维控制网。控制网具有控制全局，限制测量误差累积的作用，是各项测量工作的依据。对于地形测图，等级控制是扩展图根控制的基础，以保证所测地形图能互相拼接成为一个整体；对于工程测量，常需布设专用控制网，作为施工放样和变形监测的依据。

4. 碎部测量的概念

碎部测量就是以控制点为依据，测定碎部点的平面位置和高程。它是根据比例尺要求，运用地图综合原理，利用图根控制点对地物、地貌等地形图要素的特征点，用测量仪器进行测定并对照实地用等高线、地物、地貌符号和高程注记、地理注记等绘制成地形图的测量工作。

5. 施工放样的概念

施工放样是把设计图纸上建（构）筑物的平面位置和高程，用一定的测量仪器和方法测设到实地上的测量工作。

第二章　深基础工程与结构安装工程

第一节　深基础工程

一、桩基础工程概述

一般建筑物都应该充分利用地基土层的承载力，采用浅基础。但若天然浅土层较弱，无法满足建筑物对地基变形和强度方面的要求时，则可以利用下部坚实土层或岩层作为持力层，建造深基础。深基础主要有桩基础、沉井和地下连续墙等几种类型，其中以桩基础最为常用。

桩基础是由若干个沉入土中的单桩在其顶部用承台连接起来的一种深基础，桩基础具有承载力高、稳定性好、沉降及变形小、沉降稳定快、抗震性能强及能适应各种复杂地质条件等特点。

桩基础按桩身所用材料不同分为：木桩、钢筋混凝土桩、钢桩等。木桩采用挺拔的松木或杉木，地下水位高时需经防腐处理，现在已基本不用；钢筋混凝土桩有预应力钢筋混凝土桩、预制钢筋混凝土桩、灌注桩、挖孔桩等，这类桩强度高、耐腐蚀、制作方便，得到广泛使用；钢桩由钢板和型钢制成，常见的有各种规格型号的钢管桩、工字型钢桩和 H 形钢桩等，这种桩强度高、搬运堆放方便不易损坏、容易截接，沉桩时贯穿能力强且挤土影响小，但价格昂贵，耐腐蚀性较差，应用上有局限。

桩基础按受力性质不同可分为端承桩、摩擦桩、摩擦端承桩、端承摩擦桩四类。端承桩是指在竖向极限荷载作用下，桩顶荷载由桩端阻力承受，其质量控制以控制贯入度为主，控制入土标高为参考；摩擦桩是指在竖向极限荷载作用下，桩顶荷载由桩侧阻力承受，其质量控制以控制入土标高为主，控制贯入度为参考；摩擦端承桩是指在极限承载力状态下，桩顶荷载主要由桩端阻力承受；端承摩擦桩指在极限承载力状态下，桩顶荷载主要由桩侧阻力承受。

桩基础按施工方法不同可分为预制桩和灌注桩。预制桩是在工厂或施工现场制成的各种形式的桩，然后用锤击、静压、振动或水冲沉入等方法 m 桩入土；灌注桩是指在施工现场规定的桩位处成孔，然后向孔内放置钢筋笼、灌注混凝土成桩。

桩的直径 $d \leqslant 250$mm 的称为小直径桩；250mm$< d <$800mm 的桩称为中等直径桩；$d \geqslant$ 2800mm 的桩称为大直径桩。

二、预制桩施工

预制桩是运用比较多的一种桩型，具有制作方便、质量可靠、承载力高、施工速度快的特点，但桩在施工时，对土的挤密压紧作用较严重，对周围环境影响较大。预制桩一般有钢筋混凝土预制桩与钢桩两种。

钢筋混凝土预制桩有实心桩和管桩两种。实心桩截面大多为正方形，断面尺寸一般为200mm×200mm～600mm×600mm。单根桩的最大长度或多节桩的单节氏度，应根据桩架高度、制作场地、道路运输和装卸能力而定，一般桩长不得大于桩断面的边长或外直径的50倍，通常在27m 以内。如需打设 30m 以上的桩，则将桩分段预制，在打桩过程中逐段接长。管桩为空心桩，一般在预制厂用离心法生产。桩径有 φ300、φ400、φ500 等，每节长度 2～12m 不等。

（一）预制桩的制作

1. 钢筋混凝土预制桩的制作

预制桩可在工厂或施工现场预制。较短的桩（10m 以下）多在预制厂预制。较长的桩，一般在打桩现场附近设置露天预制场进行预制。现场预制多采用工具式木模或钢模板，支撑在坚实平整的地坪上，模板应平整牢靠-尺寸准确。叠浇预制桩的层数不宜超过4 层，上下层之间、邻桩之间、桩与底模和模板之间应用塑料薄膜、油毡、水泥袋纸或废机油、滑石粉等隔离剂隔开。上层桩或邻桩的灌注应在下层桩或邻桩混凝土达到设计强度的 30% 后方可进行。混凝土宜采用机械搅拌，机械振捣，由桩顶向桩尖连续浇筑捣实，一次完成，严禁中断。严格控制模板和钢筋的施工几何误差及混凝土配合比误差。

预制桩的混凝土强度不应小于 C30，混凝土的粗骨料应用粒径为 5～40mm 捽石或碎卵石，桩混凝土应用搅拌机拌制、机械振捣，由桩顶向桩尖连续浇筑，一次完成。养护时间不得少于 7d。桩的钢筋骨架应保证位置正确，纵向主筋长度不够时，应采用对焊或电弧焊。同一钢筋的两个接头距离应大于 30 倍的主筋直径，并不小于 500mm，主筋接头应相互错开。

桩的表面应平整、密实，掉角的深度不应超过 10mm，且局部蜂窝和掉角的缺损总面积不得超过该桩表面全部面积的 0.5%，并不得过分集中。混凝土收缩产生的裂缝深度不得大于 20mm，宽度不得大于 0.25mm；横向裂缝长度不得超过边长的一半。桩顶和桩尖处不得有蜂窝、麻面、裂缝和掉角。

2. 钢桩的制作

钢桩主要有钢管桩和 H 型钢桩两种，钢管桩一般采用 Q235 钢桩进行制作，桩端常采用两种形式：带加强箍或不带加强箍的敞口形式以及平底或锥底的闭口形式。H 型钢桩常采用 Q235 或 Q345 钢制作，每节长度不宜超过 12~15m，桩端可采用带端板和不带端板的形式，不带端板的桩端可做成锥底的闭口形式。

钢桩都在工厂生产完成后运至工地使用。制作钢桩的材料必须符合设计要求，并具有出厂合格证明与试验报告。制作现场应有平整的场地与挡风防雨措施，以保证加工质量。钢桩在地面下仍会发生腐蚀，因此应做好防腐处理。钢桩防腐处理可采用外表面涂防腐层，增加腐蚀裕量及阴极保护。当钢管桩内壁与外界隔绝时，可不考虑内壁防腐。

(二) 预制桩的起吊、运输和堆放

1. 预制桩的起吊、运输

混凝土预制桩须在混凝土强度达到设计强度的 70% 方可起吊，达到设计强度的 100% 后方可进行运输和打桩。如需要提前起吊，必须采取措施并经验算合格方可进行。桩起吊时，吊点位置应符合设计规定。若设计无规定且无吊环时，绑扎点的位置和数量根据桩长确定，并符合起吊弯矩最小的原则。对 18m 以上的桩至少 3 点起吊，18m 以下的桩可以用 1 点或 2 点起吊。起吊时，必须平稳，并且不得损坏，吊点同时离地，并采取措施保护桩身质量，防止撞击和受振动。

打桩前，需将桩从制作处运至施工现场堆放或直接运至桩架前，应根据打桩顺序和速度随打随运，避免二次搬运。长距离运输可采用大平板车或轻便轨道平台车运输，短距离可直接用起重机吊运。运输时，应对桩采取保护措施，以防运输中晃动或滑动，使桩体受到损坏。

2. 预制桩的堆放

桩的堆放场地必须平整、坚实，排水通畅。桩按规格、桩号分类分层叠置，对混凝土桩，堆放层数不宜超过 4 层；对钢管桩，直径在 900mm 左右的不宜超过 3 层，直径在 600mm 左右的不宜超过 4 层，直径在 400mm 左右的不宜超过 5 层。支承点应设在吊点处，上下垫木应在同一垂直线上，并支承平稳，对圆形的混凝土桩或钢管桩的两侧应用木楔塞紧，防止其滚动。

（三） 预制桩的沉桩

预制桩的沉桩方法有锤击法、静压法、振动法及水冲法等。其中以锤击法和静压法应用较多。

1. 锤击法沉桩

锤击法沉桩是利用桩锤下落产生的冲击能量将桩沉入土中，是预制桩最常用的沉桩方法，该法施工速度快、机械化程度高、适用范围广，但施工时有振动、挤土和噪声污染现象，不宜在市区和夜间施工。

（1）打桩设备

打桩所用的机具设备主要包括桩锤、桩架及动力装置三部分。

①桩锤是对桩施加冲击力，将桩打入土层中的主要机具。桩锤有落锤、蒸汽锤、柴油锤和液压锤等。

落锤是靠电动卷扬机或人力将锤拉升到一定高度，然后自然落下，利用落锤自重夯击桩顶，将桩沉入土中。落锤重量为0.5~1t，提升高度可随意调整，落锤每分钟打桩6~20次。该种锤构造简单、使用方便、冲击力大，但打桩速度慢、效率低。适用于普通黏性土和含砾石较多的土层。

蒸汽锤是利用蒸汽的动力进行锤击，它需要配备一套锅炉设备对桩锤提供蒸汽。根据其工作情况可分为单动式汽锤与双动式汽锤。单动式汽锤的冲击体只在上升时耗用动力，下降依靠自重，其冲击力较大，每分钟锤击数为25~30次，常用锤重为3~10t，可以打各种桩；双动式汽锤的冲击体升降均由蒸汽推动，其冲击频率较高，每分钟锤击数达100~200次，锤重一般为0.6~6t，适宜打各种桩，也可以在水下打桩并用于拔桩。

柴油锤分导杆式和筒式两种。其工作原理是利用燃油爆炸产生的力推动活塞上下往复运动进行沉桩。首先利用机械能将活塞提升到一定高度，然后自由下落，使燃烧室内压力增大、产生高温而使燃油燃烧爆炸，其作用力将活塞上抛，反作用力将桩沉入土中。这样，活塞不断下落、上抛循环进行，可将桩打入土中。柴油锤锤重0.6~6t，每分钟锤击45~70次。它工作效率高、设备轻便、移动灵活、打桩迅速，但施工噪声大，排出的废气会污染环境。

液压锤是利用液压推动被密闭在锤壳体内的锤芯活塞柱，令其上升后下落，冲击桩头，并通过压缩气体对桩头施加压力，使其对桩的施压过程延长，往复工作下，实现夯击作用，将桩沉入土中。宜打各种类型的桩，打桩噪声小，无污染，适于城市环保要求高的地区作业，能源消耗小，但设备复杂、造价高。

②桩架是支承桩身和桩锤，将桩吊到打桩位置，并在打桩过程中引导桩的方向，保证桩沿着所要求方向冲击的打桩设备。桩架要求稳定性好、锤击准确、可调整垂直度、机动性与灵活性好。桩架的种类和高度，应根据桩锤的种类、桩的长度和施工条件确定。桩架高度应为桩长+桩帽高度+滑轮组高度+起锤工作伸缩的余位调节度（1~2m）。若桩架高度不满足，则可考虑分节制作、现场接桩，若采用落锤还应考虑落距高度。常用的桩架形式有滚动式桩架、多功能桩架、履带式桩架。

滚动式桩架：行走靠两根钢滚筒在垫木上滚动，优点是结构比较简单，制作容易，成本低，但在平面转弯、调头方面不够灵活，操作人员较多。适用于预制桩和灌注桩施工。

多功能桩架：多功能桩架由导架、斜撑、回转工作台、底盘及传动机构组成。其机动性和适应性很大，在水平方向可作360°旋转，导架可以伸缩和前后倾斜，底座下装有铁轮，底盘可在轨道上行走。这种桩架可适用于各种预制桩和灌注桩施工。缺点是机构较庞大，现场组装和拆迁比较麻烦。

履带式桩架：以履带起重机为底盘，增加导杆和斜撑，用以打桩。移动方便，比多功能桩架更灵活，可适用于各种预制桩和灌注桩施工，目前应用最多。

③动力装置：打桩机械的动力装置及辅助设备主要根据选定的桩锤种类而定。落锤以电源为动力，再配以电动卷扬机、变压器、电缆等。蒸汽锤以高压饱和蒸汽为驱动力，配置蒸汽锅炉、蒸汽绞盘。气锤以压缩空气为动力源，需配置空气压缩机、内燃机等。柴油锤以柴油为能源，桩锤本身有燃烧室，不需外部动力设备。

（2）打桩前准备工作

打桩前应做好下列工作：清除障碍物、平整施工场地、进行打桩试验、抄平放线、定桩位、确定打桩顺序等。

打桩施工前应认真清除现场妨碍施工的高空、地上和地下的障碍物。在建筑物基线以外4~6m范围内的整个区域，或桩机进出场地及移动路线上，应作适当平整压实，并保证场地排水良好。施工前应作数量不少于2根桩的打桩工艺试验，用以了解桩的沉入时间、最终沉入度、持力层的强度、桩的承载力，以及施工过程中可能出现的各种问题和反常情况等，以便检验所选的打桩设备和施工工艺，确定是否符合设计要求。

打桩现场附近设置水准点，数量不少于2个，用以抄平场地和检查桩的入土深度。然后根据建筑物轴线控制桩，定出桩基轴线位置及每个桩的桩位－其轴线位置允许偏差为20mm。当桩较稀时可用龙门板定位，以防打桩时土体挤压使桩错位。

打桩顺序是否合理，直接影响打桩工程的速度和桩基质量。当桩的中心距小于4倍桩径时，打桩顺序尤为重要。由于打桩对上体的挤密作用，使先打的桩因受水平推挤而造成偏移和变位，或被垂直挤拔造成浮桩，而后打入的桩因土体挤密，难以达到设计标高或入土深度，造成土体隆起和挤压，截桩过大。所以，群桩施打时，为了保证打桩工程质量，防止周围建筑物受土体挤压的影响，打桩前应根据桩的密集程度、桩的规格、长短和桩架移动方便来正确选择打桩顺序。

当桩较密集时，应由中间向两侧对称施打或由中间向四周施打。这样，打桩时土体由中间向两侧或者四周均匀挤压，易于保证施工质量。当桩数较多时，也可采用分区段施打。

当桩较稀疏时，可采用上述两种打桩顺序，也可采用由一侧向单一方向施打的方式或由两侧同时向中间施打。逐排打设，桩架单方向移动，打桩效率高。但打桩前进方向一侧不宜有防侧移、防振动的建筑物、构筑物、地下管线等，以防被土体挤压破坏。

施打时还应根据基础的设计标高和桩的规格、埋深、长度不同，宜采取先深后浅，先大后小，先长后短的施工顺序。当一侧毗邻建筑物时，由毗邻建筑物处向另一方向施打。当桩头高出地面时，桩机宜采用往后退打，否则可采用往前顶打。

（3）打桩施工

打桩的施工过程包括：桩架就位、吊装和定桩、打桩、送桩和接桩等。

①桩架就位时应平稳垂直，导杆中心线与打桩方向一致，并检查桩位是否正确，然后将桩锤和桩帽吊起，使锤底高度高于桩顶，以便进行吊桩。

②吊桩用桩架的钢丝绳和卷扬机将桩提升就位，吊点数量和位置与桩运输起吊相同。桩提离地面时，用拖绳稳住桩下部，防止撞击桩架。桩提升到垂直状态后，送入桩架导杆内，桩尖垂直对准桩位中心，扶正桩身，将桩缓缓下放插入土中。桩的垂直度偏差不得超过0.5%。桩就位后-在桩顶安上桩帽，然后放下桩锤轻轻压住桩帽。桩锤、桩帽和桩身中心线应在同一垂直线上。在桩的自重和锤重的压力下，桩便会沉入一定深度，等桩下沉达到稳定状态后，再一次检查其平面位置和垂直度，校正符合要求后，即可进行打桩。为了防止击碎桩顶，应在混凝土桩的桩顶和桩帽之间、桩锤与桩帽之间放上硬木、麻袋等弹性衬垫作缓冲层。

（3）打桩时宜采用重锤低击

重锤低击桩锤对桩头的冲击小、动量大，因血桩身反弹小，桩头不易损坏。其大部分能量用以克服桩身摩擦力和桩尖阻力，因此桩能较快地打入土中。此外，由于重锤低击的落距小时，提高锤击频率，打桩速度快、效率高，对于较密实的土层，如砂或黏土能较容易穿过。打桩初始阶段，宜采用小落距，以便使桩能正常沉入土中，当桩入土到一定程度后，桩尖不易发生偏移时，再适当增大落距正常施打。

打桩时速度应均匀，锤击间歇时间不宜过长，应随时观察桩锤的回弹情况，如桩锤经常回弹较大，桩的入土速度慢，说明桩锤太轻，应更换桩锤；如桩锤发生突发的较大回弹，说明桩尖遇到障碍，应停止锤击，找出原因后进行处理。如果继续施打，贯入度突增，说明桩尖或桩身受到破坏。打桩时还要随时注意贯入度的变化，贯入度过小，可能遇到土中障碍；贯入度突然增大，可能遇到软土层、土洞或桩尖、桩身破坏。当贯入度剧变、桩身发生突然倾斜、位移或严重回弹，桩顶、桩身出现严重裂缝或破坏，应暂停打桩并及时进行研究处理。

④送桩和接桩：当预制桩的桩顶设计标高在地面以下，无法用打桩机直接达到设计标高时，一般在最后一段的打桩工作中，需要用一根桩将这个设计桩头打入地面以下，即"送桩"。送桩的中心线应与桩身吻合一致，才能进行送桩，送桩留下的桩孔应立即回填密实。

当预制桩设计较长，但由于打桩机高度有限或运输限制，只能采用分段预制、分段打入的方法，现场接桩。常用的接桩方法有焊接法、法兰接桩和硫磺胶泥锚连接三种。

焊接法接桩一般在距地面1m左右时进行，预制桩表面上预埋件应清洁，上下节之间的间隙应用铁片垫实焊牢；焊接时，应采取措施，减少焊缝变形；接桩时，上、下节桩的中心线偏差不得大于10mm，节点弯曲矢高不得大于1‰桩长。

法兰接桩主要是在两节桩分别预埋法兰盘，用螺栓连接。上、下节桩之间宜用石棉或纸板衬垫，螺栓拧紧后应锤击数次，再拧紧一次，使上下两节桩端部紧密结合，并将螺帽焊牢。

硫磺胶泥锚接法又称浆锚法。制桩时，在上节桩下端伸出四根锚筋，下节桩上端预留四个锚筋孔。接桩时，首先将上节桩的锚筋插入下节桩的锚孔，上下桩间隙200mm左右，此时安设好施工夹箍，将融化的硫磺胶泥注满锚筋孔内并使之溢出桩面，然后使上节桩下落，当硫磺胶泥冷却并拆除施工夹箍后，即可继续压桩或打桩。

⑤截桩：桩基础施工时为了保证桩头质量，一般都要高出桩顶标高，为了进行下一道工序，必须将突出地面多余的桩头截掉，此过程称为截桩，俗称破桩头。

截桩可采用人工和机械两种方式。人工截桩可在桩顶位置用钢钎打入，先将钢筋外侧的保护层混凝土凿除，将钢筋暴露，然后将钢筋笼内部的混凝土沿圆周一般打入3个点，利用张力使上部的一段桩头和下部的脱离。机械截桩是利用截桩机破除桩头多余部分，截桩机可以和多种工程机械连接，挂在挖掘机、起重机的伸缩臂等工程机械上，操作简单，噪声低，成本低，工作效率高，特别适用于桩群施工工程。

2. 静压法沉桩

静力压桩是利用静力压力将预制桩压入土中的一种沉桩工艺。相比于锤击沉桩，它具有施工无噪声、无振动、节约材料、降低成本、提高施工质量、沉桩速度快等特点。其工作原理是通过安置在压桩机上的卷扬机的牵引，由钢丝绳、滑轮及压梁，将整个桩机的自重力 800~1500kN，反压在桩顶上，以克服桩身下沉时与土的摩擦力，迫使预制桩下沉。

（1）压桩机械设备

静力压桩机有两种类型，一种是机械静力压桩机，一种是液压静力压桩机。

机械静力压桩机是由卷扬机通过钢丝绳滑轮组将桩压入土中，它由底盘、机架、动力装置等几部分组成。这种桩机是在桩顶部位施加压力，因此，桩架高度必须大于单节桩的长度。此外，由于沉桩阻力较大，卷扬机需通过多个滑轮组方可产生足够的压力将桩压入土中，所以跑头钢丝绳的行走长度很大，作业效率低。

液压静力压桩机主要由桩架、液压夹桩器、动力设备及吊桩起重机等组成。它可利用起重机起吊桩体，并通过液压夹桩器把桩的"腰"部夹紧并下压，当压桩力大于沉桩阻力时，桩便被压入土中。这种压桩机自动化程度高，结构紧凑，工作平稳，施压部分不在桩顶面，而在桩身侧面，是当前国内采用较广泛的一种设备–压力可达 5000kN。

（2）压桩工艺方法

静力压桩的施工，一般都采取分段压入，逐段接长的方法。施工程序为：测量定位→桩机就位→吊桩插桩→桩身对中调直→静压沉桩→接桩→再静压沉桩→终止沉桩→切割桩头。

用起重机将预制桩吊运或用汽车运至桩机附近，再利用桩机自身设置的起重机将其吊入夹持器中，夹持油缸将桩从侧面夹紧，压桩油缸做伸程动作，把桩压入土中，夹持油缸回程松夹，压桩油缸回程。重复上述动作，可实现连续压桩操作，直至把桩压入预定深度土层中。

压桩施工时应根据土质配足额定的重量，防止阻力过大而桩机自重不足以平衡。压桩一般分节压入，逐段接长。当第一节桩压入土中，其上端距地面 1m 左右时将第二节桩接上，继续压入。此时应尽量缩短停歇时间。如初压时桩身发生较大位移、倾斜；压入过程中桩身突然下沉或倾斜；桩顶混凝土破坏或压桩阻力剧变时，应暂停压桩，及时研究处理。

3. 振动法沉桩

振动沉桩是利用固定在桩顶部的振动器所产生的激振力，通过桩身使土颗粒受迫振动

-改变排列组织、产生收缩和位移,使桩表面与土层间摩擦力减少,桩在自重和振动力共同作用下沉入土中。它适用于长度不大的钢管桩、H 型钢桩及混凝土预制桩,并常用于沉管灌注桩施工。这种方法适用于砂石、黄土、软土和亚黏土地基,在饱和砂土中的效果更为显著,但在砂砾层中采用时需要配以水冲法。

振动沉桩施工速度快、操作安全方便,但需要有足够电源和电气设备,施工时有油烟排放的污染,噪声大,在硬质土层中不易贯入。

4. 水冲法沉桩

水冲沉桩是在桩旁插入一根与之平行的射水管,利用高压水流冲刷桩尖下的土体,以减少桩表面与土体间的摩阻力和桩尖下端土的阻力,使桩在自重或锤击作用下,沉入土中。

水冲沉桩的设备除桩架、桩锤外,还需要高压水泵和射水管。施工时,应使射水管的末端处于桩尖下 0.3~0.4m 处,射水管射出的压力为 0.4MPa,当桩尖水冲沉落至距设计标高 1~2m 时,停止冲水,改用锤击或振动将桩沉到设计标高。以免冲松桩尖的土层,影响桩的承载力。

水冲法适用于砂土、砾石或其他较坚硬土层,特别适于沉入较重的钢筋混凝土方桩。但在附近有旧房屋或结构物时,由于水流的冲刷将会引起周边沉陷,故在采取有效措施前,不得采用此法。施工中常用水冲法与锤击或振动法联合使用。

三、混凝土灌注桩施工

混凝土灌注桩(亦称现浇桩)是直接在现场桩位上使用机械或人工等方法成孔,然后在孔内安装钢筋笼,浇筑混凝土而成的桩。不同成孔方法的采用是根据不同的土质和地下水条件、一定的技术经济因素决定的。按照其成孔方法的不同,可分为钻孔灌注桩、一沉管灌注桩、人工灌注桩以及爆扩灌注桩等。

混凝土灌注桩的特点是:灌注桩能适应各种地层的变化,无需接桩,施工时无振动、无挤土、噪声小,宜在建筑物密集地区使用,但其操作要求严格,施工后需要较长的养护期,成孔时有大量的土渣或泥浆排出。

(一)灌注桩施工准备工作

1. 确定成孔施工顺序

钻孔灌注桩和机械扩孔对土没有挤密作用,一般可按钻机行走最方便等现场条件确定成孔施工顺序。沉管灌注桩和爆扩灌注桩对土有挤密、振动影响，可结合现场施工条件确定施工顺序：间隔 1 个或 2 个桩位成孔；在邻桩混凝土初凝前或终凝后成孔；5 根以上单桩组成的群桩基础，中间的桩先成孔，外围的桩后成孔；同一个桩基础的爆扩灌注桩，可采用单爆或联爆法成孔。

2. 成孔深度的控制

摩擦型桩：摩擦桩以设计桩长控制成孔深度；端承摩擦桩必须保证设计桩长及桩端进入持力层深度；当采用锤击沉管法成孔时，桩管入土深度以标高控制为主，以贯入度控制为辅。

端承型桩：当采用锤击法成孔时，沉管深度控制以贯入度为主，设计持力层标高控制为辅。

3. 钢筋笼的制作

制作钢筋笼时，要求主筋环向均匀布置，箍筋的直径及间距、主筋的保护层、加劲箍的间距等均应符合设计规定。箍筋和主筋之间一般采用点焊。分段制作的钢筋笼，其接头宜采用焊接并应遵守《混凝土结构工程施工质量验收规范》。

钢筋笼吊放入孔时，不得碰撞孔壁。灌注混凝土时应采取措施固定钢筋笼的位置，避免钢筋笼受混凝土上浮力的影响而上浮。也可待浇筑完混凝土后，将钢筋笼用带帽的平板振动器振入混凝土灌注桩内。

4. 混凝土的配制

配制混凝土所用的材料与性能要进行选用。灌注桩混凝土所用粗骨料可选用卵石或碎石，其最大粒径不得大于钢筋净距的 1/3，对于沉管灌注桩不宜大于 50mm；对于素混凝土桩，不得大于桩径的 1/4，一般不宜大于 70mm。坍落度随成孔工艺不同而有各自的规定。混凝土强度等级不应低于 C15，水下浇筑混凝土不应低于 C20。水下浇筑混凝土具有无振动、无排污的优点，又能在流砂、卵石、地下水、易塌孔等复杂地质条件下顺利成桩，而且由于其扩散渗透的水泥浆而大大提高了桩体质量，其承载力为一般灌注桩的 1.5~2 倍。

（二）钻孔灌注桩

钻孔灌注桩是指利用钻孔机械钻出桩孔，并在孔中浇筑混凝土（或先在孔中吊放钢筋笼）而成的桩。根据钻孔机械的钻头是否在土壤的含水层中施工，又分为泥浆护壁成孔和干作业成孔两种施工方法。

1. 干作业成孔灌注桩

干作业成孔灌注桩施工与泥浆护壁成孔灌注桩类似而简单，适用于地下水位较低、在成孔深度内无地下水的干土层中桩基的成孔施工。

（1）施工设备

施工设备主要有螺旋钻机、钻孔扩机等，目前常用螺旋钻机成孔。干作业成孔时，以螺旋钻成孔较有代表性。螺旋钻成孔是利用动力旋转钻杆，使钻杆的螺旋叶片前端的钻头旋转削土，被切的土块随钻头旋转，并沿螺旋叶片上升而被推出孔外，是干作业成孔的主要方法。

常用的螺旋钻机有履带式和步履式两种。前者一般由 W1001 履带车、支架、导杆、鹅头架滑轮、电动机头、螺旋钻杆及出土筒组成。后者的行走度盘为步履式，在施工时用步履进行移动。步履式机下装有活动轮子，施工完毕后装上轮子由机动车牵引到另一工地。

（2）施工方法

钻机按桩位就位时，钻杆要垂直对准桩位中心，放下钻机使钻头触及土面。钻孔时，开动转轴旋动钻杆钻进，先慢后快，避免钻杆摇晃，并随时检查钻孔偏移。一节钻杆钻入后，应停机接上第二节，继续钻到要求深度，施工中应注意钻头在穿过软硬土层交界处时，应保持钻杆垂直，缓慢进入。在含砖头、瓦块的杂填土或含水量较大的软塑黏土层中钻进时，应尽量减少钻杆晃动，以免扩大孔径及增加孔底虚土。钻进速度应根据电流变化及时调整，钻进过程中应随时清理孔口积土。如出现钻杆跳动、机架摇晃、钻不进或钻头发出响声等异常现象时，应立即停钻检查、处理。如遇到地下水、缩孔、塌孔等异常现象，应会同有关单位研究处理。

钻孔至要求深度后，可用钻机在原处空转清土，然后停转，提升钻杆卸土。如孔底虚土超过允许厚度，可用辅助掏土工具或二次投钻清底。清孔完毕后应用盖板盖好孔口。清孔后应及时吊放钢筋笼，浇筑混凝土。浇混凝土前，必须复查孔深、孔径、孔壁垂直度、孔底虚土厚度，不合格时应及时处理。从成孔至混凝土浇筑的时间间隔，不得超过24h。灌注桩的混凝土强度等级不得低于C15，坍落度一般采用80~100mm，混凝土应分层浇筑，振捣密实，连续进行，随浇随振，每层的高度不得大于1.5m。当混凝土浇筑到桩顶时，应适当超过桩顶标高，以保证在凿除浮浆层后，使桩顶标高和质量能符合设计要求。

2. 泥浆护壁成孔灌注桩

泥浆护壁成孔灌注桩适用于工业与民用建筑中地下水位高的软、硬土层。泥浆护壁成孔是用泥浆保护孔壁，防止坍塌和排除土渣成孔以及冷却与润滑钻头。泥浆一般需专门配制，当在黏土中成孔时，也可用孔内钻渣原土自造泥浆。

按成孔设备可分为冲击钻、回转钻及潜水钻成孔法。冲击钻、回转钻适于碎石土、砂土、黏性土及风化岩地基，潜水钻适用于黏性土、淤泥质土及砂土。

①测定桩位。根据建筑的轴线控制桩定出桩基础的每个桩位，可用小木桩标记。桩位放线允许偏差20mm。灌注混凝土之前，应对桩基轴线和桩位复查一次，以免木桩标记变动而影响施工。

②埋设护筒。护筒一般采用4~8mm厚钢板制成的圆筒，其内径应大于钻头直径，当用回转钻时，宜大于100mm；用冲击钻时，宜大于200mm，以方便钻头提升等操作。其上部宜开设1~2个溢浆孔，便于溢出泥浆并流回泥浆池进行回收。埋设护筒时先挖去桩孔处表土，将护筒埋入土中。护筒的作用有：成孔时引导钻头方向；提高孔内泥浆水头，防止塌孔；固定桩孔位置、保护孔口。因此，护筒位置应埋设准确并保持稳定。护筒中心与桩位中心线偏差不得大于50mm。护筒与坑壁之间用黏土分层填实，以防漏水。护筒的埋深在黏土中不小于1.0m；在砂土中不宜小于1.5m。护筒顶面应高于地面0.4~0.6m，并应保持孔内泥浆面高出地下水位1m以上。

③制备泥浆。制备泥浆的方法应根据土质条件确定：在黏性土中成孔时可在孔中注入清水-钻机旋转时，切削土屑与水拌合，用原土造浆护壁、排渣，泥浆相对密度应控制在1.0~1.2；在其他土中成孔时，泥浆制备应选用高塑性黏土或膨润土。泥浆的作用是将钻孔内不同土层中的空隙渗填密实，使孔内渗漏水达到最低限度，并保持孔内维持着一定的水压以稳定孔壁。因此在成孔过程中严格控制泥浆的相对密度很重要。在砂土和比较厚的夹砂层中成孔时，泥浆相对密度应控制在1.1~1.3；在穿过砂夹卵石层或容易塌孔的土层中成孔时，泥浆相对密度应控制在1.3~1.5。施工中应经常测定泥浆相对密度，并定期测定黏度、含砂率和胶体率等指标-及时调整。废弃的泥浆、泥渣应妥善处理。

④成孔。桩架就位后，钻机进行钻孔。钻孔时应在孔中注入泥浆，并始终保持泥浆液面高于地下水位1.0m以上，以起到护壁、携渣、润滑钻头、降低钻头发热、减少钻进阻力等作用。钻孔进尺速度应根据土层类别、孔径大小、钻孔深度和供水量确定。对于淤泥和淤泥质土不宜大于1m/niin，其他土层以钻机不超负荷为准，风化岩或其他硬土层以钻机不产生跳动为准。

⑤清孔。钻孔深度达到设计要求后，必须进行清孔。对于孔壁土质较好不易塌孔的桩孔，可用空气吸泥机清孔，气压为0.5MPa，被搅动的泥渣随着管内形成的强大高压气流向上涌，从喷口排出，直至孔口喷出清水为止；对于稳定性差的孔壁应用泥浆（正、反）

循环法或掏渣筒清孔、排渣。用原土造浆的钻孔，可使钻机空转不进尺，同时注入清水，等孔底残余的泥块已磨浆，排出泥浆相对密度降至 1.1 左右（以手触泥浆无颗粒感觉），即可认为清孔已合格。对注入制备泥浆的钻孔，可采用换浆法清孔，至换出泥浆相对密度小于 1.15~1.25 为合格。清孔过程中，必须及时补给足够的泥浆，以保持浆面稳定孔底沉渣厚度对于端承桩不大于 50mm，对于摩擦桩不大于 300mm，清孔满足要求后，应立即吊放钢筋笼并灌注混凝土。

⑥下钢筋笼，浇混凝土。清孔完毕后，应立即吊放钢筋笼，及时进行水下浇筑混凝土。钢筋笼埋设前应在其上设置定位钢筋环，混凝土垫块或于孔中对称设置 3~4 根导向钢筋，以确保保护层厚度。水下浇筑混凝土通常采用导管法施工。

（三）沉管灌注桩

沉管灌注桩是套管成孔的主要桩型，是利用锤击打桩法或振动方法，将带有钢筋混凝土桩尖的钢管桩沉入土中，然后灌注混凝土并拔管而成，采用振动沉管时，称振动沉管灌注桩；采用锤击沉管时，称为锤击沉管灌注桩。

1. 锤击沉管灌注桩

锤击沉管灌注桩是采用落锤、蒸汽锤或柴油锤将钢套管沉入土中成孔，然后灌注混凝土或钢筋混凝土，抽出钢管而成。锤击沉管灌注桩宜用于一般黏性土、淤泥质土、砂土和人工填土地基。

施工时，应先将桩机就位，吊起钢套管，对准预先设在桩位处的预制钢筋混凝土桩靴。桩管与桩靴接触处应垫以稻草绳或麻绳垫圈，以防止地下水渗入管内。然后缓缓放下套管，套入桩靴压进土中。套管上端扣上桩帽，当检查桩管与桩锤、桩架等在同一垂直线上（偏差<0.5%）时，即可起锤沉管。

先用低锤轻击，观察无偏移后方可进入正常施打，直至符合设计要求的贯入度或沉入标高。停止锤击后，检查管内有无泥浆或水进入，即可放钢筋笼、浇筑混凝土。桩管内混凝土应尽量灌满，然后开始拔管。拔管要均匀，第一次拔管高度控制在能容纳第二次所需灌入的混凝土为限，不宜拔管过高，应保证管内保持不少于 2m 高度的混凝土。拔管时应保持连续密锤低击不停，并控制拔管速度，对一般土层，以不大于 1m/min 为宜；在软弱土层及软硬土层交界处，应控制在 0.3~0.8m/min。桩锤冲击频率视锤的类型而定：单动汽锤采用倒打拔管，频率不低于 70 次/min；自由落锤轻击不得少于 50 次/min。在管底未拔到桩顶设计标高之前，倒打或轻击不得中断。拔管时还要经常探测混凝土落下的扩散情况，注意使管内的混凝土量保持略高于地面，直到桩管全部拔出地面为止。混凝土的落下情况可用吊铊探测。桩的中心距在 5 倍桩管径以内或小于 2m 时，均应跳打，中间空出的桩需待邻桩混凝土达到设计强度的 50% 以后，方可施工。

以上施工工艺称为单打法，适用于含水量较小的土层。为了提高桩的质量和承载能力，常采用复打法扩大灌注桩。其施工方法是在第一次单打法施工完毕并拔出桩管后，清除管外壁上的污泥和桩孔周围地面的浮土，立即在原桩位上再埋预制桩靴或合好活瓣桩尖，作第二次沉管，使未凝固的混凝土向四周挤压扩大桩径，然后再第二次灌注混凝土。拔管方法与初打时相同。复打施工时要注意：前后两次沉管的轴线应重合；复打施工必须在第一次灌注的混凝土初凝之前进行。

2. 振动沉管灌注桩

振动沉管灌注桩除适用于一般黏性土、淤泥质土、砂土和人工填土地基，还适用于稍密及中密的碎石土地基。由于振动使土层受到扰动，会大大降低地基强度，因此，当在软黏土和淤泥质土地基施工时土层最少养护一个月，砂层和硬土层需养护半个月，土层才能恢复强度。

（1）施工设备

振动灌注桩利用激振器或振动冲击锤沉管。激振器又称振动锤，由电动机带动装有偏心块的轴旋转而产生振动。

（2）施工方法

施工时，先安装好桩机，将桩管下端活瓣合起来，或用桩靴对准桩位，徐徐放下桩管，压入土中，勿使偏斜，即可开动激振器沉管。当桩管下沉到设计要求的深度，且最后 30s 的电流值、电压值符合设计要求后，便停止振动，立即用吊斗将混凝土灌入桩管内，并再次开动激振器，进行边振动边拔管，从而使桩的混凝土得到振实。同时在拔管过程中继续向管内浇筑混凝土。如此反复进行，直至桩管全部拔出地面后即形成混凝土桩身。

振动灌注桩可采用单振法、反插法或复振法施工。

单振法施工时，在沉入土中的桩管内灌满混凝土-开动激振器，振动 5~10s，开始拔管，边振边拔。每拔 0.5~1.0m. 停拔振动 5~10s，如此反复，直到桩管全部拔出。在一般土层内拔管速度宜为 1.2~1.5m/min，在较软弱土层中，不得大于 0.8~1.0m/min，单振法施工速度快，混凝土用量少，但桩的承载力低，适用于含水量较少的土层。

反插法施工时，在桩管内灌满混凝土后，先振动再开始拔管。每次拔管高度 0.5~1.0m，向下反插深度 0.3~0.5m。如此反复进行并始终保持振动，直至桩管全部拔出地面。反插法能扩大桩的截面，从而提高了桩的承载力，但混凝土耗用量较大，一般适用于饱和软土层。

复振法施工方法及要求与锤击沉管灌注桩的复打法相同。

（四）人工灌注桩

人工挖孔灌注桩是指桩孔采用人工挖掘方法进行成孔，然后安放钢筋笼，浇筑混凝土而成的桩。适用于工业及民用建筑中黏土、粉质黏土及含少量砂石黏土层，且地下水位低的人工成孔灌注桩工程。其施工特点是设备简单、无噪声、无振动、不污染环境，对施工现场周围原有建筑物的影响小；施工速度快，可按施工进度要求决定同时开挖桩孔的数量；土层情况明确，可直接观察到地质变化，桩底沉渣能清除干净。当高层建筑选用大直径灌注桩，而其施工现场又在狭窄市区时，宜采用人工挖孔。其缺点是人工耗量大，开挖效率低，安全操作条件差，因此目前已很少使用。

第二节　结构安装工程

一、起重设备

结构安装工程中常用的起重机械有桅杆式起重机、自行杆式起重机、塔式起重机和缆索式起重机。进行起重设备选择时，主要考虑以下几个因素：

①场地环境。要根据现场的施工条件，包括道路、邻近建筑物、障碍物等，来确定起重设备的类型。

②安装对象。要根据待安装对象的高度、半径和重量来确定起重设备。

③起重性能。要根据起重机的主要技术参数确定起重设备的选择。

④资源情况。要根据自有设备和市场的实际情况来选择起重设备。

⑤经济效益。要根据工期、整体吊装方案等综合考虑经济效益来决定起重设备的类型和大小。

（一）桅杆式起重机

桅杆式起重机是用木材或用金属材料制作的起重设备。它制作简单、装拆方便、起重量大、受地形限制小，能用于其他起重机不能安装的一些特殊结构和设备的安装。但它的灵活性较差，服务半径小，移动较困难，并需要拉设较多的缆风绳，故一般只用于安装工程量集中的工程。桅杆式起重机可分为：独脚桅杆、人字桅杆、悬臂桅杆和索缆式桅杆起重机等。

1. 独脚桅杆

独脚桅杆，由桅杆、起重滑轮组、卷扬机、缆风绳和地锚组成。使用时，桅杆应保持一定的倾角（但不宜大于 10 度），以便吊装的构件不致撞击桅杆。

桅杆的稳定主要依靠缆风绳，绳的一端固定在桅杆顶端，另一端固定在锚碇上。缆风绳在安装前需经过计算，且要用卷扬机或导链施加初拉力进行试验，合格后方可安装。缆风绳一般采用钢丝绳，常设 1~8 根。与地面夹角 α 为 $30°~45°$。

根据制作材料的不同独脚桅杆又可分为：木独脚桅杆、铜管独脚桅杆和格构式独脚桅杆。

独脚桅杆的优点是设备的安装拆卸简单、操作简易、节省工期、施工安全等；缺点是侧向稳定性较差，需要拉设多根缆风绳。独脚桅杆在工程中主要用于吊装塔类结构构件，还可以用于整体吊装高度大的钢结构槽罐容器设备。吊装塔类构件时可将独脚桅杆系在塔类结构的根部，利用独脚桅杆作支柱，将拟竖立的塔体结构当作悬臂杆，用卷扬机通过滑轮组拉绳整体拔起就位。

2. 人字桅杆

人字桅杆一般是由两根圆木或钢管，以钢丝绳绑扎或铁件铰接而成。其底部设有拉杆或拉绳以平衡水平推力，两杆夹角以 $30°$ 为宜。上部应有缆风绳，且一般不少于 5 根。人字桅杆起重时桅杆向前倾斜，在后面有两根缆风绳。为保证起重时桅杆底部的稳固，在一根桅杆底部装一导向滑轮，起重索通过它连到卷扬机再用另一根钢丝绳连接到锚碇上。

人字桅杆的优点是侧向稳定性比独脚桅杆好，所以缆风绳数较少，但构件起吊后活动范围小。一般仅用于安装重型构件或作为辅助设备用于吊装厂房屋盖体系上的轻型构件。

3. 悬臂桅杆

悬臂桅杆-在独脚桅杆的中部或 2/3 高处，装上一根起重杆，即成悬臂桅杆。起重杆可以回转和起伏，可以固定在某一部位，也可以根据需要沿杆升降。其特点是：有较大的起重高度和相应的起重半径；悬臂起重杆能左右摆动 $120°~270°$。

4. 索缆式桅杆起重机

索缆式桅杆起重机是在独脚桅杆下端安装一根可以回转和起伏的吊杆拼装而成。索缆式桅杆起重机的缆风绳至少 6 根，根据缆风绳的最大拉力选择钢丝绳和地锚，地锚必须安全可靠。

索缆式桅杆起重机的优点是：构造简单、装拆方便、起重能力较大。它适合在以下几种情况中应用：

①场地比较狭窄的工地；

②缺少其他大型起重机械或不能安装其他起重机械的特殊工程；

③没有其他相应起重设备的重大结构工程；

④在无电源情况下，可使用人工绞磨起吊。

其不足之处是：作业半径小、移动较为困难、施工速度慢且需设置较多的缆风绳，因而它适用于安装工程量较集中的结构工程。

（二）自行杆式起重机

自行杆式起重机有履带式起重机、汽车式起重机、轮胎式起重机。

1. 履带式起重机

履带式起重机由行走装置、回转机构、机身及起重杆等组成。采用链式履带的行走装置，对地面压力大为减小，装在底盘上的回转机构使机身可回转360°。机身内部有动力装置、卷扬机及操作系统。它操作灵活，使用方便，起重杆可分节接长，在装配式钢筋混凝土单层工业厂房结构吊装中得到广泛的使用。

履带式起重机的优点：

履带式起重机地面附着力大、爬坡能力强、转弯半径小（甚至可在原地转弯），作业时不需要支腿支撑，可以吊载行驶，也可进行挖土、夯土、打桩等多种作业。

由于履带面积较大，能有效降低对地面的压强，地基经合理处理后-履带式起重机能在松软、泥泞、坎坷不平的场地作业。此外，其通用性好，适用性强，可借助附加装置实现一机多用。

履带式起重机的主要技术参数为：起重量 Q、起重高度 H 和回转半径 R。三个参数的相互关系可用起重机工作曲线和起重性能表来表示。

2. 汽车式起重机

汽车式起重机是把起重机构安装在通用或专用汽车底盘上的全回转起重机。起重杆采用高强度钢板制作成箱形结构-吊臂可根据需要自动逐节伸缩，并设有各种限位和报警装置。起重机构所用动力由汽车发动机供给。这种起重机的优点是转移迅速，对路面的破坏性很小；缺点是吊重时必须架设支腿，因而不能负荷行驶。适用于构件的装配工作和结构吊装作业。

常用的汽车式起重机有：国产动臂式液压的 Q_2 系列及一些进口机械，可用于一般厂房的结构吊装。使用汽车式起重机吊装时，场地必须压实，架设支腿，将转台调整到基本水平，并在支腿内侧垫以保险枕木，以防支腿失灵时发生事故。所有需要吊装的构件·要堆放在起重机的回转半径范围内。

3. 轮胎式起重机

轮胎式起重机是把起重机构装在加重型轮胎和轮轴组成的特制底盘上的全回转起重机械，一般吊重时都用四个支腿支撑。其特点是：行驶时对路面的破坏性较小，行驶速度比汽车起重机慢，但比履带式起重机快；稳定性较好，起重量较大；吊重时一般需要支腿，否则起重量就大大减小。

4. 起重机抗倾覆稳定性

起重机的稳定性是指起重机在自重和外荷载作用下抵抗倾覆的能力。导致起重机失稳的因素很多，如吊装超载、额外接长起重臂、风力过大、地面坡度陡、吊重下降时过大的制动力及回转时过大的离心力等。起重机的稳定性验算十分重要，否则便有倾覆的危险，以致造成质量与安全事故。

（1）稳定性验算的原理

力矩法验算抗倾覆稳定性的基本原则是：作用于起重机上（包括自重）的各项荷载对危险倾覆边的力矩之和必须大于或等于零，即其中起稳定作用的力矩为正，起倾覆作用的力矩为负。

（2）起重机分组

在进行起重机稳定性验算时。根据起重机的结构特征、工作条件及抗倾覆稳定性的要求，将起重机分为四组，见表2-1。

表2-1　起重机分组表

组别	起重机特征
一	流动性很大的起电机（如履带式起重机和汽车式起重机等）
二	重心高、工作不频繁以及场地经常变更的起重机（如塔式起重机等）
三	工作场地固定的桥式类型起重机（如门式起重机和装卸桥等）
四	重心高、速度大、工作场地固定的轨道式起重机（如装卸用门式起重机等）

（3）抗倾覆稳定性验算的表达式

在最不利的荷载组合条件下，计算各项荷载对起重机支承平面上的倾覆线（绕其旋转倾覆的轴线）的力矩。对起重机起稳定作用的力矩为正，起倾覆作用的力矩为负，各项力矩之和大于等于零时起重机稳定。

抗倾覆稳定验算的力矩表达式为：

$$\Sigma M = K_G M_G + K_P M_P + K_i M_i + K_f M_f \geq 0$$

式中：M_G——起重机自重对倾覆线的力矩（kN·m）；

M_p——起升荷载对倾覆线的力矩（kN·m）；

M_i——水平惯性力对倾覆线的力矩（kN·m）；

M_f——风力对倾覆线的力矩（kN·m）；

K_G——起重机自重荷载系数；

K_P——起升荷载荷载系数；

K_i——水平惯性力荷载系数；

K_f——风力荷载系数。

（三）塔式起重机

塔式起重机是一种具有竖直的塔身，吊臂安装在塔身顶部的全回转臂式起重机——一般具有较大的起重高度和工作幅度，工作速度快，生产效率高，广泛用于多层和高层建筑的施工。

塔式起重机类型很多，按有无行走机构可分为固定式和移动式两种；按其回转方式可分为上回转和下回转两种；按其变幅方式可分为水平臂架小车变幅和动臂变幅两种；按其安装方式可分为自升式、整体快速拆装式和拼装式三种。下面重点介绍轨道式塔式起重机，型号 QT；爬升式塔式起重机，型号 QTP；附着式塔式起重机，型号 QTF。

1. 轨道式塔式起重机

轨道式塔式起重机能负荷行走，能同时完成垂直和水平运输，使用安全，能在直线和曲线轨道上行走，生产效率高，是多层房屋施工中广泛应用的一种起重机。但是需铺设轨道，占用施工场地面积大，拆装、转移费工费时，台班费用较高。

轨道式塔式起重机在使用时应注意：

①塔式起重机的轨道位置，其边线应与建筑物有适当距离，特别是下回转式转盘较大，以防发生碰撞事故。轨道两端必须设置车挡。

②起重机工作时必须严格按额定起重量起吊，不得超载，亦不准吊运人员、斜拉重物、拔除地下埋设物。

③司机必须得到指挥信号后，方可进行操作。工作休息和下班时-不得将重物悬吊于空中。

④施工完毕，起重机应开到轨道中部位置停放，并用夹轨钳夹紧在轨道上。吊钩上升到起重臂端 2~3m 处，起重臂应转至平行于轨道方向。所有控制器必须扳到停止点，切断

电源总开关。

⑤六级风以上及雷雨天，禁止操作。

2. 爬升式塔式起重机

高层结构施工，一般轨道式塔式起重机，其起重高度已不能满足构件的吊装要求，需用自升式塔式起重机。

爬升式塔式起重机又称内爬式起重机，是自升式塔式起重机的一种。通常安装在建筑物的电梯井或特设的开间内，一般每两层爬升一次，依靠套架托架和爬升系统爬升。爬升式起重机由底座套架、塔身、塔顶、行车式起重臂、平衡臂等部分组成。其特点是机身体积小、重量轻、安装简单，不需要铺设轨道，不占用施工场地。但塔基作用于楼层-建筑结构需要相应的加固，拆卸时需在屋面架设辅助起重设备。适用于高层建筑及高耸构筑物的施工。

爬升式塔式起重机在使用时必须注意：

①根据爬升孔的尺寸和建筑结构的特点，确定楼板开孔的大小，并准备合适的爬升套架。

②爬升时应收回起重小车，起重臂的指向应与液压爬升装置的扁担梁相垂直。

③当风速超过 5 级时，不得进行爬升作业。

④承受内爬式起重机的结构，必须具有能够承受包括起重机及吊装荷载在内的全部荷载的能力。

3. 附着式塔式起重机

附着式塔式起重机又称上回转自升式塔式起重机，直接固定在建筑物近旁的混凝土基础上，依靠爬升系统，随着建筑物的施工进度而将塔身自行向上接高。为了塔身稳定，每隔 20m 左右将塔身与建筑物用锚固装置连接起来。

附着式塔式起重机多为小车变幅，它占地面积小，自身的安装与拆卸不妨碍施工过程，因起重机装在建筑近旁，司机能看到吊装的全过程。是一种能适应各种工作情况的起重机，广泛用于高层建筑施工。

附着式塔式起重机的顶升接高系统由顶升套架、引进轨道及小车、液压顶升机组等三部分组成。顶升接高的过程可以分为以下五个步骤：①回转起重臂使其朝向与引进轨道一致并锁定。吊运一个标准节到摆渡小车上，并将过渡节与塔身标准节相连的螺栓松开，准备顶升。②开动液压千斤顶，将塔机上部结构包括顶升套架上升到超过一个标准节的高度；然后用定位销将套架固定，于是起重机上部结构的重量就通过定位销传递到塔身。③

液压千斤顶回缩，形成引入空间，此时将装有标准节的摆渡小车开进引进空间内。④利用液压千斤顶稍微提起待接高的标准节，退出摆渡小车，然后将待接高的标准节平稳地落在下面的塔身上，并用螺栓连接。⑤拔出定位销，下降过渡节，使之与已接高的塔身连成整体。

二、单层工业厂房结构安装

单层工业厂房面积大，构件类型少但数量多。其结构构件有：基础、柱、吊车梁、连系梁、地基梁、屋架、天窗架、屋面板等。一般除基础在施工现场就地浇筑外，其余构件均为预制构件。尺寸大、质量大的大型构件如柱和屋架，一般都在施工现场就地预制，其他中小型构件则都集中在构件厂预制，然后运到现场进行安装。因此，切实可行的结构安装方案是单层工业厂房施工的关键。

（一）构件吊装前的准备工作

结构安装的准备工作是保证安装施工顺利进行及安装工程质量的基础，必须充分重视。准备工作包括两方面的内容：一是技术准备，如熟悉图纸、计算工程量、编制施工组织设计等；二是室外现场准备，包括以下几个部分。

1. 场地清理

根据施工平面图的要求，在起重机进场前，标出起重机的开行线路和构件堆放位置，清理场地，平整及压实道路，做好场地排水措施，以利于起重机的开行和构件的堆放。

2. 构件的运输和堆放

构件的运输根据构件的质量和外形尺寸选用载重汽车、平板拖车等。对于质量较轻，外形尺寸不大的屋面板、吊车梁等构件，一般选用载重汽车运输；而质量较重和外形尺寸较长的柱子、屋架等构件，则常使用平板拖车。

构件应按施工组织设计的平面布置图进行堆放，避免出现二次搬运。堆放场地地面必须平整坚实，排水良好，以防构件因地面不均匀而倾倒损坏。构件堆放时应按设计的受力情况搁置垫木和支架，各层垫木的位置应在同一垂直线上，以免构件折断。构件的堆置高度：梁可堆放2~3层，屋顶板可堆放6~8层。

3. 构件的检查

构件吊装前，尚需对构件的质量进行全面的检查。检查的内容主要有构件的型号和数量、外形与尺寸，预埋件的尺寸及位置是否符合设计要求，构件有无缺陷、损伤、变形、裂缝等；构件的混凝土强度是否达到设计要求。

4. 构件的弹线与编号

构件在吊装前要在构件表面弹线，作为吊装、对位、校正的依据，对形状复杂的构件，尚需标出它的重心及绑扎点的位置。

柱应在柱身的三个面上弹出几何中心线；在柱顶与牛腿上弹出屋顶及吊车梁的安装中心线；还应在柱身上标出基础顶面线。

屋架上弦顶面应弹出几何中心线，并从跨中向两端标出天窗架、屋面板的安装控制线；在屋架端头弹出安装中心线。

吊车梁应在两端及顶面弹出安装中心线。

对构件弹线的同时，应按设计图纸对构件进行编号。对不易辨别上下、左右的构件，还应在构件上加以注明，以免出错。

5. 基础的准备

装配式钢筋混凝土柱基础一般设计成杯型基础，施工时，杯底标高一般比设计标高低 30~50mm。为了保证柱安装好后牛腿面的设计标高，在吊装前应对杯底标高进行一次调整。调整的方法是：测出杯底的实际标高，再量出柱脚底面至牛腿面的实际长度，算出杯底标高的调整值，在杯口侧面标出，然后用 1:2 水泥砂浆或细石混凝土将杯口底垫平至标志处。此外，还要在杯口的顶上弹出建筑结构的纵横定位轴线和柱的中心线位置，作为柱对位、校正的依据。

（二）构件吊装工艺

单层工业厂房结构需吊装的构件有：柱、吊车梁、屋架、屋面板、天窗架等。其安装工序一般包括：绑扎、起吊、对位、临时固定、校正和最后固定等。现场预制的一些构件还需要翻身扶直排放后，才进行吊装。

1. 柱的吊装

（1）柱的绑扎

柱的绑扎位置和绑扎点数应根据柱的形状、断面、长度、配筋、起吊方法及起重机性能等因素而定。吊装时应对柱的受力进行验算，其最合理的绑扎点应在柱因自重产生的正负弯矩绝对值相等的位置。一般中小型柱（自重 13t 以下）大多采用一点绑扎；重型柱或配筋小而细长的柱（如抗风柱），为防止在起吊过程中柱身断裂，常采用两点或三点绑孔。有牛腿的柱，一点绑扎的位置常选在牛腿以下 200mm 处。工字形断面和双肢柱应选在矩形断面处，否则应在绑扎位置用方木加固翼缘，以免翼缘在起吊时损坏。

按柱起吊时柱身是否垂直，分为斜吊绑扎法和直吊绑扎法，其绑扎方法亦不相同：

①斜吊绑扎法：当柱平卧起吊时的抗弯能力满足需要时，可采用斜吊绑扎法。该方法的特点是柱不需翻身，起重钩可低于柱顶，当柱身较长，起重机臂长不够时用此方法比较方便，但因柱身倾斜，就位、对中较困难。

②直吊绑扎法：当柱平卧起吊的抗弯能力不足时，吊装需先将柱身翻身后再绑扎起吊，这时就要采用直吊绑扎法。该方法的吊索从柱的两侧引出，上端通过卡环或滑轮挂在横吊梁上。起吊时横吊梁位于柱顶上，柱身呈垂直状态，便于柱垂直插入杯口和对中校正，但由于横吊梁高于柱顶，需较长的起重臂。

（2）柱的吊升

柱的起吊方法应根据柱的重量、长度、起重机性能和现场条件确定，可采用单机吊装，对重型柱有时也可采用两台起重机抬吊。根据柱在吊升过程中运动的特点，柱的吊升可分为旋转法和滑行法两种。

①单机吊装旋转法：起重机边升钩边回转，使柱子绕柱脚旋转而呈直立状态，然后转臂将其插入杯口中。其特点是：柱在平面布置时柱脚靠近基础，应使柱的绑扎点、柱脚中心和杯口中心三点共圆弧，该圆弧的圆心即为起重机的回转中心，半径为停机点至绑扎点的距离。旋转法吊升柱振动小，生产效率高，但对起重机的机动性要求较高，多用于中小型柱的吊装。

②双机抬吊旋转法：双机并立相对旋转法柱为2点绑扎，一台起重机抬柱的上吊点（靠近牛腿处的吊点），一台起重机抬下吊点。2台起重机的负荷分配应按平卧起吊时及柱吊直后的情况分别进行计算。柱的平面布置要使柱的绑扎点与基础杯口中心在相应的起重机的起重半径圆弧上。起吊时，先将2台起重机同时升钩，吊柱离开地面一定高度（一般为绑扎点至柱底的距离再加300mm），然后2台起重机的起重臂同时向杯口方向旋转，下绑扎点处起重机只旋转不升钩，上绑扎点处起重机边升钩边旋转，直至柱竖立在杯口上面为止。最后，双机同时缓慢落钩，将柱插入杯口。

③单机吊装滑行法：柱起吊时，起重机只升钩，起重臂不转动，使柱脚沿地面滑行逐渐直立，然后插入基础杯口。用滑行法起吊柱时，在预制或堆放柱时，应将柱的绑扎点（两点以上绑扎时为绑扎中心）布置在杯口附近，并使绑扎点和基础杯口中心两点共圆弧，以便将柱子吊离地面后，稍转动起重臂杆即可就位。其特点是起重机只需转动起重臂，即可将柱子吊装就位，比较安全。但柱在滑行过程中受到振动，使构件、吊具和起重机产生附加内力。为减少滑行阻力，可在柱脚下面设置托木或滚筒。滑行法用于柱较重、较长或

起重场地狭窄，柱无法按旋转法排放布置等情况。

④双机抬吊滑行法：柱的平面布置与单机起吊滑行法基本相同。柱应斜向布置，并使起吊绑扎点尽量靠近基础杯口。两台起重机相对而立，同时起钩，将柱吊离地面；同时旋转、降钩，将柱插入杯口。

（3）柱的对位与临时固定

柱脚插入杯口时，应悬离杯底 30～50mm 处进行对位。对位时，先沿柱子四周对称向杯口放入 8 只模块，并用撬棍拨动柱脚，使柱子安装中心线对准杯口上的安装中心线，保持柱子基本垂直。当对位完成后，即可落钩将柱子放入杯底，并复查中线，待符合要求后，即可将楔子打紧使之临时固定。吊装重型、细长柱时，除采用以上措施进行临时固定之外，必要时通过增设缆风绳或加斜撑等措施加强柱临时固定时的稳定性。

（4）柱的校正

柱的校正包括平面位置校正、垂直度校正和标高校正。

柱平面位置的校正在临时固定前进行，对位时就已完成。柱标高则在吊装前已通过按实际柱长调整杯底标高的方法进行了校正。垂直度的校正，则应在柱临时固定后进行。

柱垂直度的校正直接影响吊车梁、屋架等安装的准确性。柱垂直度的校正方法：对中小型柱或垂直度偏差较小时，可用敲打楔块法；对重型柱则可用钢管支撑斜顶、螺旋千斤顶斜顶或平顶。当柱顶加设缆风绳时，也可用缆风绳来校正柱的垂直偏差。

（5）柱的最后固定

柱校正后，应将楔块以每两个一组对称、均匀、依次打紧，并立即进行最后固定。其方法是在柱脚与杯口的空隙中浇筑比柱混凝土强度高一级的细石混凝土。

混凝土的浇筑分两次进行。第一次浇至楔块底面以下 50mm，待混凝土达到 25% 的强度后，拔出模块，第二次浇筑混凝土至杯口顶面，并进行养护。待第二次浇筑的混凝土强度达到设计强度的 70% 后，方能安装上部构件。

2. 吊车梁的吊装

（1）吊车梁的绑扎、吊升对位与临时固定

吊车梁的吊装必须在基础杯口二次灌筑的混凝土强度达到设计强度的 70% 以上才能进行。吊车梁绑扎时，两根吊索要长，绑扎点要对称设置，以使吊车梁起吊后能保持水平。吊车梁两头需用溜绳控制。就位时应缓慢落钩，采取一次对好纵轴线，避免在纵轴线方向撬动吊车梁而导致柱偏斜。临时固定一般在就位时用垫铁垫平即可，不需采取临时固定措施，但当梁的高宽比大于 4 时，可用 8 号铅丝将梁捆于柱上，以防倾倒。

（2）吊车梁的校正与最后固定

中小型吊车梁的校正工作宜在屋盖吊装后进行；重型吊车梁如在屋盖吊装后校正难度较大，常采用边吊边校正施工。吊车梁的校正包括标高、垂直度和平面位置等内容。吊车梁的标高主要取决于牛腿的标高，在安装柱子时已进行了控制，若还存在微小偏差，可待安装轨道时再调整。吊车梁垂直度和平面位置的校正可同时进行。

①垂直度校正：吊车梁的垂直度可用靠尺、线锤检查，允许偏差为 5mm。稍有偏差，可在两端的支座面上加斜垫铁纠正。

②平面位置校正：主要内容包括直线度和跨距两项。一般 6m 长，5t 以内的吊车梁可用通线法。通线法是根据柱的定位轴线用经纬仪和钢尺准确地校正好一跨内两端的 4 根吊车梁的纵轴线和跨距，再依据校正好的两端部吊车梁，沿其中线拉一根 16~18 号钢丝。钢丝中部用圆钢垫起，两端垫高 20cm 左右，并悬挂重物拉紧，依钢丝线逐根拨正吊车梁。

3. 屋架的吊装

钢筋混凝土屋架一般在现场平卧叠浇。吊装的顺序是：绑扎、扶直堆放、吊升、就位、临时固定、校正和最后固定。

（1）屋架的绑扎

屋架的绑扎点应选在屋架上弦吊点处左右对称，绑扎中心（各支吊索内力的合力作用点）必须在屋架重心之上。翻身或立直屋架时，吊索与水平线的夹角不宜小于 60°；吊装时不宜小于 45°，以免屋架上弦杆承受过大的横向压力。必要时为了减小绑扎高度及所受横向压力可采用横吊梁。吊点的数量及位置与屋架的形式和跨度有关，一般经吊装验算确定。

当屋架跨度小于等于 18m 时，2 点绑扎；当屋架跨度大于 18m 时，4 点绑扎；当屋架跨度大于等于 30m 时，应考虑采用横吊梁；对三角形组合屋架等刚性较差的屋架，下弦不能承受压力，故绑扎时也应采用横吊梁。

（2）屋架的扶直与排放

屋架都是平卧叠浇预制，运输或吊装时须先翻身扶宜。由于屋架是平面受力构件，扶直时屋架承受自重作用下平面外的力，部分改变了构件的受力状况，特别是上弦杆易挠曲开裂。

（3）屋架的吊升、对位、临时固定与校正

屋架的起吊有单机吊装和双机抬吊两种方法。一般采用单机吊升，只有当屋架的重量较大，一台起重机的起重量不能满足要求时，则用两台起重机抬吊屋架。先将屋架吊离地面 50cm 左右，使屋架中心对准安装中心，然后徐徐升钩，将屋架吊至柱顶以上，再用溜绳旋转屋架使其对准柱顶，以便落钩就位。落钩时应缓慢进行，对准柱顶中心线。

对位后，立即进行临时固定。第 1 棉屋架的临时固定必须可靠，因为它是单片结构，侧向稳定性差；同时它是第 2 棉的支撑，所以必须做好临时固定。一般在其两侧各设置两道缆风绳作临时固定，并用缆风绳来校正垂直度。当厂房设有抗风柱时，可在校好屋架垂直度后将屋架与抗风柱安装固定。以后的各棉屋架，可用屋架校正器作临时固定和校正。

（4）屋架的最后固定

屋架经校正后，就可上紧锚栓或利用电焊进行最后固定。用电焊进行最后固定时，应在屋架两端的不同侧面同时施焊，以防因焊缝收缩导致屋架倾斜。

4. 天窗架和屋面板的吊装

天窗架可与屋架拼装组合成整体一起吊装，也可单独吊装，视起重机的起重能力和起吊高度而定。前者高空作业少，但对起重机要求较高，后者为常用方式。钢筋混凝土天窗架一般采用两点或四点绑扎。单独吊装时，应待天窗架两侧的屋顶板吊装后进行，吊装方法与屋架基本相同。

屋面板均埋有吊环，用吊索钩住吊环即可起吊。为充分发挥起重机效率，一般采用叠吊的方法。在屋架上安装屋面板时，应由屋架两边檐口左右对称地逐块安向屋脊，避免屋架承受半边荷载。屋面板就位后，应立即与屋架上弦焊牢，每块屋面板应焊三点。

（三）结构吊装方案

单层工业厂房结构特点是面积大，承重结构的跨度与柱距大，构件类型少但数量多，厂房内有各种设备基础等。因此，切实可行的结构安装方案是单层工业厂房施工的关键。安装方案的主要内容是：结构吊装方法、起重机的选择、起重机开行路线与构件平面布置等问题。

1. 结构吊装方法

单层工业厂房的结构吊装方法，有分件吊装法和综合吊装法两种。

（1）分件吊装法

分件吊装法是指起重机每开行一次，仅安装一种或两种构件。通常起重机分三次开行吊装完全部构件：第一次开行，吊装全部柱子，并进行校正和最后固定；第二次开行，吊装全部吊车梁、连系梁及柱间支撑梁等；第三次开行，依次按节间吊装屋架、天窗架、屋面板及屋顶支撑等。

分件吊装法的优点是每次基本吊装同类型的构件，索具不需经常更换，且操作方法基本相同，因而吊装速度快，能充分发挥起重机的作用，提高其效率；构件的供应、堆放可分批进行，故现场平面布置比较简便；有足够的时间进行构件校正、固定。分件吊装法的缺点是起重机开行线路长，停机点较多，不能为后续工序尽早提供工作面。

（2）综合吊装法

综合吊装法是指起重机每开行一次就吊装完所在节间的全部构件。即先吊装完此节间的柱子后，立即加以校正和最后固定；再吊装此节间的吊车梁、连系梁、屋架和屋面板等构件。当全部吊装完此节间的所有构件后，起重机再移至下一个节间进行吊装。依此类推，直至整个厂房结构吊装完毕。

综合吊装法的优点是起重机开行路线较短，停机点较少，可为后续工作尽早提供工作面，可缩短工期。其缺点是因为起重机同时吊装此节间内不同类型的构件，且操作方法不尽相同，故吊装速度较慢，不能充分发挥起重机的工作效率；同时各种构件供应紧张，平面布置复杂，不便组织与管理；构件的校正比较困难。

2. 起重机的选择

起重机的类型主要根据厂房的跨度、构件的重量、尺寸、吊装高度及施工现场的条件和现有设备的情况来确定。

对于一般中小型厂房，采用自行杆式起重机，特别是履带式起重机，比较适宜。对于重型厂房，采用重型塔式起重机或纤缆式桅杆起重机较为适宜。

3. 起重机的开行路线及停机位置

起重机的开行路线与停机位置和起重机的性能、构件尺寸及重量、构件的平面布置、构件的供应方式、吊装方法等有关。

吊装柱子时，起重机的开行路线根据厂房跨度大小、柱的尺寸、重量及起重机性能，可沿跨中开行或跨边开行。

当柱布置在跨外时，起重机沿跨外开行，停机位置与沿跨内靠边开行相似。屋架、屋面板等屋面构件安装时，起重机大多沿跨中开行。

当单层工业厂房为多跨并列，同时又有纵横跨时，安装时一般先安装各纵向跨，再安装各横向跨，以便确保在安装各纵向跨时，起重机械、运输车辆的畅通。若有高低跨时，一般先安装高跨，再安装低跨，并逐步向两边开展安装作业。

4. 构件的平面布置和吊装前的构件堆放

构件的平面布置可分为预制阶段的构件平面布置和吊装阶段的构件平面布置，两者之间有密切关系，需同时考虑。

（1）预制阶段的构件平面布置

单层工业厂房现场预制的构件主要是柱子和屋架。吊车梁有时也在现场制作。

①柱的布置按吊装方法的不同、场地大小，常见的有斜向布置和纵向布置两种。

第一，柱的斜向布置。

当柱采用旋转起吊时，柱的布置常采用斜向布置，即预制的柱子与厂房纵轴线成一倾角。常见的有三点共弧法，也可用两点共弧法。具体如下：

当采用三点共弧法时，柱用旋转法起吊。按旋转法起吊工艺要求，确定起重机开行路线到柱基中心线的距离 a，a 须满足条件：$R_{min} < a < R_{max}$，R 为起重机的起重半径。这样能避免起重机离基坑太近而失稳，此外，尽量避免起重机回转时尾部与周围构件或建筑物碰撞。按几何方法，以此确定起重机的停机位置。再按旋转法吊装柱的平面布置要求，使柱吊点、柱脚和柱基三者都在以停机点为圆心，以起重半径 R_{max} 为半径的圆弧上，确定柱在地面上的预制位置。

如果无法做到三点共弧（柱子太长或场地太小），可用两点共弧，将柱脚与柱基中心安排在起重半径 R 的圆弧上，而吊点在起重半径 R 之外，或将吊点与柱基安排在起重半径 R 的圆弧上，柱脚可斜向任意方向。

第二，柱的纵向布置。

当柱采用滑行法吊装时，柱的布置采用纵向布置，即预制的柱子与厂房的纵轴线平行。此时起重机常布置在两柱基中间，每停机一次可吊装两根柱子。柱子的吊点常布置在以起重机的起重半径 R 为半径的圆弧上。

②屋架的布置：

在现场，屋架一般在跨内平卧叠层预制，每叠 3~4 榀，以节约场地。屋架的布置方式一般有三种：正面斜向布置，正反斜向布置和正反纵向布置。一般情况下，常采用正面斜向布置，因为此种方式屋架便于扶直就位。其他两种布置方式·只有当场地受限制时，才考虑采用。

在确定屋架的预制位置时，还应考虑到屋架扶直就位要求及屋架扶直的先后顺序。一般先扶直者应放在上层（面）。因屋架跨度大，故同时还应注意屋架两端的朝向，以免吊装时不便。

③吊车梁的布置：若运输条件限制，吊车梁须在现场预制时，常以靠近柱基顺纵向轴线或略作倾斜布置，也可在柱子之间的空场地预制。否则，在场外集中预制。

（2）吊装阶段构件的排放布置

吊装阶段的排放布置一般是指柱已吊装完毕，其他构件如屋架的扶直排放、吊车梁和屋面板的运输排放等。

①屋架的扶直排放：由于屋架一般都叠层浇筑预制。为了适应吊装阶段屋架吊装的工艺要求，一般都应将屋架扶直，即用起重机将屋架由平卧转为直立。为防止屋架扶直过程中出现碰撞损坏，在工程中，常采取相应的措施进行保护，如屋架端头垫木砖法等。

屋架扶直后，应立即将其吊起并转移到安装前的排放位置。屋架按排放方式的不同，可分为两种：一种是斜向排放，另一种是纵向排放。按排放位置的不同，可分为同侧排放和异侧排放两种。异侧排放时，因为需要将屋架由预制的一侧转移到起重机开行路线的另一侧排放，因此，在预制屋架时，应考虑安排好屋架排放的位置。

斜向排放用于跨度及重量较大的屋架。按作图方法确定其排放位置。

开行路线和停机位置的确定。首先根据起重机是沿跨中开行还是沿跨边开行，画出起重机的开行路线。其次，再以欲吊装的某轴线与起重机开行路线的交点为圆心，以所选择吊装屋架的起重半径 R 为半径画弧，与开行路线相交。这些交点即为此轴线屋架的停机位置。

排放范围的确定。屋架靠边排放，但屋架距离柱边净距应不小于 20cm，同时可利用柱作为屋架的临时支撑。由此，可确定屋架排放的外边线。

②吊车梁、连系梁、屋面板的排放：单层厂房预制构件运到施工现场后，按施工组织设计中施工平面图规定的位置，按其编号及构件吊装顺序进行排放和集中堆放。

吊车梁、连系梁的排放位置，一般在其吊装位置的柱列附近，跨内跨外均可。有时，当条件许可时，可以直接从运输车辆上吊至牛腿上。

室面板常以 6~8 层为一叠靠柱边堆放。其排放位置，根据起重机安装屋面板时所需的起重半径确定，可跨内或跨外布置。当屋面板跨内就位时，常退后 3~4 个节间沿柱边堆放；跨外就位时，常退后 1~2 个节间靠柱边堆放。

三、大跨度空间结构安装

空间结构是由许多杆件沿平面或立面按一定规律组成的大跨度屋盖结构，一般采用钢管或型钢焊接或螺栓连接而成。由于杆件之间互相支撑，所以结构的稳定性好，空间刚度大，能承受来自各个方向的荷载。下面以网架结构为例，介绍常用的空间结构安装方法。

（一）高空拼装法

1. 工艺特点

高空拼装法是先在地面上搭设拼装支架，然后用起重机把网架构件分件或分块吊至空中的设计位置，在支架上进行拼装的方法。此法有时不需大型起重设备，但拼装支架用量大，高空作业多，因此对高强螺栓连接的、用型钢制作的钢筋方网架或螺栓球节点的铜管网架较合适。

2. 拼装支架

拼装支架可用木或钢管制，支架可局部搭设作为活动式，亦可满堂搭设。局部支架的位置必须对准网架下弦的支承节点，支架间距不宜过大，以免网架吊装过程中产生较大下垂。支架高度要方便操作，用千斤顶调整标高，则支架上表面距网架下弦节点 80cm 左右为宜。

高空拼接法拼装网架时，网架块件顺序安排要考虑减少误差积累和吊装方便，另外要考虑结构的受力特点和吊装机械的性能。网架总的拼装顺序是从建筑物的一端开始向另一端以两个三角形同时推进，待两个三角形相反后，则按人字形逐渐向前推进，最后在另一端的正中闭合。每棉块体的吊装顺序，在开始的两个三角形部分是由屋脊部分开始分别向两边拼装；两个三角形相交后，则由交点开始同时向两边拼装。

屋架拼装后，下方有支架者用方木顶住中央竖杆处，用千斤顶顶住屋架中央竖杆下方进行标高调整。其他分块则随拼装随拧紧高强螺栓，并与已拼好的分块连接即可。由于螺栓大于螺杆直径，故高强螺栓需随拼装随拧紧，否则会加大网架的下垂。

3. 拆除支架

网架拼装完毕并全面检查后，拆除全部支顶网架的方木和千斤顶。考虑到支承拆除后网架中央沉降最低，故按中央、中间和边缘三个区分阶段按比例下降支承，即分 6 次下降，每次下降的数值，三个区的比例是 2：1.5：1，下降支承时要严格控制同步下降，避免由于个别支点受力而使这个支点处的网架杆件变形过大甚至砸坏。

4. 整块吊装法

拼装法也有将网架沿长跨方向分成若干区段或将网架沿纵横方向分割成矩形或正方形块状单元，先在地面组装成条状或块状单元，再用起重机将单元体吊装到高空就位搁置，并拼成整体，称为整块吊装法。本法高空作业较高空拼装法减少，同时只需搭设局部拼装平台，拼装支架量也大大减少，并可充分利用现有起重设备，比较经济。但施工中应注意保证单元体制作精度和起拱，以免造成总拼困难。适合用于分割后刚度和受力状况改变较小的中小型网架。

（二）高空滑移法

采用这种施工方法时，网架多在建筑物前厅顶板上设拼装平台进行拼装，待第一个拼装单元或第一段拼装完毕，即将其下落至滑移轨道上，用牵引设备通过滑轮组将拼装好的网架向前滑移一定距离。接下来在拼装平台上拼接第二个拼装单元或第二段，接好后连同第一个拼装单元或第一段一同向前滑移，如此逐段拼装不断向前滑移，直至整个网架拼装完毕并滑移至就位位置。网架屋盖近年来采用高空平行滑移法施工逐渐增多，尤其适用于影剧院、礼堂等工程。

拼装好的网架的滑移，可在网架支座下设滚轮，使滚轮在滑道上滑动。

也可在网架支座下设支座底板，使支座底板沿预埋在钢筋混凝土框架梁上的预埋钢板滑动。

网架先在地面将杆件拼装成两球一杆和四球五杆的小拼构件，然后用悬臂式桅杆、塔式或履带式起重机，按组合拼接顺序吊到拼接平台上进行扩大拼装。首先就位点焊拼接网架下弦方格，再点焊横向跨度方向角腹杆，每节间单元网架部件点焊拼接顺序由跨中间向两侧对称进行，焊完后临时加固。牵引可用慢速卷扬机进行，并设减速滑轮组，牵引点应分散设置，滑移速度应控制在 1m/min 内，做到两边同步滑移。当网架跨度大于 50m 时，应在跨中增设一条平稳滑道或辅助支顶平台。

此种方法所需起重设备较简单，不需大型起重设备；可与室内其他工种平行作业，缩短总工期；用工省，减少高空作业；施工速度快，费用低，但需搭设一定数量的拼装平台；该拼装容易造成轴线的积累偏差，一般要采取试拼装、套拼、散件拼装等措施来控制。适于场地狭小或跨越其他结构、起重机械无法进入网架安装区域的中小型网架。

（三）整体安装法

整体安装法就是先将网架在地面上拼装成整体，然后用起重设备将其整体提升到设计位置上加以固定。这种施工方法不需高大的拼装支架，高空作业少，易保证焊接质量，但需要起重量大的起重设备，技术较复杂。因此，对球节点的钢管网架，尤其是三向网架等杆件较多的网架较适宜。根据所用设备不同，整体安装法又分为多机抬吊法、提升机提升法、桅杆提升法、滑模提升法、千斤顶顶升法等。

1. 多机抬吊法

用四台起重机联合作业，将地面错位拼装好的网架整体提升到柱顶后，在空中进行移位落下就位安装。一般有四侧台吊与两侧台吊两种方法。四侧抬吊为防止起重机因升降速度不一而产生不均匀荷载，每台起重机设两个吊点，每两台起重机的吊索互相用滑轮串通，使各吊点受力均匀，网架均匀上升。当网架升到比柱顶高 30cm 时，进行空中移位。起重机甲一边落起重臂，一边升钩；起重机乙一边升起重臂，一边落钩；丙丁两台起重机则松开旋转刹车跟着旋转，待转到网架支座中心线对准柱子中心时，四台起重机同时落钩，并通过设在网架四角的拉索和倒链拉动网架进行对线，将网架落到柱顶就位。两侧抬吊用四台起重机将网架吊到柱顶，同时向一个方向旋转一定距离，即可就位。

本法准备工作简单，安装快速方便。四侧抬吊与两侧抬吊比较，前者移位较平稳，但操作较复杂；后者空中移位较方便，但平稳性差一些。适于跨度 40m 左右、高度 25m 左右、重量不很大的中小型网架屋盖的吊装。

2. 提升机提升法

用在结构柱上安装升板工程用的电动穿心式提升机，将地面正位拼装的网架直接整体提升到柱顶横梁就位。

提升点设在网架四边的中部，每边 7~8 个。提升设备的组装系在柱顶加接短钢柱，上安工字钢上横梁，每一吊点安放一台 30t 电动穿心提升机，提升机的螺杆下端连接多节长 1.8m 的吊杆，下面连接横吊梁，梁中间用钢销与网架支座钢球上的吊环相连接。在钢柱顶上的上横梁处，又用螺杆连接着一个下横梁，作为拆卸吊杆时的停歇装置。当提升机每提升一节吊杆后（升速为 3cm/min），用 U 形卡板塞入下横梁上部和吊杆上端的支承法兰之间，卡住吊杆，卸去上吊杆，将提升螺杆下降与下一节吊杆接好，再继续上升，如此循环往复，直到网架升到托梁以上，然后把预先放在柱顶牛腿的托梁移至中间就位，再将网架下降于托梁上，即完成吊装。网架提升时应同步，每上升 60~90cm 观测一次，控制相邻两个提升点高差不大于 25mm。

本法不需大型吊装设备，机具和安装工艺简单，提升平稳，劳动强度低，工效高，施工安全，但准备工作量大。适于跨度 50~70m、高度 40m 以上、重量较大的大、中型周边支承网架屋盖的吊装。

3. 桅杆提升法

将网架在地面错位拼装，用多根独脚桅杆将其整体提升到柱顶以上，然后进行空中旋转和移位落下就位安装。

柱和桅杆应在网架拼装前竖立，当安装长方八角形网架时，在网架三向直径接近支座处竖立四根钢格构独脚桅杆，每根桅杆的两侧各挂一副起重滑车组，每副滑车组下设两个吊点，配一台卷筒直径、转速相同的电动卷扬机，使提升同步，每根桅杆设 6 根缆风绳与地面成 30°~40° 夹角。

网架拼装时，逆时针转动 2°5′ 使支座偏离柱 1.4m，即用多根桅杆将网架吊过柱顶后，需要向空中移位或旋转 1.4m，提升时，四根桅杆、八副起重滑车组同时收紧提升网架，使其等速平稳上升，相邻两桅杆处的网架高差应不大于 100mm。当提升到柱顶以上 50cm 时，放松桅杆左侧的起重滑车组，使桅杆右侧的起重滑车组保持不动，则左侧滑车组松弛，拉力变小，因而其水平分力也变小，网架便向左移动，进行高空移位或旋转就位，经轴线、标高校正后，用电焊固定。桅杆利用网架悬吊，采用倒装法拆除。

本法吊装设备简易，桅杆可自行制造，起重量大，可达 100~200t，桅杆高度可达到 50~60m，但所需设备数量大，准备工作和操作均较复杂，适于安装高、重、大（跨度 80~100m）的大型网架。

4. 滑模提升法

在地面一定高度正位拼装网架，利用框架柱或墙的滑模装置将网架随滑模顶升到设计位置。顶升前，先将网架拼装在 1.2m 高的枕木垫上，使网架支座位于滑模提升架所在柱（或墙）截面内，每柱安 4 根 28mm 直径钢筋支承杆，四台千斤顶，每根柱一条油路直接由网架上操作台控制。滑模装置与常规方法一样，千斤顶架之间用槽钢连接，在柱浇筑混凝土、滑升的同时，利用网架结构当作滑模操作平台随同滑升到柱顶就位，网架每提升一节，用水平仪、经纬仪检查一次水平度和垂直度，控制同步正位上升。网架提升到柱顶后，将钢筋混凝土联系梁与柱头一起浇筑混凝土，以增强稳定性。

本法不用吊装设备，可利用网架作滑模操作平台，节省设备和脚手架费用，施工简便、安全，但需整套滑模设备，网架安装速度较慢，适于安装跨度 30~40m 的中、小型网架屋盖。

5. 千斤顶顶升法

该法是利用支承结构和千斤顶将网架整体顶升到设计位置。

顶升用的支承结构一般多利用网架的永久性支承柱，或在原支点处或其附近设备临时顶升支架。顶升千斤顶可采用普通液压千斤顶或丝杠千斤顶，要求各千斤顶的行程和起重速度一致。网架多采用伞形柱帽的方式，在地面按原位整体拼装。由四根角钢组成的支承柱从腹杆间隙中穿过，在柱上设置缀板作为搁置横梁千斤顶和球支座用。上下临时缀板的间距根据千斤顶的尺寸、冲程、横梁等尺寸确定，应恰为千斤顶使用行程的整数倍，其标高偏差不得大于 5mm。如用 32t 普通液压千斤顶，缀板的间距为 420mm，即顶一个循环、总高度为 420mm，千斤顶分三次（150mm+150mm+120mm）顶升到该标高。顶升时，每一顶升循环工艺过程。顶升应做到同步，各顶升点的差异不得大于相邻两个回升用的支承结构间距的 1/1000，且不大于 30mm，在一个支承结构上设有两个或两个以上千斤顶时，不大于 10mm。当发现网架偏移过大，可采用在千斤顶垫斜垫或有意造成反向升差逐步纠正。同时顶升过程中，网架支座中心对柱基轴线的水平偏移值，不得大于柱截面短边尺寸的 1/50 及柱高的 1/500，以免导致支承结构失稳。

本法设备简单，不用大型吊装设备；顶升支承结构可利用永久性支承，拼装网架不需搭设拼装支架，可节省费用，降低施工成本，操作简便安全。但顶升速度较慢，且对结构顶升的误差控制要求严格，以防失稳。本法适于安装多支点支承的各种四角锥网架屋盖。

四、装配式混凝土建筑结构安装

装配式混凝土结构是以预制构件为主要构件，经装配、连接、部分现浇而成的混凝土结构。装配式混凝土建筑就是将传统建筑产品拆分设计成可在工厂里进行生产的预制钢筋混凝土构件，经过工厂预制加工、吊装运输到施工现场，再拼装成整体的建筑物。

装配式混凝土建筑依据装配化程度高低可分为全装配和部分装配两大类。

全预制装配式结构是指所有结构构件均由工厂内生产，运至现场进行装配。全预制装配式结构通常采用柔性连接技术，所谓柔性连接是指连接部位抗弯能力比预制构件低，因此，地震作用下弹塑性变形通常发生在连接处，而梁柱构件本身不会破坏，变形在弹性范围内，因此结构恢复性能好，震后只需对连接部位进行修复即可继续使用，具有较好的经济性能。

部分预制装配式结构是指部分结构构件均由工厂内生产，如：预制外墙、预制内隔墙、半预制露台、半预制楼板、半预制梁、预制楼梯等预制构件运至现场后，与主要竖向承重构件（预制或现浇梁柱、剪力墙等）通过叠合层现浇楼板浇筑成整体的结构体系。部分预制装配式结构通常采用强连接节点，由于连接的装配式结构在地震中依靠构件截面的非弹性变形耗能能力，因此能够达到与现浇混凝土现浇结构相同或相近的抗震能力，具有良好的整体性能，具有足够的强度、刚度和延性，能安全抵抗地震力且具有良好的经济性。

对于采用少量混凝土预制构件建造的混凝土结构或建筑，一般不作为装配式混凝土建筑考虑。

（一）预制构件吊装前的准备工作

1. 预制构件运输

预制构件的运输是装配式混凝土建筑施工中一个重要的步骤，预制构件的运输需要按照以下几个方面进行：

①根据施工现场的吊装计划，提前一天将次日所需型号和规格的预制构件发运至施工

现场。在运输前应按清单仔细核对预制构件的型号、规格、数量及是否配套。

②运输车辆可采用大吨位卡车或平板拖车。装车时先在车厢底板上铺两根 100mm×100mm 的通长木方，木方上垫 15mm 以上的硬橡胶垫或其他柔性垫，以防预制构件在运输途中因振动而受损。

③预制构件根据其安装状态受力特点，制定有针对性的运输措施，保证运输过程构件不受损坏。

④预制构件运输过程中，运输车根据构件类型设专用运输架，且需有可靠的稳定构件措施，用钢丝带配合紧固器绑牢，以防构件在运输时受损。

⑤构件运输前，根据运输需要选定合适、平整坚实的路线，车辆启动应慢，车速行驶均匀，不应超速、猛拐和急刹车。

2. 预制构件堆放

预制构件按两层用量安排运输进场计划，预制构件运至现场后，按计划码放在临时堆场上。临时堆放场地应设在起重设备（塔吊或汽车吊）吊重的作业半径内。场地应压实平整，平放码垛，每垛不超过十块，底部垫 2 根 100mm×100mm 通长方木，中间隔板垫木要均匀对称排放 8 块小方木，做到上下对齐，垫平垫实。

卸车时应认真检查吊具与预制构件的预埋吊环是否扣牢，确认无误后方可缓慢起吊。

为保证工序连续，根据施工流水，要求每个流水段至少存放一个标准单元的预制构件。预制构件运至现场后，根据总平面布置进行构件存放，构件存放应按照吊装顺序及流水段配套堆放。

根据预制构件受力情况存放，同时合理设置支垫位置，防止预制构件发生变形损坏；预制飘窗现场采取立放方式；预制叠合阳台板、预制叠合板、预制楼梯以及预制装饰板采用叠放方式，层间应垫平、垫实，垫块位置安放在构件吊点部位。

3. 吊装前准备

预制构件吊装前根据构件类型准备吊具，加工模数化通用吊装梁，模数化通用吊装梁可根据各种构件吊装时不同的起吊点位置，设置模数化吊点，确保预制构件在吊装时吊装钢丝绳保持竖直，避免产生水平分力导致构件旋转问题。

预制构件进场存放后根据施工流水计划在构件上标出吊装顺序号，标注顺序号与图纸上序号一致。

所有构件吊装之前应将构件各个截面的控制线标示完成，可以节省吊装校正时间，也有利于预制构件安装质量控制。

构件吊装之前，需要将所有措施性埋件、构件连接埋件埋设准确，连接面清理干净。

吊装前的人员培训：

①根据构件的受力特征进行专项技术交底培训，确保构件吊装状态符合构件设计状态受力情况，防止构件吊装过程中发生损坏；

②根据构件的安装方式准备必要的连接工器具，确保安装快捷，连接可靠；

③根据构件的连接方式，进行连接钢筋定位、构件套筒灌浆连接、螺栓连接、焊接工艺培训，规范操作顺序，增强连接施工人员的操作质量意识。

（二）预制构件安装

预制混凝土构件的安全吊运是装配式结构工程施工中最重要的环节之一，吊运机具主要包括起重机械、吊具及预埋吊件等。现场吊装时，应综合考虑预制混凝土构件的重量及吊运距离合理选择塔式起重机。预制混凝土构件吊装需要使用专用吊具，目前应用于预制装配式施工，吊装的工具形式很多，过大、过宽、过重的构件一般采用多点起吊方式，选用钢扁担可分解、均衡吊车两点起点的问题。为了节约材料、方便施工、避免金属件外露引起耐久性问题，预制构件宜采用内埋式螺母或预留吊装孔等专用预埋吊件。起吊点应该合理设置，从而保证构件能够水平起吊，避免起吊过程中磕碰构件边角。

每层构件吊装时应按一定顺序，预制墙板、预制叠合板和预制楼梯等在运到施工现场并清点、核对编号后，通过塔式起重机采用专用吊具吊至预安装位置，初步就位后随即设置临时支撑系统。

1. 预制梁安装

梁与柱连接节点采用与预制柱相同的工字钢，使两者在同轴线连接，梁端头与柱上型钢接头采用螺栓夹板方式连接，使梁中轴向受力杆件与接头端板构成连接，从而使梁中受力杆件全部均匀受力，大大提高预制钢筋混凝土梁连接端部的抗剪、抗弯、承重能力，成为强节点结构。而钢筋混凝土梁中各主、副钢筋穿过型钢并与该型钢接头横面形成穿孔塞焊或螺纹套筒连接，成为与柱的连接件。此连接节点相当于弹性结构的钢结构梁，大大提高预制钢筋混凝土梁的抗震性及安全性。同时梁内可设张拉孔，两端接头钢板作为预应力张拉头支撑，设置预应力张拉，可以制作大于 8m 长的大跨度预制钢筋混凝土梁。

可根据预制梁的实际受力情况，在梁两端的型钢接头端板钢筋混凝土内侧还可以固结若干短锚固钢筋、钢板、栓钉、型钢等增强抗剪、抗扭构件，进一步提高型钢接头与钢筋混凝土连接节点的抗剪、抗扭能力。

在预制主梁上预制有尺寸与预制混凝土次梁匹配的型钢安装位，次梁的端部与主梁安装位连接后，将梁两端伸出钢筋焊接，次梁与主梁之间的空隙采用现浇混凝土形成叠合层。

2. 预制柱安装

预制柱与承台连接处设有连接受力构件，连接件下部拼装面位置设有可调螺栓，柱与承台安装连接后可通过拼装面底部的可调螺栓调节柱的垂直度。柱连接件周边伸出钢筋为柱内配筋的延续，且与下部承台预埋钢筋相互错位，柱垂直度调整完成后焊接上下连接钢筋及调整件。

3. 预制叠合楼板安装

预制板四个角均设有预埋吊装件，安装时起吊方便，便于快速安装。板四周均有端部伸出大厚度侧翅结构及伸出连接钢筋，使楼板端部成为承重端头结构，确保有效搁置承重段长度，楼板搁置在预制梁两侧边搁置空间上，预制板安装搁置完成、相邻楼板伸出的钢筋焊接固定及面层钢筋绑扎后，浇筑填充混凝土形成整体结构，提高连接区强度，同时使其具有现浇楼板的高抗震性和防渗水性。

4. 预制保温墙板安装

在标高及尺寸确定后，将预制板上预留孔的保护塞取出，准备好吊装卡扣，用螺栓穿好旋入预留孔内，将卡扣与墙板面紧密连接，将吊装用钢丝绳通过连接锁锁定，然后在中心位置挂在起重机吊钩上。为更好控制起吊位置，防止碰撞到梁柱，在吊点的位置两边各绑一根绳子由 2 名工人在两头拽住控制板的起吊路径。吊至预定安装位置后，在墙板内侧预留套管内旋入安装螺栓，将专用扣件固定好后吊装至预定位置，将连接扣件与柱的钢筋焊接固定，拆掉安装设备，用同样方法吊装第 2 块板。安装第 2 块板后，在板的接缝内塞入防水胶条，缝口用密封胶勾缝密封。若接缝内塞入防水胶条后缝隙仍过大，则用发泡剂填充。因梁柱节点为后浇，如柱没有后浇时，则应预埋钢板作为预埋件，然后将专用扣件与埋件进行焊接，螺栓连接到扣件上即可。

（三）施工注意事项

①预制构件进场后应会同业主、监理进行现场验收，预制钢筋混凝土梁、柱、板等构件均应有出厂合格证。其外观质量不应有严重缺陷；不应有影响结构性能、使用功能及安装的尺寸偏差；构件上的预埋件、插筋和预留孔洞的规格、位置和数量应符合标准图或设计要求。对有严重缺陷的产品应退场或按技术处理方案进行处理，并重新检查验收。

②堆放构件场地应平整坚实，并具有排水措施，堆放构件时应使构件与地面之间留有

一定空隙。根据构件的刚度及受力情况，确定构件平放或立放，板类构件一般采用叠层平放，柱、梁一体构件中选择立放。构件的断面高宽比大于 2.5 时，堆放时下部应加支撑或有坚固的堆放架，上部应拉牢固定，以免倾倒；墙板类构件宜立放。

③对预吊柱伸出的上下主筋进行检查，按设计长度将超出部分割掉，确保定位小柱头平稳地坐落在柱子接头的定位钢板上。将下部伸出的主筋理直、理顺，保证同下层柱子钢筋搭接时贴靠紧密，便于施焊。

④构件起吊时的绑扎位置往往与正常使用时的支承位置不同，所以构件的内力将产生变化。受压杆件可能会变为受拉，因此在吊装前一定要进行吊装内力验算，必要时应采取临时加固措施。

⑤在吊装过程中被碰撞的钢筋，在焊接前要将主筋调直、理顺，确保主筋位置正确，互相靠紧，便于施焊。当采用帮条焊时，应当用与主筋级别相同的钢筋；当采用搭接焊时，应满足搭接长度的要求，分上下两条双面焊缝。

⑥梁和柱主筋的搭接锚固长度和焊缝必须满足设计图纸和《建筑抗震设计规范》要求。顶层边角柱接头部位梁的上铁除去与梁的下铁搭接焊之外，其余上铁要与柱顶预埋锚固筋焊牢。柱顶锚固筋应对角设置并焊牢。

⑦箍筋采用预制焊接封闭箍，整个加密区的箍筋设置应满足设计要求及规定。在叠合梁的上铁部位应设置 1φ2 焊接封闭定位箍，用来控制柱主筋上下接头的正确位置。

⑧焊工应有操作证及代号，正式施焊前须进行焊接试验以调整焊接参数，提供模拟焊件，经试验合格者方可大面积操作。

⑨预制叠合楼层板侧面中线及板面垂直度的偏差应以中线为主进行调整。当板不方正时，应以竖缝为主进行调整；当板接缝不平时，应以满足外墙面平整为主，内墙面不平或翘曲时，可在内装饰调整；板阳角与相邻板有偏差时，以保证阳角垂直为准进行调整；若板拼缝不平整，应以楼地面水平线为准进行调整。

⑩节点区混凝土的强度等级应比柱混凝土高 10MPa，也可浇筑掺 UEA 的补偿收缩混凝土。

第三章 防水工程与装饰工程

第一节 防水工程

一、屋面防水施工

根据建筑物的性质、重要程度、使用功能要求以及防水层的合理使用年限等，将屋面防水分为四个等级进行设防，见表3-1。

表3-1 屋面防水等级和设防要求

项目	屋面防水等级			
	Ⅰ级	Ⅱ级	Ⅲ级	Ⅳ级
建筑物类别	特别重要或对防水层有特殊要求的建筑	重要的建筑或高层建筑	一般的建筑	非永久性的建筑
防水层合理使用年限	25年	15年	10年	5年
防水层选用材料	宜选用合成高分子防水卷材、高聚物改性沥青防水卷材、金属防水板材、合成高分子防水涂料、细石防水混凝土等材料	宜选用合成高分子防水卷材、高聚物改性沥青防水卷材、金属防水板材、合成高分子防水涂料、高聚物改性沥青防水涂料、细石防水混凝土、平瓦、油毡瓦等材料	宜选用三毡四油沥青防水卷材、合成高分子防水卷材、高聚物改性沥青防水卷材、金属防水板材、合成高分子防水涂料、高聚物改性沥青防水涂料、细石防水混凝土、平瓦、油毡瓦等材料	可选用两毡三油沥青防水卷材、高聚物改性沥青防水涂料等材料
设防要求	三道或三道以上的防水设防	两道防水设防	一道防水设防	一道防水设防

(一) 普通卷材屋面防水

1. 卷材防水材料及构造

卷材防水屋面所用的卷材有沥青防水卷材、高聚物改性沥青防水卷材及合成高分子防水卷材等。沥青防水卷材，俗称油毡，是用高软化点的石油沥青涂盖纸胎两面，再撒上滑石粉（粉毡）或云母片（片毡）而形成的防水材料，目前沥青防水卷材已逐渐被淘汰。高聚物改性沥青防水卷材，以合成高分子聚合物改性沥青为涂盖层，聚酯无纺布或玻纤毡为胎体，聚乙烯膜、铝薄膜、砂粒、彩砂、页岩片等材料为覆面材料制成可卷曲的片状防水材料。高聚物改性沥青卷材具有纵横向拉力大、延伸率好、韧性强、耐低温、耐老化、耐紫外线、耐温差变化、自愈力粘合等优良性能，常用品牌有"SBS"，"APP"等，主要防水卷材的分类参照表3-2。

表3-2　主要防水卷材分类

类别		防水卷材名称
沥青基防水卷材		纸胎、玻璃胎、玻璃布、黄麻、铝箔沥青卷材
高聚物改性沥青防水卷材		SBS、APP、SBS-APP，丁苯橡胶改性沥青防水卷材、橡胶粉改性沥青防水卷材、再生胶卷材、PVC改性煤焦油沥青卷材等
合成高分子防水卷材	硫化型橡胶或橡胶共混卷材	三元乙丙橡胶卷材、氯磺化聚乙烯卷材、丁基橡胶卷材、氯丁橡胶卷材、氯化聚乙烯-橡胶共混卷材等
	非硫化型橡胶或橡胶共混卷材	丁基橡胶卷材、氯丁橡胶卷材、氯化聚乙烯-橡胶共混卷材等
	合成树脂系防水卷材	氯化聚乙烯卷材、PVC卷材等
特种卷材		热熔卷材、冷自黏卷材、带孔卷材、热反射卷材、沥青瓦等

卷材经粘结后形成整片的屋面覆盖层起到防水作用。粘结层的材料主要取决于卷材的种类：沥青胶，用于粘贴油毡防水层或作为沥青防水涂层或接头填缝之用；高聚物改性沥青卷材的胶粘剂主要有氯丁橡胶改性沥青胶粘剂、CCTP抗腐耐水冷胶料，前者主要用于卷材基层、卷材与卷材的粘结，后者具有抗腐蚀、耐酸碱、防水和耐低温等特殊性能。

对于卷材屋面防水的功能要求是：

①耐久性，又叫大气稳定性，在日光、温度、臭氧影响下，卷材有较好的抗老化性能；

②耐热性，又叫温度稳定性-卷材应具有防止高温软化、低温硬化的稳定性；

③耐重复伸缩，在温差作用下，屋面基层会反复伸缩与龟裂，卷材应有足够的抗拉强度和极限延伸率；

④保持卷材防水层的整体性，还应注意卷材接缝的粘结，使一层层的卷材粘结成整体防水层；

⑤保持卷材与基层的粘结，防止卷材防水层起鼓或剥离。

2. 基层与找平层

基层、找平层应做好嵌缝（预制板）、找平及转角和基层处理等工作。采用水泥砂浆找平层时，水泥砂浆抹平收水后应二次压光，充分养护，不得有酥松、起砂、起皮及起壳现象，否则，必须进行修补。屋面基层与女儿墙、立墙、天窗壁、烟囱、变形缝等突出屋面结构的连接处，以及基层的转角处（各水落口、檐口、天沟、檐沟、屋脊等），均应做成圆弧，圆弧半径参见表3-3。

表3-3 转角处圆弧半径

卷材种类	圆弧半径 mm
沥青防水卷材	100~150
高聚物改性沥青防水卷材	50
合成高分子防水卷材	20

找平层宜设分格缝，并嵌填密封材料。分格缝应留设在板端缝处，其纵横缝的最大间距：水泥砂浆或细石混凝土找平层不宜大于6m，沥青砂浆找平层不宜大于1m。找平层所用的材料，可分为水泥砂浆找平层、细石混凝土找平层和混凝土随浇随抹找平层。

3. 保温隔热层

保温隔热层屋面适用于具有保温隔热要求的屋面工程。保温层可采用松散材料保温层、板状保温层和整体现浇（喷）保温层；隔热层可采用蓄水隔热层、架空隔热层、种植隔热层等。

4. 普通卷材的铺贴

（1）施工顺序及铺设方向

卷材铺贴在整个工程中应采取"先高后低，先远后近"的施工顺序，即高低跨屋面，先铺高跨后铺低跨；等高的大面积屋面，先铺离上料地点较远的部位，后铺较近的部位。这样可以避免已铺屋面因材料运输遭人员踩踏和破坏。

卷材大面积铺贴前，应先做好节点密封、附加层和屋面排水几种部位（屋面与落水口连接处、檐口、天沟等）与分格缝的空铺条处理等，然后由屋面最低标高处向上施工。施工段的划分宜设在屋脊、檐口、天沟、变形缝等处。垂直于屋脊铺贴时，则应从屋脊向檐口铺贴，压边顺主导风向，接头顺流水方向，屋脊处不能留设搭接缝，必须使卷材相互越过屋脊交错搭接以增强屋脊的防水和耐久性。卷材铺贴方向应根据屋面坡度和周围是否有振动来确定。当屋面坡度小于3%时，卷材应平行于屋脊铺贴。屋面坡度在3%~15%时，卷材可平行或垂直屋脊铺贴。坡度大于15%或受振动时，沥青防水卷材应垂直屋脊铺贴；高聚物改性沥青防水卷材和合成高分子防水卷材可平行或垂直屋脊铺贴，但上下层卷材不得相互垂直铺贴。当坡度大于25%时，应有固定措施，防止卷材下滑。

（2）搭接方法、宽度和要求

卷材铺贴应采用搭接法，各种卷材的搭接宽度应符合表3-4的要求。

表3-4 卷材搭接宽度

搭接方向		短边搭接宽度/mm		长边搭接宽度/mm	
卷材种类		满粘法	空铺、点粘、条粘法	满粘法	空铺、点粘、条粘法
沥青防水卷材		100	150	70	100
高聚物改性沥青防水卷材		80	100	80	100
合成高分子防水卷材	胶粘剂	80	100	80	100
	胶粘带	50	60	50	60
	单缝焊	60，有效焊接宽度不小于25			
	双缝焊	80，有效焊接宽度10×2+变腔宽			

当用高聚物改性沥青防水卷材点粘或空铺时，两头部分必须全粘500mm以上。平行于屋脊的搭接缝，应顺水流方向搭接；垂直于屋脊的搭接缝应顺着年最大频率风向搭接。叠层铺设的各层卷材，在天沟与屋面的连接处，应采用交叉法搭接，搭接缝应错开；接缝宜留在屋面或天沟侧面，不宜留在沟底。

（3）保护层的施工

保护层是在各层卷材铺贴完后，在上层表面浇一层2~4mm的沥青胶，趁热撒上一层粒径为3~5mm的小豆石，并加以压实，使豆石与沥青胶粘结牢固，未粘结的豆石应扫除干净；采用水泥砂浆、块材或细石混凝土等刚性保护层时，保护层与防水层之间应设置隔离层，保护层应设分格缝，水泥砂浆保护层分格面积不宜大于100m²，细石混凝土保护层不大于36m²。刚性保护层与女儿墙、山墙之间应预留宽度为30mm的缝隙，并用密封材料嵌填严密。

（二）高分子卷材防水

高分子卷材防水屋面施工的主体材料，常用的有三元乙丙橡胶卷材、氯化聚乙烯—橡胶共混防水卷材、氯磺化聚乙烯防水卷材、氯化聚乙烯防水卷材以及聚氯乙烯防水卷材等。高分子卷材还配有基层处理剂、基层胶粘剂、接缝胶粘剂、表面着色剂等。合成高分子卷材可在防水等级为Ⅰ、Ⅱ、Ⅲ级的屋面防水层中使用。Ⅲ级屋面可一道设防，卷材厚度不小于1.2mm；Ⅱ级屋面应二道设防，卷材厚度不小于1.2mm；Ⅰ级屋面应三道或三道以上设防，卷材厚度不小于1.5mm。其施工分为基层处理和防水卷材的铺贴。

1. 基层处理

基层表面为水泥浆找平层，找平层要求表面平整。当基层面有凹坑或不平时，可用聚合物水泥砂浆嵌平或抹成缓坡。基层在铺贴前做到整洁、干燥。

2. 铺贴施工

高分子防水卷材的铺贴为冷粘结法、自粘法、热风焊接法三种施工法。目前采用最多的是冷粘结法，其施工工序如下：

（1）底胶

将高分子防水材料胶粘剂配制成的基层处理剂或胶粘带，均匀地深刷在基层的表面，在干燥4~12h后再进行后道工序。胶粘剂涂刷应均匀，不露底，不堆积。

（2）卷材上胶

先把卷材在干净平整的面层上展开，用长滚刷蘸满搅拌均匀的胶粘剂，涂刷在卷材的表面，涂胶的厚度要均匀且无漏涂，但在沿搭接部位留出100mm宽的无胶带。静置10~20min，当胶膜干燥且手指触摸基本不黏手时，用纸筒芯重新卷好带胶的卷材。

（3）滚铺

卷材的铺贴应从流水口下坡开始。先弹出基准线，然后将已涂刷胶粘剂的卷材一端先粘贴固定在预定部位，再逐渐沿基线滚动展开卷材，将卷材粘贴在基层上。卷材滚铺施工中应注意：铺设同一跨屋面的防水层时，应先铺排水口、天沟、檐口等处排水比较集中的部位，按标高由低向高的顺序铺；在铺多跨或高低跨屋面防水卷材时，应按先高后低、先远后近的顺序进行；应将卷材顺长方向铺，并使卷材长面与流水坡度垂直，卷材的搭接要顺流水方向，不应成逆向。

卷材铺贴的时机视胶粘剂的性能和施工环境而不同，有的要求胶粘剂涂刷后立即铺贴，有的要求涂刷后静置10~30min，用手指触碰不粘手时即可开始铺贴。铺贴时卷材不得皱折，也不得用力拉伸卷材，应排除卷材下面的空气，混压粘贴牢固。

（4）上胶

在铺贴完成的卷材表面再均匀地涂刷一遍胶粘剂。

（5）复层卷材

根据设计要求可再重复上述施工方法，再铺贴一层或数层的高分子防水卷材，达到屋面防水的效果。

（6）着色剂

在高分子防水卷材铺贴完成、质量验收合格后，可在卷材表面涂刷着色剂，起到保护卷材和美化环境的作用。

（三）涂膜屋面防水施工

涂膜防水屋面是在屋面基层上涂刷防水涂料，经固化后形成一层有一定厚度和弹性的整体涂膜从而达到防水目的的一种防水屋面。涂料按其稠度有厚质涂料和薄质涂料之分，施工时有胎体增强材料和不加胎体增强材料之别，具体做法视屋面构造和涂料本身性能要求而定。具体施工层次，根据设计要求确定。特别需要指出的是，对于涂膜防水层，它是紧密地依附于基层（找平层）形成具有一定厚度和弹性的整体防水膜而起到防水作用的。与卷材防水屋面相比，找平层的平整度对涂膜防水层质量影响更大，故要求更严格，否则涂膜防水层的厚度得不到保证，必将造成涂膜防水层的防水可靠性、耐久性降低。涂膜防水层是满涂于找平层的，按剥离区理论，找平层开裂（强度不足）易引起防水层的开裂，因此涂膜防水层的找平层应有足够的强度，避免裂缝的发生，涂刷前如已出现裂缝应作修补。通常涂膜防水层的找平层宜采用掺膨胀剂的细石混凝土，强度等级不低于 C20，厚度不小于 30mm，宜取 40mm 左右。

涂膜防水层屋面施工的工艺流程如下：表面基层清理、修理→喷涂基层处理→节点部位附加增强处理→涂布防水涂料及铺贴胎体增强材料→清理及检查修理→保护层施工。

防水涂膜施工应分层分遍涂。待先涂的涂层干燥成膜后，方可涂布后一遍涂料。涂膜防水层屋面有时需铺设胎体增强材料，胎体增强材料是指在涂膜防水层中增强用的化纤无纺布、玻璃纤维网格布等材料。胎体增强材料铺设时，当屋面坡度小于 15% 时可平行屋脊铺设；坡度大于 15% 时应垂直屋脊铺设。胎体的搭接宽度，长边不得小于 50mm；短边不得小于 70mm。采用两层或以上胎体增强材料时，上下层不得互相垂直铺设，搭接缝应错开，其间距不应小于幅宽的 1/3。涂膜防水层的收头应用防水涂料多遍涂刷，并用密封材料封严，涂膜防水屋面应做保护层。保护层采用水泥砂浆或块材时应在涂膜层与保护层之间设置隔离层。防水涂料有沥青基涂料、高聚物改性沥青涂料及合成高分子涂料。高聚物改性沥青防水涂料和合成高分子防水涂料设计涂膜总厚度都较小，故称之为薄质涂料。对不同防水等级的涂膜厚度可按表 3-5 选用。

表 3-5 涂膜厚度的选用

屋面防水等级	设防道数	高聚物改性沥青防水涂料	合成高分子防水涂膜
Ⅰ级	三道或三道以上	—	不应小于 1.5mm
Ⅱ级	两道	不应小于 3mm	不应小于 1.5mm
Ⅲ级	一道	不应小于 3mm	不应小于 2mm
Ⅳ级	一道	不应小于 2mm	

1. 高聚物改性沥青防水涂膜的施工

以沥青为基料，用合成高分子聚合物进行改性，配制成的水乳型或溶剂型防水涂料称之为高聚物改性沥青防水涂料。与沥青基涂料相比，高聚物改性沥青防水涂料在柔韧性、抗裂性、强度、耐高低温性能、使用寿命等方面都有了较大的改进，常用的品种有氯丁橡胶改性沥青涂料、SBS 改性沥青涂料及 APP 改性沥青涂料等。

（1）基层处理

基层的干燥程度应视涂料特性而定，当采用溶剂型时，基层应干燥；而采用水乳型涂料时，基层干燥程度可适当放宽。

（2）基层处理剂

基层处理剂配料时要求计量准确，并搅拌充分。涂刷要均匀，并覆盖完全。涂膜施工必须待基层处理剂完全干燥后方可进行。

（3）涂层厚度及涂刷间隔时间试验

涂层厚度以及每遍涂刷的干燥程度是影响涂膜防水质量的关键，但靠施工时直接控制比较困难。因此，涂膜防水施工前，必须根据设计要求的涂料用量、涂膜厚度及涂料材性、施工环境和气候条件等进行试验，以确定涂料每道涂刷的厚度、每个涂层需要涂刷的遍数及每遍涂层的间隔时间。

（4）涂刷防水涂料

涂刷防水涂料应先高后低、先远后近，并先做节点和附加层等细节部位，然后再进行大面积施工。涂料涂刷可采用棕刷、长柄刷、胶皮板、圆滚刷等进行人工涂布，也可采用机械喷涂。涂刷要做到薄厚均匀、表面平整。涂层中央铺设胎体增强材料时，宜边涂边铺胎体。胎体应刮平、排除气泡，并与涂料粘牢。在胎体上涂布涂料时，应使涂料浸透胎体，完全覆盖，不得有胎体外露现象。在屋面转角以及立面的涂层，应采用薄层涂刷，多遍成活，并不得有流淌和堆积的现象。

（5）保护层

高聚物改性沥青防水涂料可采用细砂、云母或蛭石等，也可采用砂浆、块石、或细石混凝土等作保护层。当采用细砂、云母或蛭石等作保护层时，应先筛去粉料，在涂刷最后一遍涂料时边涂边撒布保护层散料，散料撒布要均匀不露底。待涂料干燥后将多余的撒布料清除。当采用水泥砂浆为保护层时，表面应抹平斥光，并设置分格缝，分格面积在 $1m^2$ 左右。如采用块体材料作为保护层时，也应留设分格缝，分格缝的宽度不宜小于 20mm，分格面积不宜大于 $100m^2$。混凝土保护层应振捣密实并抹平压光，也应留设分格缝，分格面积不宜大于 $36m^2$。

2. 合成高分子防水涂膜的施工

以合成橡胶或合成树脂为主要成膜物质，配制成的水乳型或溶剂型防水涂料称之为合成高分子防水涂料。由于合成高分子材料本身的优异性能，以此为原料制成的合成高分子防水涂料具有高弹性、防水性、耐久性和优良的耐高低温的性能。常用的品种有聚氨酯防水涂料、丙烯胶防水涂料、有机硅防水涂料等。

①基层处理和基层处理剂料相同。

②涂刷防水涂料：合成高分子涂料的涂刷可采用涂刮和喷涂两种方法。当施工时，每遍涂刮的推进方向宜与前一遍相互垂直。其质量要求与高聚物改性沥青防水涂料相同。合成高分子多组分涂料配合比要求准确计量，搅拌均匀。已配成的多组分涂料应及时使用。必要时可掺入适量的缓凝剂或促凝剂以调节固化时间，但不得混入已固化的涂料。涂层中央铺设胎体增强材料时，位于胎体下面的涂层厚度不宜小于 1mm，最上面的涂层不应少于 2 遍。

③保护层：合成高分子涂料可采用砂浆、块石或细石混凝土作保护层。其施工要求与高聚物改性沥青防水涂料相同。合成高分子涂料还可采用浅色涂料作保护层，必须待涂膜完全固化后再进行保护层涂料的施工。

3. 防水涂料施工

涂料施工一般采用手工抹压、涂刷或喷涂等方法进行。涂膜应根据防水涂料的品种分遍涂布，防水层与基层粘结牢固、表面平整、涂刷均匀，无流淌、皱折、鼓泡、露胎体和翘边等缺陷，上一层涂层干燥成膜后方可涂后一遍涂料，不可一次涂成。

屋面坡度小于 15% 时胎体增强材料平行于屋脊铺设，屋面坡度大于 15% 时应垂直于屋脊铺设，胎体长边搭接宽度不小于 50mm，短边搭接宽度不小于 70mm，上下层不得相互垂直铺设，搭接缝应错开不小于幅宽的 1/3。

在涂层结膜硬化前，不得在其上行走或堆放物品。雨天或涂层干燥结膜前可能下雨刮风时不得施工，不宜在气温高于 35℃ 及日均气温在 5℃ 以下时施工。

4. 板缝嵌缝

（1）嵌缝油膏和胶泥

油膏有两类，一类是沥青油膏、橡胶沥青油膏、塑料油膏等，一般采用冷嵌施工；另一类是聚氯乙烯胶泥，由聚氯乙烯树脂、煤焦油为主剂，掺入增塑剂、稳定剂和填充料，在现场边加热边搅拌，在130~140℃保持5~10min塑化而成，为热嵌施工。

（2）嵌缝施工

冷嵌油膏宜用嵌缝枪或将油膏切割成条，随切随嵌，用力压实嵌密，接槎做成斜槎。热嵌胶泥应自下而上进行，温度不低于110℃，先嵌垂直于屋脊的板缝，后嵌平行于屋脊的板缝，在灌垂直于屋脊的板缝时，凡与平行于屋脊板缝的交叉处两侧各灌150mm，并留成斜槎。油膏的覆盖宽度应超出板缝每边不少于20mm。

5. 防水涂膜施工的环境要求

为保证高聚物改性沥青防水涂料和合成高分子涂料的施工质量，其施工均严禁在雨天、雪天或五级风及以上的环境下进行。施工的环境温度也应控制，对溶剂型涂料的施工环境气温宜为-5~35℃；水乳型涂料的施工环境气温宜为5~35°。

二、地下结构防水施工

当建造的地下结构超过地下正常水位时，必须采用合理的防水方案，采取有效的措施确保地下结构的正常使用。地下工程防水等级分为4级，各级标准见表3-6。

表3-6　地下工程防水等级标准

防水等级	标准
Ⅰ级	不允许渗水，结构表面无湿渍
Ⅱ级	不允许漏水，结构表面可有少量湿渍
Ⅲ级	有少量漏水点，不得有线流和漏泥砂
Ⅳ级	有漏水点，不得有线流和漏泥砂

（一）防水混凝土

地下建筑埋置在土中，且不同程度地受到地下水或土体中水分的作用。因此地下建筑应选择合理有效的防水措施，以确保地下建筑的安全耐久和正常使用。地下建筑防水工程中常用的防水方案可以采用结构自防水。结构自防水是以调整结构混凝土的配合比或掺外加剂的方法来提高混凝土的密实度、抗渗性、抗蚀性，满足设计对地下建筑的抗渗要求，达到防水的目的。结构自防水具有施工简便、工期短、造价低、耐久性好等优点，是目前地下建筑防水工程的一种主要方法。

1. 普通结构自防水混凝土

防水混凝土是通过控制材料选择、混凝土拌制、浇筑、振捣的施工质量，以减少混凝土内部的空隙和消除空隙间的连通，最后达到防水要求。

（1）原材料

水泥品种应按设计要求选用，如使用矿渣硅酸盐水泥，必须掺加高效减水剂。在受冻融时，应优先选用普通硅酸盐水泥，不宜采用火山灰质硅酸盐水泥和粉煤灰硅酸盐水泥。水泥强度等级不应低于 42.5 级，不得使用过期或受潮结块水泥。要求抗水性好、泌水小、水化热低，并具有一定的抗腐蚀性。

细骨料要求颗粒均匀、圆滑、质地坚实，含泥量不得大于 3%，中粗砂泥块含量不得大于 1%。砂的粗细颗粒级配适宜，平均粒径 0.4mm 左右。

粗骨料要求组织密实、形状整齐，含泥量不得大于 1%。颗粒的自然级配适宜，粒径宜为 5~40mm，且吸水率不大于 1.5%。

（2）制备

防水混凝土的水灰比不得大于 0.55，而且在保证振捣密实的前提下水灰比尽可能小。普通防水混凝土坍落度不宜大于 50mm。泵送时入泵坍落度宜为 100~140mm。水泥用量在一定水灰比范围内，每立方米混凝土水泥用量不得小于 300kg，掺用活性掺合料时，水泥用量不得少于 280kg，但亦不宜超过 400kg。粗骨料选用卵石时砂率宜为 35%~40%。水泥与砂的比例应控制在 1:2~1:2.5，适配要求的抗渗水压值应比设计值提高 0.2MPa。

2. 外加剂结构自防水混凝土

外加剂防水混凝土是在混凝土中掺入一定的有机或无机的外加剂，改善混凝土的性能和结构组成，提高混凝土的密实度和抗渗性，从而达到防水目的。由于外加剂种类较多，各自的性能、效果及适用条件不尽相同，故应根据地下建筑防水结构的要求和施工条件，选择合理、有效的防水外加剂。常用的外加剂防水混凝土有：三乙醇胺防水混凝土，加气剂防水混凝土，减水剂防水混凝土，氯化铁防水混凝土。防水混凝土抗渗性能，应采用标准条件下养护混凝土抗渗试件的试验结果评定。试件应在浇筑地点制作。

3. 结构自防水混凝土的施工

防水混凝土施工质量及防水细部构造处理直接影响地下工程防水效果。因此，从施工准备、浇捣到养护都应有周密措施，并符合有关操作规程。

（1）施工

防水混凝土在施工中应注意：

①保持施工环境干燥，避免带水施工；

②模板支撑牢固、接缝严密；

③防水混凝土浇筑前无泌水、离析现象；

④防水混凝土浇筑时的自落高度不得大于1.5m；

⑤防水混凝土应采用机械振捣，并保证振捣密实；

⑥防水混凝土应自然养护，养护时间不少于14d。

（2）防水构造处理

①施工缝处理：地下建筑施工时应尽可能不留或少留施工缝，尤其是不得留垂直施工缝。在墙体中一般留设水平施工缝，其中设置止水片的效果好、施工方便，是目前使用最多的施工缝防水处理方法。止水片可用钢板，或用塑料、橡胶等制成。

②贯穿铁件的处理：地下建筑施工中墙体模板的穿墙螺栓，穿过底板的基坑立柱桩等，均是贯穿防水混凝土的铁件，地下水分较易沿铁件与混凝土界面向地下建筑内渗透。为保证地下建筑的防水要求，可在铁件上加焊一道或几道止水铁片，延长渗水路径、减小渗水压力，达到防水目的。

③穿墙管处理：给排水、供暖和电缆管道穿过地下室外墙，应做好防水处理，否则极易沿管根部发生渗水。为保证防水施工和管道的安装方便，管道位置应离开内墙角或凸出部位25cm，管与管之间间距应大于30cm。混凝土浇筑时不得撞击、振捣预埋穿墙管，墙外回填土时不得冲压、夯撞伸出墙外的穿墙管，以免防水措施受冲撞而漏水。

（二）表面防水层防水

表面防水层防水有刚性表面防水层和柔性表面防水层（卷材及涂料防水）两种。

1. 刚性防水层

刚性防水层采用水泥砂浆防水层，它是依靠提高砂浆层的密实性来达到防水要求。这种防水层取材容易，施工方便，成本较低，适用于地下砖石结构的防水层或防水混凝土结构的加强层。但水泥砂浆防水层抵抗变形的能力较差，当结构产生不均匀下沉或受较强烈振动荷载时，易产生裂缝或剥落。对于受腐蚀、高温及反复冻融的砖砌体工程不宜采用。刚性防水层又可分为：

（1）多层刚性防水层

利用素灰（即较稠的纯水泥浆）和水泥浆分层交叉抹面而构成的防水层，具有较高的抗渗能力。普通水泥砂浆刚性防水层的配合比应按表 3-7 选用。

表 3-7　普通水泥砂浆防水层的配合比

名称	配合比（质量比）		水灰比	适用范围
	水泥	砂		
水泥浆	1		0.55~0.60	水泥砂浆防水层的第一层
水泥浆	1		0.37~0.40	水泥砂浆防水层的第三、五层
水泥砂浆	1	1.5~2.0	0.40~0.50	水泥砂浆防水层的第二、四层

（2）刚性外加剂防水层

在普通水泥砂浆中掺入防水剂，使水泥砂浆内的毛细孔填充、胀实、堵塞，获得较高的密实度，提高抗渗能力。常用的外加剂有氯化铁防水剂、铝粉膨胀剂、减水剂等。刚性防水层施工之前，应检查基层是否符合下列要求：

基层混凝土和砌筑砂浆强度应不低于设计值的 80%；基层表面应坚实、平整、粗糙、洁净；表面的孔洞、缝隙应用与防水层相同的砂浆填塞抹平。基层的处理满足上述要求后方能做防水层的施工。水泥砂浆防水层应分层铺抹，铺抹时应压实、抹干和表面压光；各层之间应紧密贴合，无空鼓现象，每层宜连续施工，必须留施工缝时，应采用阶梯坡形槎，且此缝离开阴阳角处不得小于 200mm；防水层的阴阳角处应做成圆弧形。

2. 卷材防水层

卷材防水层采用卷材防水的柔性防水层，卷材防水层应选用高聚物改性沥青防水卷材和合成高分子防水卷材。这种防水层具有良好的韧性和延展性，可以适应一定的结构振动和微小变形，防水效果较好，目前是地下工程广泛采用的一种防水方案。卷材防水层施工时所选用的基层处理剂、胶粘剂、密封材料等配套材料，均应与铺贴的卷材相容。柔性防水层的缺点是发生渗漏后修补较为困难。地下工程卷材防水层的防水方法有两种：内防水法和外防水法。

内防水法是将卷材防水层粘贴在地下工程结构的背水面（结构的内表面）。这种内防水层不能直接阻断地下水对主体结构的渗透和侵蚀，需要在卷材防水层内侧加设刚性内衬层来压紧卷材防水层，以共同保护主体结构。内防水法在地下防水工程中用得较少，仅用于人防工程、隧道等难以进行外贴法施工的工程中。

外防水法是将卷材防水层粘贴在地下工程结构的迎水面（结构的外表面）。该方法能够有效地保护地下工程主体结构免受地下水的侵蚀和渗透，是地下防水工程中最常见的防水方法。外防水分为"外防外贴法"和"外防内贴法"两种。

（1）外贴法

在浇筑混凝土底板和结构墙体之前，先做混凝土垫层，在垫层的四周砌保护墙，再铺贴底层卷材，四周应留出卷材接头，然后浇筑底板和墙身混凝土，待侧模拆除以后，继续铺贴结构墙外侧的卷材防水层。

（2）内贴法

先在地下建筑物四周的混凝土底板垫层上做好找平层，四周干铺一层卷材在其上砌永久性保护墙（高度按设计要求）。接着在保护墙上抹水泥砂浆找平，然后将防水卷材铺贴在保护墙上，最后浇筑钢筋混凝土底板和结构墙体。

外贴法与内贴法相比较，各有优缺点。两者相比较见表3-8，一般情况下，应采用外贴法，在施工条件受到限制时才采用内贴法。

表3-8 外贴法与内贴法的比较

比较项目	外贴法	内贴法
渗漏水检验	防水层做完后即可试验，且修补比较容易	防水层做完后，不能立即试验，需待基础及外墙施工完毕后，才可试验，如发现漏水则修补困难
卷材粘贴作业	预留的卷材接头不易保护好，且操作困难	基础及外墙的卷材防水层一次铺贴完，转角的铺贴质量较易保证
工期	工期长	工期短
施工条件	要有一定的工作面	地下结构外作业面很小
开挖土方量	土方量较大	土方量较小
沉陷影响	不受沉陷影响	易受沉陷影响
防水层保护与检查	防水层不易损坏，混凝土质量检查也比较方便	浇捣混凝土时，防水层易损坏，混凝土捣固质量不易检查

地下工程的卷材防水层应选用高聚物改性沥青类或合成高分子类防水卷材。卷材防水层的构造与卷材防水屋面的构造相同，施工工艺过程也相同，所不同的主要是垂直立面卷材的铺贴。

3. 涂料防水层

涂料防水层适用于受侵蚀性介质或受振动作用的地下工程迎水面或背水面的涂刷。由于其施工简便，成本较低，防水效果较好，因而在防水工程中被广泛使用。涂料防水层在施工之前，应先在基层上涂一层与涂料相容的基层处理剂，涂料防水层应多遍涂刷而成，每遍涂刷应在前遍涂层干燥成膜后进行，每遍涂刷时应交替改变涂层的涂刷方向，同时涂膜的先后搭接宽度宜为 30~50mm。涂刷顺序应先做转角处、穿墙管道、变形缝等部位的涂料加强层，后进行大面积涂刷。涂料防水层施工也有"外防外涂法"和"外防内涂法"两种，它们的做法与卷材防水层类似。

（三）止水带防水

为适应建筑结构沉降、温度伸缩等因素产生的变形，在地下建筑的变形缝、后浇带、施工缝、地下通道的连接口等处，两侧的基础结构之间留一定宽度的空隙，两侧的基础是分别浇筑的，这是防水结构的薄弱环节，如果这些部位产生渗漏，抗渗堵漏较难实施。为防止变形缝等处的渗漏水现象，除在构造设计中考虑结构的防水能力外，通常还采用止水带防水。

目前，常见的止水带材料有：橡胶止水带、塑料止水带、氯丁橡胶板止水带和金属止水带等。其中橡胶及塑料止水带均为柔性材料，抗渗、适应变形能力强，是常用的止水带材料；氯丁橡胶止水带是一种新的止水材料，具有施工简便、防水效果好、造价低且易修补的特点；金属止水带一般仅用于高温环境下，而无法采用橡胶止水带或塑料止水带。

止水带构造形式有：粘贴式、可卸式、埋入式等。目前较多采用的是埋入式。根据防水设计的要求，有时在同一变形缝处，可采用数层、数种止水带的构造形式。止水带施工质量好坏直接影响地下工程的防水效果，因此，施工时应予以充分重视，并应符合有关规定。对于变形缝止水带应注意以下几方面：

①止水带宽度和材质的物理性能均应符合设计要求，且无裂缝和气泡，接头应采用热接，不得叠接，接缝平整、牢固，不得有裂口和脱胶现象；

②采用埋入式止水带，其中心线应和变形缝中心线重合，止水带不得穿孔或用铁钉固定；

③变形缝处增设的卷材或涂料防水层，应按设计要求施工。

对于施工缝止水带则应注意：

①施工缝采用遇水膨胀橡胶腻子止水带，应将止水条牢固地安装在缝表面预留槽内；

②采用埋入式止水带时，应确保止水带位置准确、固定牢靠。

三、卫生间防水工程

卫生间施工面积小，穿墙管道多，设备多，阴阳转角复杂，房间长期处于潮湿受水状态等不利条件。常用涂膜防水和刚性防水。其中，涂膜防水（高弹性的聚氨酯涂膜防水或选用弹塑性的氯丁胶乳沥青涂料防水）使卫生间的地面和墙面形成一个没有接缝、封闭严密的整体防水层；而刚性防水，以补偿收缩水泥砂浆较为理想，其微膨胀的特性，能防止或减少砂浆收缩开裂，使砂浆致密化，提高其抗裂性和抗渗性。

水泥砂浆找平层做完后，应对其平整度、强度、坡度和干燥度进行预检验收。防水涂料应有产品质量证明书以及现场取样的复检报告。施工完成的氯丁胶乳沥青涂膜防水层，不得有起鼓、裂纹、孔洞缺陷。末端收头部位应粘贴牢固，封闭严密，成为一个整体的防水层。做完防水层的卫生间，经 24 以上的蓄水检验，无渗漏水现象方为合格。要提供检查验收记录，连同材料质量证明文件等技术资料一并归档备查。

第二节　装饰工程

一、抹灰工程

抹灰是将各种砂浆、装饰性水泥石子浆等涂抹在建筑物的墙面、顶棚等表面上。根据使用要求和装饰效果的不同，可分为一般抹灰和装饰抹灰。

（一）一般抹灰

1. 一般抹灰组成

一般抹灰指用石灰砂浆、水泥混合砂浆、水泥砂浆、聚合物水泥砂浆、膨胀珍珠岩水泥砂浆以及麻刀石灰、纸筋石灰和石膏灰等抹灰材料涂抹在墙面或顶棚的做法，对房屋有找平、保护、隔热、保温、装饰等作用。一般抹灰工程施工是分层进行的，以利于抹灰牢固、抹面平整和保证质量。如果一次抹得太厚，由于内外收水快慢不同，容易出现开裂、起鼓和脱落现象。抹灰通常由底层、中层和面层组成。

（1）底层

底层主要起与基层的粘结和初步找平的作用，对室外墙底层宜用聚合物水泥砂浆，以起到粘结基层和防水、防潮作用。底层所使用的材料随基层的不同而异，如石灰砂浆、水泥砂浆、水泥混合砂浆、聚合物水泥砂浆、麻刀灰、纸筋灰等，其中砖墙基层主要用石灰砂浆和水泥砂浆。混凝土基层多用水泥砂浆、混合水泥砂浆和聚合物水泥砂浆，板条、苇箔基层多使用麻刀灰或纸筋灰，金属网基层主要使用麻刀灰并加适量水泥。

（2）中层

中层灰所用的材料与底层灰相同，主要起找平作用，施工时可分层或一次抹成。

（3）面层

面层灰主要起装饰作用，如室内可用麻刀（或玻璃丝）灰、纸筋灰，室外可用各种水泥砂浆、水泥拉毛灰和粘贴各种假石，如大理石、预制水磨石、陶瓷板、陶瓷锦砖、面砖等块材。各层抹灰的厚度根据基层材料、砂浆种类、工程部位、质量要求以及各地气候情况决定，每遍厚度应符合规范规定。抹灰层的平均总厚度应视具体部位、基层材料和抹灰等级标准而定，亦应符合规范的规定。

2. 抹灰基体的表面处理

为了保障抹灰基层与基体之间能粘结牢固，不致出现裂缝、空鼓和脱落等现象，在抹灰前基体表面上的灰尘、污垢、油渍、铁丝、钢筋头等应清除干净，剔平补齐凸凹不平的砖墙面，嵌填脚手孔洞、管线沟槽及门窗框缝隙。光滑混凝土表面凿毛并刷掺107胶的纯水泥浆或使用界面处理剂。不同结构基层的交接处铺钉钢丝网，砖墙、砖柱阳角做暗护角，提前1~2d浇水湿润。

3. 一般抹灰的施工工艺

为控制抹灰质量，抹灰前应进行四角规方、做饼冲筋、横线找平、立线吊直、弹出准线和墙裙、踢脚板线。小房间以一面墙为基线，用方尺规方；较大的房间要在地面弹出十字线，依据十字线在墙角10cm吊线规方。根据墙面的平整度和垂直度，决定抹灰厚度，先在墙的上角各做一个标准灰饼，然后用托线板吊线做墙下角的灰饼，再挂线每隔1.2~1.5m加做若干标准灰饼，上下灰饼之间抹宽度约10cm的砂浆冲筋，木杠刮平。装饰工程进行前，一般要用水准仪在墙上放出一根50基准线，用该线上翻或下翻来控制顶棚、门窗、地面标高和墙裙、踢脚板上口水平线。现在流行激光投线仪，既可在施工阶段提供室内各类装饰工程的基准线，又可作为专业验收工具。

（1）抹灰施工顺序

一般先外墙后内墙、先顶棚、墙面后地面。外墙由屋檐开始自上而下，先抹阳角线、台口线、后抹窗和墙面，再抹勒脚、散水和明沟；内墙和顶棚应在屋面防水完工后进行，一般先房间后走廊，再楼梯和门厅。

（2）分层抹灰

底层抹灰厚度一般5~9mm，作用是使抹灰层与基层牢固结合，并对基层初步找平，底层涂抹后应间隔一定时间，让其干燥和水分蒸发后再涂抹中间层和罩面层。中间层起找平作用，可一次或分次涂抹，厚度约5~12mm，在灰浆凝固前应交叉刻痕，以增强与面层的粘结。面层厚度一般为2~5mm，应确保表面平整、光滑、无裂纹。

（3）抹灰层厚度

抹灰层厚度一般为 15~20mm，最厚不超过 25mm。室内墙裙和踢脚板一般要比罩面层凸出 3~5mm。在加气混凝土基层上抹灰时，其底灰和中间层的灰浆强度宜与加气混凝土强度相近；底灰宜用中砂，中层和罩面层宜用中砂。水泥砂浆不得抹在石灰砂浆层上。

（4）细部构造

外墙窗台、窗楣、雨篷、阳台、压顶和突出墙面腰线等，上面应做流水坡度（一般10%），下面应做滴水线或滴水槽，其深度和宽度均不小于 10mm。

4. 一般抹灰的质量要求

（1）材料的要求

石灰膏和石膏。石灰膏是经生石灰加水熟化过滤，并在沉淀池中沉淀而成的抹灰用的石灰膏的熟化期一般不少于 15d，用于罩面用的磨细石灰粉的熟化时间不应少于 3d，使用时石灰膏内不得含有未熟化的颗粒和杂质，冻结、风化和污染、干硬的石灰膏不得使用。石膏是由生石膏经过 100~190℃ 的温度锻烧而成熟石膏，经磨细后成为建筑石膏（简称"石膏"），它的主要成分是半水石膏。建筑石膏适用于室内装饰以及隔热保湿、吸声和防火等饰面，但不宜靠近 60℃ 以上高温。

（2）施工时关键质量要求

抹灰工程质量的关键要求是：粘结牢固，无开裂、空鼓和脱落现象。为达到上述要求，施工时应注意以下问题。

①抹灰基体表面应干净，粗糙抹灰前必须针对不同的基体分别采取相应的处理方法。

砖墙因干燥吸水快，所以重点是清除砖面未刮净的干涸砂浆，在抹灰前应提前浇水润湿墙面，抹灰后应浇水养护。养护时间可根据当时的气温情况而定。混凝土基体表面光滑不易吸水，预制构件表面油污较多，所以处理的重点是刮毛和清除油污。

凿毛处理。这种方法是用扁铲或凿子，在混凝土表面凿成密密麻麻的水坑，使其达到粗糙的目的，一般情况下，受凿面积应达到 70% 以上。

甩浆法。此种方法是用水泥浆无规律地甩在墙的表面上，形成一个又一个的疙瘩，以增加表面的粗糙程度，水泥浆的水灰比一般控制在 0.30~0.40 的范围内，甩浆后应养护 3d。

划纹法。这种方法是在混凝土浇筑完，在拆模的同时用铁钩在混凝土的表面划出深约5mm 的沟，此法简便、工效快，效果好。但承重构件不能用这种方法。

刷浆法。这种方法是在抹灰前。先在墙上刷一道 108 胶水随即刮素水泥浆一道，紧接着打一层底子灰，这种方法对采用钢模板的混凝土表面处理效果不太理想。

刷界面处理剂。这种方法是在基体表面涂刷界面剂，以加强砂浆与基面的粘结。

加气混凝土墙体的基层处理方法。一般可在整个墙面上涂刷一遍 108 胶水溶液，或以 108 胶：水＝1：4 的胶水拌水泥涂刷墙面，然后抹混合砂浆或水泥砂浆。装饰等级较高的工程可先刷 108 胶水溶液一遍，然后满钉孔径 32mm×32mm、丝径 0.7mm 的镀锌机织钢丝网，再以 1：1：4 水泥混合砂浆或 1：2.5 水泥砂浆抹灰。对于两种不同材料基体的结合部，应加钉金属网，防止受温度影响变形不同而产生裂缝，木板条则应用水浇透，防止木板条吸水过快而引起砂浆开裂。

②抹灰前基体应充分浇水并均匀润透。

抹灰前基体表面浇水不透，抹灰后砂浆中的水分很快被基体吸收，使砂浆中的水泥未充分水化生成水泥石，影响砂浆粘结力。

③严格控制各层的抹灰厚度。

为了保证抹灰表面平整，不出现裂缝，抹灰工程应分层操作。施工时对层次的涂抹厚度和压实要求各不相同。用水泥砂浆和水泥混合砂浆抹灰时，应待前一抹灰层凝结后方可抹后一层；用石灰砂浆抹灰时，应待前一抹灰层七八成干后再抹后一层。底层的抹灰层的抹灰强度不得低于面层的抹灰层强度，水泥砂浆拌好后，应在初凝前用完，凡结硬砂浆不得继续使用。砂浆的配合比和各层的抹灰厚度对抹灰的质量影响极大。

5. 一般抹灰常见质量通病

（1）抹灰层空鼓、裂缝

原因分析：①基体表面清理不干净；②基体表面光滑，抹灰前未作毛化处理；③抹灰前基体表面浇水不透；④配制砂浆和原材料质量不好，使用不当；⑤未分层抹灰，一次抹灰过厚，抹灰总厚度过厚，干缩率较大等，都会影响抹灰层与基体的粘结牢固。

（2）抹灰面层起泡、开花、有抹纹

原因分析：①抹完罩面灰后，压光工作跟得太紧，灰浆没有收水，压光后产生起泡。②底子灰过分干燥，罩面前没有浇水湿润，抹罩面灰后，水分很快被底层吸收，压光时易出现抹纹。③淋制石灰膏时，对慢性灰、过火灰颗粒及杂质没有滤净，灰膏熟化时间不够，未完全熟化的石灰颗粒掺在灰膏内，抹灰后继续熟化，体积膨胀，造成抹灰表面炸裂，出现开花和麻点。

（3）抹灰面不平，阴阳角不垂直、不方正

原因分析：抹灰前没有事先按规矩找方、挂线、做灰饼和冲筋，冲筋用料强度较低或冲筋后过早进行抹面施工。冲筋离阴阳角距离较远，影响了阴阳角的方正。

（二）装饰抹灰

装饰抹灰指利用材料特点和工艺处理，使抹灰面具有不同的质感、纹理及色泽效果的抹灰类型和施工方法。装饰抹灰与一般抹灰的区别在于二者具有不同的装饰面层，其底层和中层的做法基本相同。装饰抹灰面层做在已硬化、粗糙而平整的中层砂浆上，其面层的厚度、颜色、图案等应符合设计要求。面层有分格要求时，分格条应宽窄厚薄一致，粘贴在中层砂浆面上应横平竖直，交接严密，完工后适时全部取出。按装饰面层的不同，装饰抹灰的种类有水刷石、斩假石（剁斧石）、干粘石、假面砖等。

1. 水刷石

水刷石主要用于室外的装饰抹灰。是用水泥、石屑、小石子或颜料等加水拌和，抹在建筑物的表面，半凝固后，用硬毛刷蘸水刷去表面的水泥浆而使石屑或小石子半露。为了加强底层与混凝土基体的粘结，防止空鼓、开裂，墙面要加钢筋做拉结网。为了防止大面积水刷石开裂需适当分格，施工时按设计要求在抹灰中层表面弹出分格缝，粘贴分隔条。施工工艺如下：

①弹线、安分格条：分格弹线，嵌贴木分格条。

②抹水泥石渣浆：薄刮 1mm 厚素水泥浆，抹厚度 8~12mm 厚水泥石渣浆面层（高于分格条 1~2mm），石渣浆体积配比 1∶1.25（中八厘）~1.5（小八厘），稠度 5~7cm；水分稍干，拍平压实 2~3 遍。

③喷刷：指压无陷痕时，用棕刷蘸水自上而下刷掉面层水泥浆，使石子表面完全外露为止，也可用喷雾器自上而下喷水冲洗。

④勾缝：起出分格条，局部修理、勾缝。

抹水泥石子浆时，应随抹随用铁抹子用力压实压平。刷洗时间应严格控制，刷洗过早或过度，则石子颗粒露出灰浆面过多，容易脱落；刷洗过晚，则灰浆面不净，石子不显露，饰面混浊不清晰，影响美观。水刷石的外观质量应满足以下条件：石粒清晰、分布均匀、紧密平整、色泽一致，不得有掉粒和接茬的痕迹。

2. 水磨石地面

水磨石具有整体性好、耐磨不起灰、光滑美观、可根据设计要求制成各种图案、装饰效果好等优点。水磨石地面分为普通水磨石和高级（彩色）水磨石面层。白色或浅色水磨石面层应采用白水泥、深色的水磨石面层宜采用硅酸盐水泥、普通水泥或矿渣水泥，同颜色的面层应采用同一批水泥，以保证面层颜色一致。石子浆用石粒以水泥为胶结料加水按

1：1.5~1：2.5体积比拌制而成。面层厚度宜为 12~18mm，视石子粒径而定，施工工艺如下：

基层处理→找标高→弹水平线→铺抹找平层砂浆→养护→弹分格线→镶分格条→拌制水磨石拌合料→涂刷水泥浆结合层→铺水磨石拌合料→滚压、抹平→试磨→粗磨→细磨→磨光→草酸清洗→打蜡上光。

基层处理：将混凝土基层上的杂物清净，不得有油污、浮土。用钢蟹子和钢丝刷将沾在基层上的水泥浆皮錾掉铲净。

找标高弹水平线：根据墙面上的+50cm 标高线，往下量测出磨石面层的标高，弹在四周墙上，并考虑其他房间和通道面层的标高，要相一致。

抹找平层砂浆：根据墙上弹出的水平线，留出面层厚度（约 10~15mm 厚），抹 1：3 水泥砂浆找平层，为了保证找平层的平整度，先抹灰饼，大小约 8~10cm。灰饼砂浆凝结后，以灰饼高度为标准，抹宽度为 8~10cm 的纵横标筋。在基层上洒水湿润，刷一道水灰比为 0.4~0.5 的水泥浆，面积不得过大，随刷浆随铺抹 1：3 找平层砂浆，并用 2m 长刮杠以标筋为标准进行刮平，再用木抹子搓平。

养护：抹好找平层砂浆后养护 24h，待抗压强度达到 1.2MPa，方可进行下道工序施工。

弹分格线：根据设计要求的分格尺寸，一般采用 1m×1m. 在房间中部弹十字线，计算好周边的镶边宽度后，以十字线为准可弹分格线。如果设计有图案要求时，应按设计要求弹出清晰的线条。

镶分格条：用小铁抹子抹稠水泥浆将分格条固定住（分格条安在分格线上），抹成 30°八字形，高度应低于分格条条顶 4~6mm，分格条应平直（上平必须一致）、牢固、接头严密，不得有缝隙，作为铺设面层的标志。另外在粘贴分格条时，在分格条十字交叉接头处，为了使拌合料填塞饱满，在距交点 40~50mm 内不抹水泥浆。

试腾：一般根据气温情况确定养护天数，温度在 20~30℃时 2~3d 即可开始机磨，过早开磨石粒易松动；过迟造成磨光困难。所以需进行试磨，以面层不掉石粒为准。

粗磨：第一遍用 60~90 号粗金刚石磨，使磨石机机头在地面上走横"8"字形，边腾边加水，随时清扫水泥浆，并用靠尺检查平整度，直至表面磨平、磨匀，分格条和石粒全部露出，用水清洗晾干，然后用较浓的水泥浆，擦一遍，特别是面层的洞眼小孔隙要填实抹平，脱落的石粒应补齐，浇水养护 2~3d。

细磨：第二遍用 90~120 号金刚石磨，要求磨至表面光滑为止。然后用清水冲净，满擦第二遍水泥浆，仍注意小孔隙要细致擦严密，然后养护 2~3d。

磨光：第二遍用 200 号细金刚石磨，磨至表面石子显露均匀，无缺石粒现象、平整、光滑、无孔隙为度。普通水磨石面层磨光遍数不应少于三遍，高级水磨石面层的厚度和磨光遍数及油石规格应根据设计确定。

草酸擦洗：为了取得打蜡后显著的效果，在打蜡前磨石面层要进行一次适量限度的酸洗，一般均用草酸进行擦洗，使用时，先用水加草酸化成约 10% 浓度的溶液，用扫帚蘸后洒在地面上，再用油石轻轻磨一遍；磨出水泥及石粒本色·再用水冲洗软布擦干。此道操作必须在各工种完工后才能进行，经酸洗后的面层不得再受污染。

打蜡上光：将蜡包在薄布内，在面层上薄薄涂一层，待干后用钉有帆布或麻布的木块代替油石，装在磨石机上研磨，用同样方法再打第二遍蜡，直到光滑洁亮为止。

3. 外墙干粘石

俗称"甩石子"，是在抹好找平层后，随抹粘结层随用拍子或喷枪把石渣往粘结层上甩，随甩随拍平压实，粘结牢固但不能拍出或压出水泥浆，获得石渣排列致密、平整的饰面效果。干粘石的质量要求是石粒粘结牢固、分布均匀、颜色一致、不漏浆、不漏粘、阳角处应无明显黑边。具体施工工艺如下：

①弹线、安分格条：做找平层，隔日嵌贴分格条。

②抹粘结层、甩石渣：先抹一层 6mm 厚的 1：2～2.5 水泥砂浆中层，再抹一层厚度 1mm 的聚合水泥浆（水泥：107 胶＝1：0.3）粘结层，随即将 4～6mm 的石渣用手工或喷枪粘（或甩、喷）在粘结层上，要求石子分布均匀不露底，粘石后及时用干净抹子轻轻将石渣压入粘结层内，要求压入 2/3、外露 1/3，以不露浆且粘牢为原则。

③勾缝：初凝前起出分格条，修补、勾缝。

4. 斩假石

斩假石又称剁斧石，是仿制天然花岗岩、青条石的一种饰面，常用于勒脚、台阶及外墙面，是用人工在水泥面上剁出剁斧石的斜纹，获得有纹路的石面样式。具体施工工艺如下：

①安分格条：在找平层上按设计的分格弹线嵌分格条。

②抹面层：基层上洒水湿润，刮一层 1mm 厚水泥浆，随即铺抹 10mm 厚 1：1.25 水泥石渣浆（石渣掺量 30%）面层，铁抹子赶平压实，软毛刷蘸水把表面水泥浆刷掉，露出的石渣应均匀一致。

③剁石：洒水养护 2～5d 即可开始试剁，试剁石子不脱落便可正式剁。剁斧由上往下剁成平行齐宜剁纹（分格缝周围或边缘留出 15～40mm 不剁），剁石深度以石渣剁掉三分

之一为适宜。

④勾缝：拆出分格条，清除残渣，素水泥浆勾缝。

二、饰面工程

饰面工程主要是指在室内外墙、柱表面，粘贴或安装石材类、陶瓷类、木质类、金属类及玻璃类等板块装饰材料。饰面的材料很多，但基本上可以分为饰面砖和饰面板两类。其中前者多采用直接在结构上进行粘贴，而后者多采用相应的连接构造进行安装。

（一）材料及施工基本要求

饰面工程包括天然石饰面板、人造石饰面板、饰面砖镶贴的室外饰面工程、装饰混凝土板和金属饰面工程。

1. 天然石饰面板

主要有大理石、花岗岩、青石板、蘑菇石等。要求棱角方正、表面平整、石质细密、光泽度好，不得有裂纹、色斑、风化等隐伤。

2. 人造石饰面板

主要有预制水磨石板、人造大理石板、人造石英石板。要求几何尺寸准确、表面平整光滑、石粒均匀、色彩协调，无气孔、裂纹、刻痕和露筋等现象。

3. 金属饰面板

主要有彩色铝合金饰面板、彩色涂层镀锌钢饰面板和不锈钢饰面板三大类。具有自重轻、安装简便、耐候性好的特点，可使建筑物的外观色彩鲜艳、线条清晰、庄重典雅。

4. 塑料饰面板

主要有聚氯乙烯塑料板（PVC）、三聚氰胺塑料板、塑料贴面复合板、有机玻璃饰面板。特点是：板面光滑、色彩鲜艳、硬度大、耐磨耐腐蚀、防水、吸水性小，应用范围广。

5. 饰面砖

以黏土、石英砂等材料，经研磨、混合、压制、施釉、烧结而形成的瓷质或石质装饰材料，统称为瓷砖。按品种可分为：釉面砖、通体砖、抛光砖、玻化砖、陶瓷锦砖等。要求表面光洁、色彩一致，不得有暗痕和裂纹，吸水率不大于10%。

（二）饰面板（砖）施工

饰面板（砖）墙面安装可采用胶粘法、安装法和镶贴法三大类施工方法，大规格的天然石或人造石（边长>400mm）一般采用干挂法施工，小规格的饰面板（边长 V400mm）一般采用镶贴法施工，胶粘法起步较晚、发展很快，是今后的发展方向。饰面板（砖）地面安装则采用铺贴法。

1. 一般规定

①粘贴用水泥应进行凝结时间、安定性和抗压强度的复检；

②用于室内的天然石材应进行放射性指标的检验；

③应对陶瓷面砖的吸水率和抗冻性指标进行检验；

④饰面板（砖）的预埋件（或后置埋件）、连接节点、防水层应进行隐蔽工程验收；

⑤外墙饰面砖粘贴前和施工中，均应在相同基层上做样板件，并对样板件的饰面砖粘结强度进行检验；

⑥施工前应进行选板、预拼、排号工作，分类竖向堆放待用；

⑦采用湿作业法施工的饰面板工程，石材应进行防碱背涂处理。饰面板与基体之间的灌注材料应饱满密实。

2. 铺贴法施工（地面）

①施工准备：厨卫地面防水验收，清理基层并洒水湿润，预埋管线固定，块材浸水阴干；

②找规矩：弹地面标高线，四边取中、挂十字线；

③试排块材：由中间向四周预排块材，非整块排至地面圈边或不显眼处，不同颜色块材交接宜安排在门下；检查板块间隙；

④铺设顺序：由中间开始十字铺设，再向各角延伸，小房间从里向外；

基层或垫层上扫水泥浆结合层；铺30厚1∶3~4干硬性砂浆；试铺板材，锤平压实，对缝，合格后搬开，检查砂浆表面是否平实；板背面抹水灰比0.4~0.5的水泥浆，正式铺板材，锤平（水平尺检测）；浅色石材用白水泥浆及白水泥砂浆；

⑤养护灌缝：24h后洒水养护3d（不得走人、车），检查无空鼓后用1∶1细砂浆灌缝至2/3高度，再用同色浆擦严，擦净，保护，3d内禁止上人；

⑥踢脚线镶贴：先两端，再挂线安中间。

3. 安装法施工

安装法的施工方法有湿贴法、干挂法和G. P. C工艺。

（1）湿贴法（传统安装方法）

按设计要求在基层表面绑扎好钢筋网，钢筋网应与预埋铁环（或冲击电钻打孔预埋短钢筋）绑扎或焊接；用台钻在板的上、下两个面打眼，孔位距板宽两端 1/4 处，孔径加 mm、深 18mm，并用金钢錾子把孔壁轻剔一道槽，将 20cm 左右的铜丝一端用木楔粘环氧树脂楔进孔内固定，另一端顺孔槽卧入槽内；安装一般从中间或一端开始，用铜丝把板材与钢筋骨架绑扎固定，板材与基层间的缝隙（灌浆厚度）一般为 20~50mm，上下口的四角用石膏临时固定，板与板的接缝为干接，交接处应四角平整，用托线板靠直靠平，方尺阴阳角找正；用 1：2 水泥砂浆调成粥状分层灌浆，第一次灌 15cm 左右，间隔 1~2h，待砂浆初凝后再灌第二层约 20~30cm，待初凝后再灌第三层，第三层灌浆应低于板材上口 5cm；全部石板安装完后，清除所有石膏和余浆痕迹，按石板颜色调制色浆嵌缝，边嵌边擦干净，然后打蜡出光。

（2）干挂法施工

是直接在板材上打孔，然后用不锈钢连接器与埋在混凝土墙体内的膨胀螺栓相连，板与墙体间形成 80~90mm 空气层。该工艺多用于 30m 以下的钢筋混凝土结构，造价较高，不适用于砖墙或加气混凝土基层。

（3）G.P.C 工艺

G.P.C 工艺是干挂艺的发展，它以钢筋混凝土作衬板，用不锈钢连接环与饰面板连接后而浇筑成整体的复合板，再通过连接器悬挂到钢筋混凝土结构或钢结构上的做法，可用于超高层建筑，并满足抗震要求。

4. 镶贴法施工

墙面小规格的面砖、釉面砖均采用檀贴法安装。

①镶贴前应进行选砖、预排，使规格、颜色一致、灰缝均匀；

②镶贴前应找好规矩，按砖的实际尺寸弹出横竖控制线，定出水平标高和皮数，接缝宽度一般为 1~1.5mm，然后按间距 1.5m 左右用废瓷砖做灰饼，找出标准；

③镶贴时一般从阳角开始，由下往上逐层粘贴，使不成整块的砖留在阴角部位；室内墙面如有水池、镜框者，可以水池、镜框为中心往两边分贴；墙面如有突出的管线、灯具、卫生器具支承物时，应用整块瓷砖套割吻合，不得用非整砖拼凑镶贴。总之，先贴阳角、大面，后贴阴角、凹槽等难度较大的部位；

④采用水泥混合砂浆镶贴时，可用小铲把轻轻敲击；采用 107 胶水泥砂浆镶贴时可用手轻压，并用橡皮锤轻轻敲击，使其与基层粘结密实牢固。并用靠尺随时检查平宜方正情况，修整缝隙。凡遇缺灰、粘结不密实等情况时，应取小瓷砖重新粘贴，不得在砖口处塞灰，以防空鼓；

⑤室外接缝应用水泥浆嵌缝，室内接缝应用与釉面砖相同颜色的水泥浆或白水泥浆嵌

缝。待嵌缝材料硬化后，用棉纱、砂纸或稀盐酸刷洗，然后用清水冲洗干净。

三、涂饰和裱糊工程

(一) 涂饰工程

涂饰是将涂料敷于基体表面，且与基体有很好地粘结，干燥后形成完整的装饰、保护膜层。涂料涂饰是当今建筑饰面广泛采用的一种方式，它具有施工方便、装饰效果好、经久耐用、便于更新等优点。

涂料由成膜物质、颜料、溶剂、助剂四部分组成。油漆是涂料的旧称，泛指油类和漆类涂料产品，现通称"涂料"，在现代化工产品的分类中属精细化工产品，是一类多功能性的工程材料。

涂饰工程按照涂饰的部位可分为外墙、内墙面、墙相、顶棚、地面、门窗、家具及细部工程涂饰等。建筑涂料的种类繁多，按照成膜物质不同可分为，油性涂料（油漆）、有机高分子涂料、无机高分子涂料、有机复合材料；按照分散介质不同可分为，溶剂型涂料、水性涂料、乳液涂料（乳胶漆）；按照建筑涂料涂刷基层不同可分为，抹灰涂料、木质基涂料和金属基涂料。涂料新品种越来越多，涂料的性质、用途也各有差异，并且在实际应用中取得了良好的技术经济效果。

1. 涂饰工程的程序与条件

（1）施工程序

涂饰工程应在抹灰工程、地面工程、木装修工程、水暖工程、电气工程等全部完工并经验收合格后进行。门窗的面层涂料、地面涂饰应在墙面、顶棚等装修工程完毕后进行。建筑物中的细木制品、金属构件和制品，如为工厂制作组装，其涂料宜在生产制作阶段涂饰，安装后再做最后一遍涂饰；如为现场制作组装，则组装前应先刷一遍底子油（干性油、防锈涂料等），待安装后再进行涂饰。

金属管线及设备的防锈涂料和第一遍银粉涂料，应在设备、管道安装就位前涂刷，最后一遍银粉涂料应在顶、墙涂料完成后再涂刷。

（2）施工条件

涂饰施工时，混凝土或抹灰基体的含水率，涂刷溶剂型涂料时不得大于8%；涂刷乳液型涂料时不得大于10%。木材制品的含水率不得大于12%，以免水分蒸发造成涂膜起泡、针眼和粘结不牢。

在正常气候条件下，抹灰面的龄期不得少于14d、混凝土龄期不得少于30d，方可进行涂料施工。以防止发生化学反应，造成涂料的变色和流淌。

涂饰施工的环境温度和湿度必须符合所用涂料的要求，以保障其正常成膜和硬化。室外涂料施工过程中，应注意气候的变化，遇大风、雨、雪及风沙等天气时不应施工。

2. 涂饰施工

（1）基层处理

新建筑物的混凝土或抹灰基层在涂饰涂料前应涂刷抗碱封闭底漆后再满刮腻子。旧墙面在涂饰涂料前应清除疏松的旧装修层，并涂刷界面剂再满刮腻子。基层满刮腻子应平整、坚实、牢固，无粉化、起皮和裂缝；表面应平整光滑、线角顺直。厨房、卫生间等潮湿房间的墙面必须使用耐水腻子。纸面石膏板基层对板缝、钉眼进行处理后，满刮腻子，砂纸打光。不要忘记使用各种涂料的配套底漆。

（2）涂饰方法

施工单位应根据设计选定式样、色彩、光泽、材料种类、涂饰遍数、单位用量以及涂饰等级，同时根据建筑工程情况、涂饰要求、某层条件、施工平台及涂装机械等编制涂刷工程施工方案。

滚涂法：将蘸取漆液的毛辊涂料大致涂在基层上，然后用不蘸取漆液的毛根紧贴基层上下、左右来回滚动，使漆液在基层上均匀展开，最后用蘸取漆液的毛辊按一定方向满滚一遍，阴角及上下口宜采用排笔刷涂找齐。

喷涂法：喷枪压力宜控制在 0.4~0.8MPa 范围内。喷涂时喷枪与墙面应保持垂直，距离宜在 500mm 左右，匀速平行移动。两行重叠宽度宜控制在喷涂宽度的 1/3。

刷涂法：宜按先左后右、先上后下、先难后易、先边后面的顺序进行。

木质基层涂刷清漆：木质基层上的节疤、松脂部位应用虫胶漆封闭，钉眼处应用油性腻子嵌补。在刮腻子、上色前，应涂刷一遍封闭底漆，然后反复对局部进行拼色和修色。每修完一次，刷一遍中层漆，干后打磨，直至色调协调统一，再做饰面漆。

木质基层涂刷调和漆：先满刷清油一遍，待其干后用油性腻子将钉孔、裂缝、残缺处嵌刮平整，干后打磨光滑，再刷中层和面层油漆。

浮雕涂饰的中层涂料应颗粒均匀，用专用塑料输蘸煤油或水均匀滚压，厚薄一致，待完全干燥固化后，才可进行面层涂饰。面层为水性涂料应采用喷涂，溶剂型涂料应采用刷涂。间隔时间宜在 4h 以上。

涂料、油漆打磨应待涂膜完全干透后进行，打磨应用力均匀，不得磨透露底。

油漆木质基层表面应平整光滑，无污染、裂缝、残缺等缺陷。当刷清漆时，木材基层颜色应协调一致，木材纹理应清晰、自然。木质基层的含水率不得大于 12%。

金属基层表面应将金属表面的氧化层、焊渣、毛刺及其他污物铲除刮净，再用砂布打磨至露出金属原色，并随即刷涂防锈底漆，以免除锈后的金属再次返锈。

（二）裱糊工程

裱糊工程就是在建筑物内墙和顶棚表面粘贴纸张、塑料壁纸、玻璃纤维墙布、锦缎等制品的施工，是美化居住环境，满足使用要求，并对墙体、顶棚起一定的保护作用。

①墙纸。墙纸又叫壁纸，有纸质壁纸和塑料壁纸两大类。纸质型壁纸透气、吸声性能好；塑料型壁纸光滑、耐擦洗。

②金属墙纸。金属墙纸是用金属薄祜（一般为铝箔），经表面化学处理后进行彩色印刷，并涂以保护膜，然后与防水纸粘贴压合分卷而成。它具有表面光洁、耐水耐磨、不发斑、不变色、图案清晰、色泽高雅等优点。

③织锦缎墙布。织锦缎墙布是用棉、毛、麻、丝等天然纤维或玻璃纤维制成的各种粗细纱或织物，经不同纺纱编织工艺和花色捻线加工，再与防水防潮纸粘贴复合而成。它具有耐老化、无静电、不反光、透气性能好等特点。

1. 裱糊工程的施工顺序

裱糊施工必须在墙面基本干燥、抹灰面返白、顶棚喷浆和门窗油漆已完成、电气和其他设备安装完毕后进行。裱糊前先进行墙面基层处理。裱糊时预先把纸裁好，然后在纸背面刷水，使纸充分吸湿、伸胀，再刷胶。墙面也需先刷胶。纸贴到墙上后，要求花纹对贴完整，不空鼓，无气泡，在距墙 1.5m 处看不出接缝，斜视无胶迹，墙面清洁。玻璃纤维墙布无吸水膨胀问题，而且在背面刷胶易渗透至正面，所以只在墙面刷胶即可裱糊。

裱糊工程施工的基本顺序是：先垂直面，后水平面；先细部，后大面；先保证垂直，后对花拼缝；垂直面先上后下，先长墙面，后短墙面；水平面是先高后低。裱糊饰面的大面，尤其是装饰的显著部位，应尽可能采用整幅壁纸墙布，不足整幅者应裱贴在光线较暗或者不明显处。与顶棚阴角线、挂镜线、门窗装饰包框等线脚或装饰构件交接处，均应衔接紧密，不得出现亏纸而留下残余缝隙。

①根据分幅弹线和壁纸墙布的裱糊顺序编号，从距离窗口处较近的一个阴角部位开始，依次到另一个阴角收口，如此顺序裱糊，其优点是不会在接缝处出现阴影而方便操作。

②无图案的壁纸布墙，接缝处可采用搭接法裱糊。

③对于有图案的壁纸布墙，为确保图案的完整性及其整体的连续性，裱糊时可采用拼接法。先对花，后拼缝，从上至下图案吻合后，用刮板斜向刮平，将拼接处赶压密实；拼

接处挤出的胶液，及时用洁净的湿毛巾或海绵擦除。

④为了防止在使用时由于被碰、划而造成壁纸墙布开胶，裱糊时不可在阳角处甩缝，应包过阳角不小于20m。阴角处搭接时，应先裱糊压在里面的壁纸或墙布，再裱贴搭在上面者，一般搭接宽度为20~30mm；搭接宽度不宜过大，否则其褶痕过宽会影响饰面美观。饰面装饰造型部位的阳角采用搭接时，应考虑采取其他包角、封口形式的配合装饰措施，由设计确定。

⑤遇有基层卸不下的设备或附件，裱糊时可在壁纸墙布上剪口。方法是将壁纸或墙布轻糊于裱贴面凸出物件上，找到中心点，从中心点往外呈放射状剪裁（即所谓"星型剪切"），再使壁纸墙布舒平，用笔描出物件的外轮廓线，轻手拉起多余的壁纸墙布，剪去不需要的部分，如此沿轮廓线套割贴严，不留缝隙。

⑥顶棚裱糊时，宜沿房间的长度方向，先裱糊靠近主窗的部位。裱糊前先在顶棚与墙壁交接处弹一道粉线，基层涂胶后，将已刷好胶并保持折叠状态的壁纸墙布托起，展开其顶褶部分，边缘靠粉线，先敷平一段，然后沿粉线铺平其他部分，直至整幅贴牢。按此顺序完成顶棚裱糊，分幅赶平铺实、剪切多余部分并修齐各处边缘及衔接部位。

2. 裱糊工程的施工工艺

①基层处理。包括清扫、填补缝隙、磨砂纸、接缝处糊条（石膏板或木料面）、刮腻子、磨平、刷涂料（木料板面）、或底胶一遍（抹灰面、混凝土面或石膏板面）。

②墙面划准线。墙面弹水平线及垂直线，使壁纸贴粘后花纹、图案、线条连贯一致。

③裁纸。根据壁纸规格及墙面尺寸统筹规划、裁纸编号。以便按顺序粘贴。

④润纸。不同的壁纸、墙布对润纸的反应不一样，有的反应比较明显，如纸基塑料壁纸，遇水膨胀，干后收缩，经浸泡湿润后（要抖掉多余的水），可防止裱糊后的壁纸出现气泡、皱折等质量通病。对于遇水无伸缩性的壁纸，则无需润纸。

⑤刷胶粘剂。对于不同的壁纸，刷胶方式也不相同。对于带背胶壁纸，壁纸背面及墙面不用刷胶结材料；塑料壁纸、纺织纤维壁纸，在壁纸背面和基面都要刷胶粘剂，基面刷胶宽度比壁纸宽3cm；锦缎在裱糊前应在背面衬糊一层宣纸。

⑥裱糊。按照上述方法及要求进行裱糊。

⑦修整。壁纸上墙后，如局部不符合质量要求，应及时采取补救措施。

3. 裱糊工程的质量要求

壁纸必须粘贴牢固，表面色泽一致，不得有气泡、空鼓、裂缝、翘边、皱折和斑污，斜视时无胶痕。表面平整，无波纹起伏。壁纸与挂镜线，贴脸板和踢脚板紧接，不得有缝隙。各幅拼接横平竖直，拼接处花纹、图案吻合、不离缝、不搭接、距墙面 1.5m 处正视，不显拼缝。阴阳转角垂直，棱角分明，阴角处搭接顺光，阳角处无接缝。壁纸边缘平直整齐，不得有纸毛、飞刺。不得有漏贴、补贴和脱层等缺陷。基层处理时空裂部位要剔凿重做，满刮腻子最少两遍，把气孔、麻点、凹凸不平地方填刮平整光滑。每遍腻子要薄，打磨后再刮下一遍，不同材质基层的接缝处，一定粘贴接缝带。要注意阴阳角、窗台下、明显管道后、踢脚板上缘等地方，一定清理干净、光滑、平整。涂刷防潮剂防止壁纸受潮脱落，防潮剂一般是涂刷防潮涂料，以酚醛清漆和汽油，按清漆∶汽油＝1∶3（体积比）比例配制，涂刷均匀，不可太厚。涂刷底胶以提高与壁纸的粘结能力，底胶一遍完活，不能有遗漏。弹线是保证壁纸粘贴横平竖直、图案正确的根据。弹垂线有门窗的墙体以立边分划为好；无门窗的墙面，可选一个近窗台的角落，在距壁纸宽短 50mm 处弹垂线。如拼花并要求花纹对称，要在窗中弹出中心线，再向两边分线。如窗户不在墙体中间，为保证窗间墙阳角对称，应在墙面弹中心线，由中心线向两侧分线。不同壁纸润纸的方法不同。塑料壁纸在使用前清水浸泡 3min，取出抖掉浮水，晾置 30min 左右使用；也可采用闷水方法，把纸背用排笔均匀刷水后，晾 15min 左右使用也可。玻璃纤维壁纸、墙布等，遇水无伸缩，不需润纸。复合纸壁纸及纺织纤维壁纸也不需闷水，使用前用湿布在纸背擦一遍即可刷胶，墙面通常不刷胶，但壁纸厚时要按规范刷胶。裱糊壁纸要按先垂直面后水平面、先细部后大面、先上后下拼花壁纸，要把握先垂直、后拼花的方法。贴水平时，先高后低，从墙面所弹垂线开始至阴角处收口。

裱糊要注意拼缝，通常采用重叠拼缝法，将两侧壁纸对花重叠 20mm，在重叠地方用壁纸刀自上而下切开，清除余纸后刮平。拼缝时要特别注意用力均匀，一刀切割两层壁纸，不能留毛茬，又不要切破墙面基层。发泡壁纸、复合壁纸不要用刮板赶压，可用板刷或毛巾赶压。阴阳角地方不时拼缝，可搭接，壁纸绕过墙角的宽度要大于 12mm。裱糊时要尽可能卸下墙面上物件，不易卸下的，可采用中心十字切割法切割裱糊。

4. 裱糊工程的质量问题

①死褶。死褶是最影响裱糊效果的缺陷，原因除壁纸质量不好外，主要是出现褶皱没有顺平就赶压刮平。操作中要用手把壁纸舒展平整后才可赶压，出现褶皱时，必须将壁纸轻轻揭起，再慢慢推平，待褶皱消失后再赶压平整。如出现死褶，壁纸没干时，可揭起来重粘，如已干则撕下壁纸，基层处理后重新裱糊。

②裱糊施工翘边。翘边是影响裱糊效果的重要缺陷，主要是墨层处理不当、选择胶粘剂黏度差、在阳角地方甩缝。在作业中要在基层处理检验合格后异始裱糊，不同材质的壁纸要选用与之配套的胶粘剂，壁纸要裹过阳角 20mm 以上。如翘边翻起，可根据原因进行

返工；局部基层处理不当的，重新清理基层，补刷胶粘剂粘牢；如胶液黏性小，可变换黏性较强的胶粘剂；如翘边范围大，要撕掉重新裱糊。

③裱糊施工气泡。气泡主要是胶液涂刷不均、裱糊时没赶出气泡，为防止漏刷胶液部位，可在刷胶后用刮板刮一遍，有利于刷胶均匀。裱贴后，用刮板由里向外刮抹，把气泡和多余胶液赶出。如在使用中发现气泡，可用小刀割开壁纸，放出空气后，用涂刷胶液刮平，也可用注射器抽出空气，注入胶液后压平。

④裱糊施工壁纸离缝。壁纸离缝主要是裁纸尺寸测址不准、裱贴不垂直。操作中要反复核实墙面实际尺寸，裁割时留出 10~30mm 余量。赶压胶液时，必须由拼缝地方横向向外赶压，不要斜向或两侧向中间赶压，每裱贴 2~3 片，就要用吊锤在接缝处检查垂直度，随时纠偏。发生轻微离缝或亏纸，可用同色乳胶漆描补，或用相同纸搭茬粘补，如离缝或亏纸较严重，则要撕掉重贴。

⑤裱糊施工表面不干净。表面不净主要是作业中胶液污染，所以在操作过程中，人手和工具都必须清洁，发现胶液污染，必须用清洁剂擦净。

第四章 砌体工程与钢筋混凝土工程

第一节 砌体工程

一、砌体材料性能

（一）砌筑用块材

1. 砖

砌体工程所用的砖种类较多，根据制作方法的不同，有烧结砖和非烧结砖两大类。

（1）烧结砖

烧结砖是以黏土、页岩、煤矸石、粉煤灰为主要原料，经压制成型、焙烧而成。常用的有：

①烧结多孔砖的规格较多，其长度有290mm、240mm，宽度有190mm、180mm、140mm，厚度有115mm、90mm，孔形多为竖孔，此外还有长条孔、圆孔、椭圆孔、方形孔、菱形孔等。其抗压强度分为MU30、MU25、MU20、MU15、MU10五个强度等级，可用于砌筑承重墙。

②烧结空心砖及砌块：烧结空心砖的孔洞率大于40%，孔形主要有矩形条孔、方形孔及菱形孔，其尺寸规格较多，长度有390mm、290mm、240mm、190mm、180mm、140mm，宽度有190mm、180mm、175mm、140mm、115mm，厚度有180mm、140mm、115mm、90mm。抗压强度等级较低，分为MU3.5、MU5.0、MU7.5、MU10.0四个强度等级，只能用于非承重砌体。

（2）非烧结砖

非烧结砖一般采用蒸汽养护或蒸压养护的方法生产，根据主要原材料的不同，分为灰砂砖、粉煤灰砖、煤渣砖、炉渣砖、煤矸石砖等。

①蒸压灰砂砖是以石灰和砂为主要原料，经坯料制备、压制成型、蒸压养护而制成的实心砖或空心砖（孔洞率大于 15%）。现主要以实心砖为主，其长度为 240mm，宽度有 115、180mm，高度有 175、115、103、53mm 等。按力学性能分为 MU10、MU15、MU20、MU25 四个抗压强度等级。

②蒸压粉煤灰砖是以粉煤灰、生石灰为主要原料，可掺加适量的石膏等外加剂和其他集料，经坯料制备、压制成型、高压蒸汽养护而成的实心砖，产品代号 AFB。主要规格有：240mm×115mm×53mm、400mm×115mm×53mm。按力学性能分为 MU10、MU15、MU20、MU25 四个抗压强度等级。

③混凝土多孔砖是以水泥为胶结材料，以砂、石等为主要集料，加水搅拌、成型、养护制成的一种多排小孔的混凝土砖。其孔洞率等于或大于 25%，孔的尺寸小而数量多，大部分用于建筑物的围护结构、隔墙，少量用于承重结构。按强度等级分为 MU10、MU15、MU20、MU25、MU30。主规格尺寸为 240mm×115mm×90mm。

2. 砌块

目前我国砌块的种类规格较多，按有无孔洞分为实心砌块和空心砌块两种。按规格分为小型砌块、中型砌块和大型砌块，砌块高度在 115～380mm 称小型砌块；高度在 380～980mm 的称中型砌块；高度大于 980mm 称大型砌块；按用途分为承重砌块和非承重砌块。

①承重砌块有烧结多孔砌块和混凝土空心砌块，以普通混凝土小型空心砌块为主，它有竖向方孔，主规格尺寸为 390mm×190mm×190mm，还有一些辅助规格的砌块以配合使用，最小壁肋厚度为 30mm。按力学性能分为 MU3.5、MU5、MU7.5、MU10、MU15、MU20 六个强度等级。砌块可以制作成半封底和不封底两种，半封底的砌块用于一般砌体，不封底的砌块主要用于填实插筋砌体。

②非承重砌块主要包括蒸压加气混凝土砌块、轻骨料混凝土小型空心砌块、粉煤灰硅酸盐砌块及各种工业废渣砌块等。

第一，蒸压加气混凝土砌块 A 系列尺寸为 600mm×75（100、125、150、200、250、300）mm×200（250、300）mm；B 系列尺寸为 600mm×60（120、180、240）mm×240（300）mm，强度等级分为 MUI、MU2、MU2.5、MU3.5、MU5、MU7.5、MU10 七个级别。

第二，粉煤灰硅酸盐砌块的主规格尺寸为 880mm×380mm×240mm 和 880mm×430mm×240mm 两种，需用其他规格尺寸时，可由供需双方协商确定。强度等级分为 MU5、MU7.5、MU10、MU15，其中常用的有 MU10 和 MU15 两个级别。

第三，其他工业废渣砌块，规格不一，以主规格尺寸为 390mm×190mm×190mm 的居多，其强度等级也各不相同，最高的可达 MU10，最低的为 MU2.5。

③新型砌块：近几年新型墙体材料种类越来越多，包括：石膏或水泥轻质隔墙板、新型复合自保温砌块、陶粒砌块、石膏砌块、BM 轻集料连锁砌块等。

通常这些新型墙体材料以粉煤灰、煤矸石、石粉、炉渣、竹炭等为主要原料，具有质轻、隔热、隔声、保温、无甲醛、无苯、无污染等特点。部分新型复合节能墙体材料集防火、防水、防潮、隔声、隔热、保温等功能于一体，装配简单快捷，使墙体变薄，具有更大的使用空间。

（二）墙体节能技术

在建筑围护结构中，墙体的保温隔热性能直接影响着建筑节能能耗，墙体与周围环境的冷热交换约占总能耗的 32.1%~36.2%，因此，如何改善墙体的保温隔热性能成为重中之重。墙体节能技术又分为复合墙体节能与单一墙体节能。

单一墙体节能指通过改善主体围护结构材料本身的热工性能达到墙体节能效果，目前常用的单一节能墙材有加气混凝土、空洞率高的多孔砖或空心砌块。

复合墙体节能是指在墙体单一围护材料基础上增加一层或几层复合的绝热保温材料来改善整个墙体的热工性能。根据复合材料与围护结构位置的不同，又分为内保温、外保温、夹心保温及综合保温四种保温形式。

在墙体围护结构上增加一层或多层保温材料形成内保温、夹心保温和外保温复合墙体。现在主要有：

1. A 级无机保温材料

岩棉、珍珠岩、泡沫玻璃等。缺点导热系数不够好，岩棉很容易变形，珍珠岩吸水率太高。

2. B1、B2 级保温材料

改性酚醛、EPS 聚苯板和 XPS 挤塑板、发泡聚氨酯等。由这些材料构成了各种保温系统。

（三）砌筑砂浆

按组成材料不同可以分为水泥砂浆、水泥混合砂浆和非水泥砂浆三类。

1. 砌筑砂浆原材料的质量要求

（1）水泥

水泥进场时应对其品种、等级、包装或散装仓号、出厂日期进行检查，并应对其强度、安定性进行复验。

水泥强度等级应根据砂浆品种及强度等级的要求进行选择，M15 及以下强度等级的砌筑砂浆宜选用 32.5 级的通用硅酸盐水泥或砌筑水泥；M15 以上强度等级的砌筑砂浆宜选用 42.5 级普通硅酸盐水泥。

当在使用中对水泥质量受不利环境影响或水泥出厂超过 3 个月、快硬硅酸盐水泥超过 1 个月时，应进行复验，并应按复验结果使用。不同品种、不同强度等级的水泥不得混合使用。

（2）砂

砂浆用砂宜采用过筛中砂，砂中含泥量、云母、轻物质、有机物、硫化物、硫酸盐及氯盐含量（配筋砌体砌筑用砂）等应符合现行行业标准的有关规定。

（3）水

拌制砂浆用水的水质，应符合现行行业混凝土用水标准的有关规定。

（4）掺合料

粉煤灰、建筑生石灰、建筑生石灰粉的品质指标应符合现行行业标准的有关规定。建筑生石灰、建筑生石灰粉熟化为石灰膏，其熟化时间分别不得少于 7d 和 2d；沉淀池中储存的石灰膏，应防止干燥、冻结和污染，严禁使用脱水硬化的石灰膏；建筑生石灰粉、消石灰粉不得代替石灰膏配制水泥混合砂浆。

（5）外加剂

在砂浆中掺入的砌筑砂浆增塑剂、早强剂、缓凝剂、防冻剂、防水剂等砂浆外加剂，其品种和用量应经有资质的检测单位检验和试配确定。所用外加剂的技术性能应符合国家现行有关标准的质量要求。

2. 砌筑砂浆的强度等级

砌筑砂浆的强度等级是以标准养护 28d 的抗压强度为准，可分为 M5、M7.5、M10、M15、M20、M25、M30 共七个等级。施工中不应采用强度等级小于 M5 水泥砂浆替代同强度等级水泥混合砂浆，如需替代，应将水泥砂浆提高一个强度等级。

3. 砂浆的稠度和保水性

砌筑砂浆的种类、强度等级应符合设计要求，此外还应有适宜的稠度和良好的保水性。砂浆的稠度越大，流动性越好，流动性好的砂浆便于操作，使灰缝平整、密实，从而既可提高劳动生产率，又能保证砌筑质量。砂浆的稠度应符合表 4-1 的规定。

表 4-1 砌筑砂浆的稠度

砌体种类	砂浆稠度（mm）
烧结普通砖砌体、蒸压粉煤灰砖砌体	70~90
混凝土实心砖、混凝土多孔砖砌体、普通混凝土小型空心砌块砌体、蒸压灰砂砖砌体	50~70
烧结多孔砖、空心砖砌体、轻骨料小型空心砌块砌体、蒸压加气混凝土砌块砌体	60~80
石砌体	30~50

注：①采用薄灰砌筑法砌筑蒸压加气混凝土砌块砌体时，加气混凝土粘结砂浆的加水量按照其产品说明书控制；砌筑其他块体时，其砌筑砂浆的稠度可根据块体吸水特性及气候条件确定；

②薄层砂浆砌筑法即采用蒸压加气混凝土砌块专用砂浆砌筑蒸压加气混凝土砌块墙体的施工方法，水平灰缝厚度和竖向灰缝宽度为 2~4mm，简称薄灰砌筑法。

保水性能较好的砂浆被砌块吸走的水分少，可保持良好的工作性能，易使砌体灰缝饱满均匀、密实，并能提高水硬性砂浆的强度。为改善砂浆的保水性，可在砂浆中掺石灰膏、粉煤灰、磨细生石灰粉等无机塑化剂或皂化松香（微沫剂）等有机塑化剂。

4. 砂浆的拌制和使用

配制砌筑砂浆时，组分材料应采用质量计量，水泥及各种外加剂配料的允许偏差为±2%，砂、粉煤灰、石灰膏等配料的允许偏差为±5%。

现场拌制的砂浆应随拌随用，拌制的砂浆应 3h 内使用完毕；当施工期间最高气温超过 30℃时，应在 2h 内使用完毕。预拌砂浆及蒸压加气混凝土砌块专用砌筑砂浆的使用时间应按照厂方提供的说明书确定。

5. 砂浆的强度检验

①砌筑砂浆的验收批

第一，同一类型、强度等级的砂浆试块应不少于 3 组；

第二，同一验收批砂浆只有一组或二组试块时，每组试块抗压强度的平均值应大于或等于设计强度等级值的 1.1 倍；

第三，对于建筑结构的安全等级为一级或设计使用年限为 50 年及以上的房屋，同一验收批砂浆试块的数量不得少于 3 组。

②砂浆强度应以标准养护，28d 龄期的试块抗压强度为准。

③制作砂浆试块的砂浆稠度应与配合比设计一致。

6. 砌筑砂浆强度合格标准

砌筑砂浆试块强度验收时其强度合格标准应符合下列规定：

①同一验收批砂浆试块强度平均值应大于或等于设计强度等级值的 1.10 倍；

②同一验收批砂浆试块抗压强度的最小一组平均值应大于或等于设计强度等级值的85%。

二、砌筑工程施工

(一) 砌筑用里脚手架

搭设于建筑物内部的脚手架称为里脚手架。里脚手架在每完成一层墙体砌筑或者抹灰后，就将其转移到上一层楼上去重新搭设。频繁装拆的特点要求其结构轻便灵活、装拆方便，一般常用的工具式里脚手架有折叠式、支柱式、门架式等。

1. 折叠式里脚手架

根据材料不同，分为角钢、钢管和钢筋折叠式里脚手架。角钢折叠式里脚手架的架设间距，砌墙时不超过 2m，抹灰粉刷时不超过 2.5m，可以搭设两步脚手架，第一步高约1m，第二步高约1.65m。钢管和钢筋折叠式里脚手架的架设间距，砌墙时不超过1.8m，抹灰粉刷时不超过2.2m。

2. 支柱式里脚手架

支柱式里脚手架由若干支柱和横杆组成，将插管插入立管中，以销孔间距调节高度，在插管顶端的凹形支托内搁置方木或脚手管，横杆上铺设脚手板。其搭设间距砌墙时不超过2.0m，抹灰粉刷时不超过2.5m。架设高度一般为1.5~2.1m。

3. 门架式里脚手架

门架式里脚手架由两片 A 形支架与门架组成。适用于砌墙和粉刷，其架设高度为1.5~2.4m，A 形支架的间距，砌墙时不超过2.2m，粉刷时不超过2.5m。

(二) 砌筑用垂直运输设备

砌筑工程垂直运输量很大，在施工过程中要运送大量的成品半成品建筑材料。目前常用的垂直运输设施有塔式起重机、井架、龙门架、施工电梯等。

1. 塔式起重机

塔式起重机具有提升、回转、水平运输等功能，不仅是重要的吊装设备，而且也是重要的垂直运输设备，尤其在吊运长、大、重的物料时有明显的优势，故在可能条件下宜优先选用。

2. 井架

砌筑施工中最常用的垂直运输设施，可用型钢或钢管加工成定型产品，也可用脚手架材料搭设而成。井架多为单孔，也可构成两孔或多孔井架，内设有吊盘。为扩大起吊运输的服务范围，常在井架上安装起重臂，臂长 5~10m。起重能力为 5~10kN。吊盘起重量能力为 10~15kN，其中可放置运料的手推车或其他散装材料。搭设高度可达 40m，需设缆风绳保持井架的稳定。

3. 龙门架

龙门架是由两榀矩形截面的钢结构格构柱及天轮梁（横梁）组成的门式架。在龙门架上设滑轮、导轨、吊盘、缆风绳等，进行材料、机具和小型预制构件的垂直运输。龙门架构造简单、制作容易、用材少、装拆方便，但刚度和稳定性较差，一般适用于中小型工程。

4. 施工电梯

多为人、货两用，其主要由底笼（外笼）、驱动机构、安全装置、附墙架、起重装置和起重拔杆等构成。按驱动方式可分为齿条驱动和绳轮驱动两种。齿条驱动电梯又有单吊箱（笼）式和双吊箱（笼）式两种，并装有可靠的限速装置，适于 20 层以上建筑工程使用；绳轮驱动电梯为单吊箱（笼），无限速装置，适于 20 层以下建筑工程使用。

（三）砌筑工艺

1. 砖砌体

建筑工程施工中常用的砖砌体包括烧结普通砖、烧结多孔砖、混凝土多孔砖、蒸压灰砂砖、蒸压粉煤灰砖等。

（1）砖砌体的一般规定

①为预防墙体早期开裂，砌体砌筑时混凝土多孔砖、混凝土实心砖、蒸压灰砂砖、蒸压粉煤灰砖等块体的产品龄期不应小于28d。

②有冻胀环境和条件的地区，地面以下或防潮层以下的砌体，不宜采用多孔砖。

③砌筑烧结普通砖、烧结多孔砖、蒸压灰砂砖、蒸压粉煤灰砖砌体时，砖应提前 1~2d 适度湿润，严禁采用干砖或处于吸水饱和状态的砖砌筑，块体湿润程度宜符合下列规定：

第一，烧结类块体的相对含水率（含水率与吸水率的比值）为 60%~70%；

第二，混凝土多孔砖及混凝土实心砖不需要浇水湿润，但在气候干燥炎热的情况下，宜在砌筑前对其喷水湿润；其他非烧结类块体的相对含水率40%～50%。

④240mm厚承重墙的每层墙的最上一皮砖，砖砌体的台阶水平面上及挑出层的外皮砖，应整砖丁砌。

⑤不同品种的砖不得在同一楼层混砌。

（2）砖墙砌筑的组砌形式

普通砖墙厚度有半砖、一砖、一砖半和二砖等，组砌形式通常有一顺一丁、三顺一丁、梅花丁、全顺砌法、全丁砌法和两平一侧砌法等。

（3）砖墙的砌筑工艺

砖墙砌筑工艺一般是：找平→弹线→摆砖样→立皮数杆→盘角→挂线→砌筑墙体→（勾缝）构造柱、圈梁、楼盖结构施工→楼层轴线、标高引测→下一个楼层砖砌体施工。

①找平、弹线：砌砖墙前，应先在基础防潮层或楼面上用水泥砂浆或C15细石混凝土找平，然后弹出墙身中心轴线、边线及门窗洞口位置。

②摆砖样：摆砖样也称播底，是在弹好轴线的基面上按组砌方式用干砖试摆，借助灰缝调整，尽量使门窗洞口、附墙垛等处符合砖的模数，以尽可能减少砍砖，并使砌体灰缝均匀，组砌得当。

③立皮数杆：皮数杆是一层楼墙体的标志杆，其上划有每皮砖和灰缝的厚度以及门窗洞口、过梁、楼板、梁底等的标高，用以控制砌体的竖向尺寸。皮数杆一般立在墙的转角处及纵横墙交接处，如墙身长度很长，可每隔10～15m再立一根。立皮数杆时，应使皮数杆上所示标高线与抄平所确定的设计标高相吻合。

④盘角、挂线：墙角是确定墙面横平竖直的主要依据，故可以根据皮数杆先砌墙角部分，并保证其垂直平整，称为盘角。盘角时应做到随砌随盘，每盘一次角不要超过5皮砖，并且要随时吊靠，如发现偏差应及时纠正。还要对照皮数杆的皮数和标高砌筑，做到水平灰缝一致。

挂线又称甩麻线、挂准线。砌筑墙体中间部分时，主要依靠挂线来保证砌筑质量，防止出现螺丝墙。砌一砖墙可以单面挂线，砌一砖半及其以上的墙体则应双面挂线。

⑤砌筑：砌筑墙体的操作方法各地不一，但为保证砌筑质量，一般以"三一"砌筑法为宜，即一铲灰、一块砖、一挤揉。对砌筑质量要求不高的墙体，也可采用铺浆法砌筑。砌砖工程当采用铺浆法砌筑时，铺浆长度不得超过750mm；施工期间气温超过30℃时，铺浆长度不得超过500mm。砌墙时，还要有整体观念，隔层的砖缝要对直，相邻的上下层

砖缝要错开，防止"游丁走缝"。

⑥勾缝：勾缝是砌清水墙的最后一道工序，具有保护墙面和增加墙面美观的作用。内墙面可采用砌筑砂浆随砌随勾缝，称为原浆勾缝；外墙面应待砌完整个墙体后，再用细砂拌制1∶1.5的水泥砂浆或加色砂浆勾缝，称加浆勾缝。勾缝的形式主要有平缝、凹缝、斜缝、凸缝等几种。

勾缝前，应清除墙面上粘结的砂浆、灰尘等，并洒水湿润。勾缝顺序应从上而下，先勾横缝，后勾竖缝。勾好的横缝和竖缝要深浅一致，横平竖直，不得有瞎缝、丢缝、裂缝和粘结不牢等现象。

⑦楼层轴线引测及标高控制：砌上层墙时，应先弹出该层墙轴线，这可利用引测在外墙面上的墙身轴线，用经纬仪或线锤把墙身轴线引测到楼层上去。各层墙轴线应重合。

各层标高除可用皮数杆控制外，还可用在室内弹出的水平线来控制。即当底层砌到一定高度后，用水准仪根据龙门板上的±0.000标高，在室内墙角引测出标高控制点，一般比室内地坪高200~500mm（多为500mm），然后根据该控制点弹出水平线，用以控制过梁、圈梁及楼板的标高。第二层墙体砌到一定高度后，先从底层水平线用钢尺往上量出第二层水平线的第一个标志，然后以此标志为准，定出各墙面的水平线，以控制第三层的标高，依次类推。但各层轴线及标高均应从首层引测，以避免误差累积。

2.混凝土小型空心砌块砌体

根据《砌体结构工程施工规范》规定，厚度为190mm的自承重小砌块墙体宜与承重墙同时砌筑。厚度小于190mm的自承重小砌块墙宜后砌，且应按设计要求预留拉结筋或钢筋网片。砌筑小砌块时，宜使用专用铺灰器铺放砂浆，且应随铺随砌。当未采用专用铺灰器时，砌筑时的一次铺灰长度不宜大于2块主规格块体的长度。水平灰缝应满铺下皮小砌块的全部壁肋或单排、多排孔小砌块的封底面；竖向灰缝宜将小砌块一个端面朝上满铺砂浆，上墙应挤紧，并应加浆插捣密实。

（1）基本要求

①底层室内地面以下或防潮层以下的砌体，应采用水泥砂浆砌筑，小砌块的孔洞应采用强度等级不低于Cb20或C20的混凝土灌实。Cb20混凝土性能应符合现行行业标准《混凝土砌块（砖）砌体用灌孔混凝土》的规定。

②防潮层以上的小砌块砌体，宜采用专用砂浆砌筑；当采用其他砌筑砂浆时，应采取改善砂浆和易性和粘结性的措施。

③小砌块砌筑时的含水率，对普通混凝土小砌块，宜为自然含水率，当天气干燥炎热

时，可提前浇水湿润；对轻骨料混凝土小砌块，宜提前 1~2d 浇水湿润。不得雨天施工，小砌块表面有浮水时，不得使用。

（2）混凝土小型空心砌块砌体施工工艺

工艺流程：找平→墙体放线→立皮数杆→排列砌块→拉线→砌筑→勾缝。

①砌筑前应在基础面或楼层结构面上定出各层的轴线位置和标高，并用 1：2 水泥砂浆或 C15 细石混凝土找平。

②砌筑前应按砌块尺寸和灰缝厚度计算皮数和排数。

③砌筑一般采用"披灰挤浆"，先用瓦刀在砌块底面的周肋上满披灰浆，铺灰长度为不宜大于 2 块主规格块体的长度，在待砌的砌块端头满披头灰，然后双手搬运砌块，进行挤浆砌筑。

④砌体灰缝应横平竖直，砂浆严实。水平和垂直灰缝的宽度应为（10±2）mm。

⑤墙转角及纵横墙交接处，应将砌块分皮咬槎，交错搭砌，如果不能咬槎时，按设计要求采取其他的构造措施。砌体垂直缝与门窗洞口边线应避开同缝，且不得采用砖镶砌。墙体临时间断处应砌成斜槎，斜槎水平投影长度不应小于高度的 2/3（一般按一步脚手架高度控制）。如必须留槎应设置钢筋网片拉结。

（3）混凝土小型空心砌块砌体施工要点

施工前，应按房屋设计图编绘小砌块平，立面排列图，施工中应按排块图施工，混凝土小型空心砌块砌体施工质量保证措施：

①砌筑墙体时，小砌块产品龄期不应小于 28d。

②厚度为 190mm 的自承重小砌块墙体宜与承重墙同时砌筑。厚度小于 190mm 的自承重小砌块墙宜后砌，且应按设计要求预留拉结筋或钢筋网片。

当砌筑厚度大于 190mm 的小砌块墙体时，宜在墙体内外侧双面挂线；小砌块应将生产时的底面朝上反砌于墙上。小砌块墙内不得混砌黏土砖或其他墙体材料。当需局部嵌砌时，应采用强度等级不低于 C20 的适宜尺寸的配套预制混凝土砌块。

③小砌块墙体应孔对孔、肋对肋、错缝搭砌。小砌块砌体应对孔错缝搭砌。搭砌应符合下列规定：

第一，单排孔小砌块的搭接长度应为块体长度的 1/2，多排孔小砌块的搭接长度不宜小于砌块长度的 1/3；

第二，当个别部位不能满足搭砌要求时，应在此部位的水平灰缝中设中 4 钢筋网片，且网片两端与该位置的竖缝距离不得小于 400mm，或采用配块；

第三，墙体竖向通缝不得超过 2 皮小砌块，独立柱不得有竖向通缝。

④砌筑小砌块时，宜使用专用铺灰器铺放砂浆，且应随铺随砌。当未采用专用铺灰器时，砌筑时的一次铺灰长度不宜大于 2 块主规格块体的长度。水平灰缝应满铺下皮小砌块的全部壁肋或单排、多排孔小砌块的封底面；竖向灰缝宜将小砌块一个端面朝上满铺砂浆，上墙应挤紧，并应加浆插捣密实。小砌块砌体的水平灰缝厚度和竖向灰缝宽度宜为 10mm，但不应小于 8mm，也不应大于 12mm，且灰缝应横平竖直。

⑤空心砌块墙的转角处，纵、横墙砌块应相互搭砌，即纵、横墙砌块均应隔皮端面露头。砌块墙的丁字交接处，应使横墙砌块隔皮端面露头，为避免出现通缝，应在纵墙上交接处砌一块三孔的大规格砌块，砌块的中间孔正对横墙露头砌块靠外的孔洞。

⑥墙体转角处和纵横交接处应同时砌筑。临时间断处应砌成斜槎，斜槎水平投影长度不应小于斜槎高度。临时施工洞口可预留直槎，但在补砌洞口时，应在直槎上下搭砌的小砌块孔洞内用强度等级不低于 CB20 或 C20 的混凝土灌实。

⑦直接安放钢筋混凝土梁、板或设置挑梁墙体的顶皮小砌块应正砌，并应采用强度等级不低于 Cb20 或 C20 混凝土灌实孔洞，其灌实高度和长度应符合设计要求。

⑧固定现浇圈梁、挑梁等构件侧模的水平拉杆、扁铁或螺栓所需的穿墙孔洞，宜在砌体灰缝中预留，或采用设有穿墙孔洞的异型小砌块，不得在小砌块上打洞。利用侧砌的小砌块孔洞进行支模时，模板拆除后应采用强度等级不低于 Cb20 或 C20 混凝土填实孔洞。

⑨砌筑小砌块墙体应采用双排脚手架或工具式脚手架。当需在墙上设置脚手眼时，可采用辅助规格的小砌块侧砌，利用其孔洞作脚手眼，墙体完工后应采用强度等级不低于 Cb20 或 C20 的混凝土填实。

⑩正常施工条件下，小砌块砌体每日砌筑高度宜控制在 1.4m 或一步脚手架高度内。

⑪在墙体的下列部位，应用 C20 混凝土灌实砌块的孔洞：

第一，底层室内地面以下或防潮层以下的砌体；

第二，无圈梁的楼板支承面以下的一皮砌块；

第三，没有设置混凝土垫块的屋架、梁等构件支承面下，高度不应小于 600mm，长度不应小于 600mm 的区域；

第四，挑梁支承面下，距墙中心线每边不应小于 300mm，高度不应小于 600mm 的砌体。

第五，散热器、厨房、卫生间等需要安装设备卡具的部位。

（4）混凝土芯柱

①砌筑芯柱部位的墙体，应采用不封底的通孔小砌块。

②每根芯柱的柱脚部位应采用带清扫口的 U 形、E 形、C 形或其他异型小砌块砌留操作孔。砌筑芯柱部位的砌块时，应随砌随刮去孔洞内壁凸出的砂浆，直至一个楼层高度，并应及时清除芯柱孔洞内掉落的砂浆及其他杂物。

③浇筑芯柱混凝土，应符合下列规定：

第一，应清除孔洞内的杂物，并应用水冲洗，湿润孔壁；

第二，当用模板封闭操作孔时，应有防止混凝土漏浆的措施；

第三，砌筑砂浆强度大于 1.0MPa 后，方可浇筑芯柱混凝土，每层应连续浇筑；

第四，浇筑芯柱混凝土前，应先浇 50mm 厚与芯柱混凝土配比相同的去石混凝土；每浇筑 500mm 左右高度，应捣实一次，或边浇筑边用插入式振捣器捣实；

第五，应预先计算每个芯柱的混凝土用量，按计量浇筑混凝土；

第六，芯柱与圈梁交接处，可在圈梁下 50mm 处留置施工缝。

④芯柱混凝土在预制楼盖处应贯通，不得削弱芯柱截面尺寸。

3. 自保温混凝土复合砌块砌体

自保温混凝土复合砌块是指由粗细集料、胶结料、粉煤灰、外加剂、水等组分构成的混凝土拌合料，经过砌块成型机成型、满足保温热性能要求、不需要再做保温处理的多排孔砌块，或者由混凝土拌合料与高效保温材料复合而成、具有满足建筑力学性能和保温隔热性能要求、不需要再做保温处理的砌块。保温复合砌块既适合北方的冬季保温，也适用于南方的夏季隔热，具有广泛的地区适应性。

（1）工艺流程

确定组砌方法→拌制专用胶粘剂→排砖摺底→砌砖→植筋（或者安装"L"形铁件连接）→勾缝清理→顶部塞缝（一般静置沉实后 7d）。

（2）施工要点

自保温混凝土复合砌块施工除按照普通砌体的技术要求砌筑外，尚应符合下列规定：

①自保温砌块的型号、强度等级必须符合相关规范规定，成品必须满足 28d 以上的养护龄期，方可进入施工现场。

②对插 EPS 保温板的砌块，采用薄铺灰法铺摊专用胶粘剂，留有盲孔的可反砌，不留盲孔的可用网格布覆盖后，铺灰砌筑；常温下砌块的日砌筑高度宜控制在 2m 左右。

③砌筑时尽量采用主规格砌筑，砌块上下皮错缝，一般搭砌长度不应小于 90mm，竖

向通缝不应小于2皮砌块。如有平面尺寸不满足产品规格要求，可在构造柱处用素混凝土补齐，外侧留出一定保温处理厚度。

④当砌体上设置竖向水电配管时，应采用机械开槽形式，管槽设于自保温砌块孔内，水电配管宜采用半硬阻燃型塑材管，管槽背面和周围用保温浆料填充密实，表面用200mm宽耐碱玻纤网铺贴。

⑤砌块填充墙顶部宜与主体结构的梁或顶板有可靠的拉结。

第一，砌块墙体与混凝土柱、墙相接处应植筋，或者设置专用连接件（L形铁件）进行拉结，间距2~3皮，但必须放在整砖上；砌块墙体与混凝土柱、墙间保留10mm空隙，后期塞发泡剂；板底用水泥砂浆塞缝。

第二，柱、墙高超过4m时，宜在墙体半高处设置与主体结构的柱、墙连接且沿墙全长贯通的钢筋混凝土水平系梁。

第三，自保温砌块墙体长度大于5m时，墙顶与梁宜有拉结；墙长超过8m或层高2倍时，宜设置钢筋混凝土构造柱；砌体无约束的端部必须增设构造柱，构造柱外侧应进行保温处理。

⑥当自保温砌块墙体挂重量较大的物件时（如热水器、隔柜、洗面盆），应将锚固件位置的砌块内侧空腔全部用C20混凝土灌实；固定门窗框的门窗洞口两侧相应位置切开砌块壁或取出孔腔保温芯材，灌入C20混凝土形成固结点。门窗框和洞口砌体间缝隙应用高效保温材料填塞，并用防水密封材料填实，缝口处应用密封胶嵌缝。

⑦自保温砌块墙体抹灰宜在墙体砌筑完成60d后进行，最短不应少于45d，抹灰前应对基层墙体进行界面砂浆处理，并应覆盖全部基层表面，厚度不宜大于2mm。

4. 填充墙

一种建筑结构，墙体按照结构受力情况不同，有承重墙、非承重墙之分。凡分隔内部空间其重量由楼板或梁承受的墙基本都是非承重墙，框架结构中分隔内部空间填充在柱子之间的墙是非承重填充墙；短肢剪力墙结构间的墙体也为非承重填充墙。非承重填充墙一般采用轻质墙体材料。

（1）蒸压加气混凝土砌块墙

①构造要求：

第一，加气混凝土砌块一般不得使用于建筑物标高±0.000以下的部位；也不得使用于受酸碱化学物质侵蚀的部位。

第二，加气混凝土砌块外墙墙面水平方向的凹凸部分（如线脚、雨篷、出檐、窗台等），应做泛水和滴水，墙表面应做饰面保护层。

第三，后砌的填充墙与承重墙、构造柱相交处，应沿墙每两皮设置2φ6拉结钢筋，且伸入填充墙内的长度不得小于700mm。

②工艺流程：

基层清理→铺灰→砌块吊装就位→校正→灌竖缝→镶砖。

第一，基层清理。将楼地面（基层）和混凝土柱（墙）面的灰渣清扫干净，基层高出的部分应剔除平整，基层轻微凹陷部分用水泥砂浆填补平整，基层应验收合格。

第二，铺灰。灰缝应横平竖直，砂浆饱满，铺灰宜用加气混凝土砌块砌筑专用砂浆，其中又分为"薄灰砌筑法"和非"薄灰砌筑法"砌筑砂浆。

第三，砌块就位。应从转角处或砌块定位处开始，按砌块排列图依次吊装。为减少台灵架的移动，常根据台灵架的起重半径及建筑物开间的大小，按1~2开间划分施工段，逐段吊装，段间应留阶梯形斜槎。

第四，校正。砌块吊装就位后，如发现偏斜、高低不同时，可用人工校正，直至校正为止。如人工不能校正，应将砌块吊起，重新铺平灰缝砂浆，再重新安装。不得用石块或楔块等垫在砌块底部，以求平整。

第五，灌竖缝。校正后即灌竖缝，应做到随砌随灌，灌缝应密实。超过30mm的竖缝应用强度等级不低于C15的细石混凝土灌实。砌块灌缝后，不得碰撞或撬动，如发生错位，应重新铺砌。

第六，镶砖。用于较大的竖缝和梁底找平，镶砖的强度不应低于MU10o 砖间的灰缝厚为6~15mm，砖与砌块间的竖缝为15~30mm。在两砌块之间凡是不足150mm的竖向间隙不得镶砖，而需用与砌块强度等级相同的细石混凝土灌注。

（2）空心砖墙

空心砖墙应侧砌，其孔洞呈水平方向，上下皮垂直灰缝相互错开1/2砖长。空心砖墙底部宜砌3皮烧结普通砖。

空心砖墙与烧结普通砖交接处，应以普通砖墙引出不小于240mm长与空心砖墙相接，并每隔2皮空心砖高交接处的水平灰缝中设置2皮钢筋作为拉结筋，拉结钢筋在空心砖墙中的长度不小于空心砖长加240mm。

空心砖墙的转角处，应用烧结普通砖砌筑，砌筑长度角边不小于240mm。空心砖墙砌筑不得留置斜槎或直槎，中途停歇时，应将墙顶砌平。在转角处、交接处，空心砖与普通砖应同时砌起。空心砖墙中不得留置脚手眼，不得对空心砖进行砍凿。

（3）填充墙的构造要求

①对于200mm（100mm）左右厚的墙身，当墙净高大于4m（3m）时，应在墙高的中部或门洞顶部设置一道与柱连接且沿墙全长贯通的水平圈梁，圈梁钢筋应锚入柱30；当圈梁被门洞截断时，可在洞顶设置附加圈梁，或将圈梁垂直拐弯。

②对于200mm（100mm）左右厚的墙身，当墙长超过5m（4m）中间又无横墙或柱支承时，宜在墙顶与梁板结合处设置拉筋并设置混凝土构造柱；当墙长超过2H（H为层高）而中间又无横墙或柱支承时，除在端部或墙体转角处设置混凝土构造柱外，尚应在中间部位设置混凝土构造柱，其间距应2H；混凝土构造柱施工时，应先砌墙后浇柱，并在其所处的梁面及梁底预留钢筋。

③填充墙应沿框架柱全高设置墙身拉结筋，伸入墙内的长度不小于墙长的1/5且不小于700mm（抗震设计时则均为全长贯通）；在混凝土构造柱及墙体相互连接处，也应设置上述拉结筋。

④砌体填充墙时，轻骨料混凝土小型空心砌块和蒸压加气混凝土砌块的产品龄期不应小于28d，蒸压加气混凝土砌块的含水率宜小于30%。

⑤填充墙拉结筋处的下皮小砌块宜采用半盲孔小砌块或用混凝土灌实孔洞的小砌块；薄灰砌筑法施工的蒸压加气混凝土砌块砌体，拉结筋应放置在砌块上表面设置的沟槽内。

⑥砌筑填充墙时应错缝搭砌，蒸压加气混凝土砌块搭砌长度不应小于砌块长度的1/3；轻骨料混凝土小型空心砌块搭砌长度不应小于90mm；竖向通缝不应大于2皮。

⑦填充墙的水平灰缝厚度和竖向灰缝宽度应正确，烧结空心砖、轻骨料混凝土小型空心砌块砌体的灰缝应为8~12mm；蒸压加气混凝土砌块砌体当采用水泥砂浆、水泥混合砂浆或蒸压加气混凝土砌块砌筑砂浆时，水平灰缝厚度和竖向灰缝宽度不应超过15mm；当蒸压加气混凝土砌块砌体采用蒸压加气混凝土砌块粘结砂浆时，水平灰缝厚度和竖向灰缝宽度宜为3~4mm。

⑧填充墙砌至板、梁底附近后，应待砌体沉实后再用斜砌法把下部砌体与上部板、梁间用砌块斜砌填实，斜砌角度为45°~60°，填充墙顶部斜砌间隔时间不小于7d，构造柱顶采用干硬性混凝土捻实。

（4）构造柱

①构造柱的设置位置：

第一，墙体的两端；

第二，较大洞口的两侧；

第三，房屋纵横墙交界处；

第四，构造柱的间距，当按组合墙考虑构造柱受力时，或考虑构造柱提高墙体的稳定性时，其间距不宜大于4m，其他情况不宜大于墙高的1.5~2倍及6m，或按有关的规范执行。

②构造柱构造要点：

第一，马牙槎凹凸尺寸不宜小于60mm，高度不应超过300mm，马牙槎应先退后进，对称砌筑；

第二，预留拉结钢筋的规格、尺寸、数量及位置应正确，拉结钢筋应沿墙高每隔500mm设2ϕ6，伸入墙内不宜小于600mm；

③构造柱免支模施工：

构造柱免支模施工方法适用于所有墙厚大于120mm的加气块填充墙，利用预制U形砌块作为构造柱外模，通过U形砌块的砌筑，完成一次性构造柱外模板的设置。主要操作要点与质量技术措施：

第一，预制构造柱U形砌块壁厚20mm，采用细石混凝土筑模，配比可按C25细石混凝土进行配比。

第二，墙体砌筑前，需进行砌体预排版，调整最底皮构造柱U形砌块高度，在预制时可调整高度，使之最上皮U形砌块与梁底结合严密。

（5）过梁

①分类：

过梁的形式有钢筋砖过梁、砌砖平拱、砖砌弧拱和钢筋混凝土过梁、砖砌楔拱过梁、砖砌半圆拱过梁、木过梁等。

第一，钢筋砖过梁：钢筋砖过梁，是指在平砌砖定的灰缝中加适量的钢筋而形成的过梁，其跨度不应超过1.5m。对有较大振动荷载或可能产生不均匀沉降的房屋，不应采用砖砌过梁，而应采用钢筋混凝土过梁。

第二，砖拱过梁：平拱、弧拱，用于洞口宽度小于1m。

第三，钢筋混凝土过梁：钢筋混凝土过梁，有矩形、L形等形式。宽度同墙厚，高度及配筋根据结果计算确定。两端伸进墙内不小于250mm。

②过梁的一般规定：

第一，对有较大振动荷载或可能产生不均匀沉降的房屋，应采用混凝土过梁。当过梁的跨度小于1.5m时，可采用钢筋砖过梁；小于1.2m时，可采用砖砌平拱过梁。对有较大振动荷载或可能产生不均匀沉降的房屋，应采用钢筋混凝土过梁。

第二，砖砌过梁的构造，应符合下列规定：

A. 砖砌过梁截面计算高度内的砂浆不宜低于 M5；

B. 砖砌平拱用竖砖砌筑部分的高度不应小于 240mm；

C. 钢筋砖过梁底面砂浆层处的钢筋，其直径不应小于 6mm，间距不宜大于 120mm，钢筋伸入支座砌体内的长度不宜小于 240mm，砂浆层的厚度不宜小于 30mm。

第三，当过梁紧贴梁底时，可与梁一起整浇。

（6）填充墙质量的保证措施

①砌筑填充墙时，轻骨料混凝土小型空心砌块和蒸压加气混凝土砌块的产品龄期不应小于 28d，填充墙砌筑砂浆的强度等级不宜低于 M5。

②烧结空心砖、蒸压加气混凝土砌块、轻骨料混凝土小型空心砌块进场后应按品种、规格堆放整齐，堆置高度不宜超过 2m。

③砌块含水率的控制：

第一，吸水率较小的轻骨料混凝土小型空心砌块及采用薄灰砌筑法施工的蒸压加气混凝土砌块，砌筑前不应对其浇（喷）水浸润；

第二，在气候干燥炎热的情况下，对吸水率较小的轻骨料混凝土小型空心砌块宜在砌筑前喷水湿润；

第三，采用普通砌筑砂浆砌筑填充墙时，烧结空心砖、吸水率较大的轻骨料混凝土小型空心砌块应提前 1~2d 浇（喷）水湿润；烧结空心砖的相对含水率 60%~70%；吸水率较大的轻骨料混凝土小型砌块、蒸压加气混凝土砌块的相对含水率 40%~50%。

第四，采用蒸压加气混凝土砌块砌筑砂浆或普通砌筑砂浆砌筑砌块时，应在砌筑当天对砌块砌筑面喷水湿润。

④在厨房、卫生间、浴室等处采用轻骨料混凝土小型空心砌块、蒸压加气混凝土砌块砌筑墙体时，墙底部宜现浇混凝土坎台等，其高度宜为 150mm。

⑤除在门窗洞口处两侧填充墙上、中、下部可采用其他块体局部嵌砌外，蒸压加气混凝土砌块、轻骨料混凝土小型空心砌块不应与其他块体混砌，不同强度等级的同类砌块也不得混砌。

⑥砌筑填充墙时应错缝搭砌，蒸压加气混凝土砌块搭砌长度不应小于砌块长度的 1/3，且不应小于 150mm。轻骨料混凝土小型空心砌块搭砌长度不应小于 90mm。竖向通缝不应大于 2 皮。当某些部位搭接无法满足要求时，可在水平灰缝中设置 2 妞的钢筋网片加强，长度不小于 500mm。

⑦填充墙砌体砌筑，应待承重主体结构检验批验收合格后进行；填充墙与承重主体结构间的空（缝）隙部位，应在填充墙砌筑14d后进行。

⑧墙上预留孔洞、管道、沟槽和预埋件，应在砌筑时预留或预埋，不得在砌好的墙体上打凿；在以往的二次结构施工过程中，水电配管往往在砌筑后开槽后配管，开槽工作量较大，产生的垃圾较多，修补工作也较为繁琐，造成产生许多质量通病。

5. 配筋砌体工程

配筋砌体是由配置钢筋的砌体作为建筑物主要受力构件的结构。常用配筋砌体包括面层和砖组合砌体、构造柱和砖组合砌体、网状配筋砖砌体、配筋砌块砌体、芯柱和砌块组合砌体等。

（1）构造柱和砖组合砌体

①构造要求：

构造柱和砖组合砌体由钢筋混凝土构造柱、砖墙以及拉结钢筋等组成。

第一，构造柱和砖组合墙的房屋，应在纵横墙交接处、墙端部和较大洞口的洞边设置构造柱，其间距不宜大于4m。各层洞口宜设置在对应位置，并宜上下对齐。

第二，构造柱和砖组合墙的房屋，应在基础顶面、有组合墙的楼层处设置现浇钢筋混凝土圈梁。圈梁的截面高度不宜小于240mm。

第三，构造柱必须牢固地生根于基础或圈梁上，砌筑墙体时应保证构造柱截面尺寸，构造柱最小截面可采用240mm×180mm. 构造柱与圈梁连接处，构造柱的纵筋应穿过圈梁，保证构造柱纵筋上下贯通，且层与层之间构造柱不得相互错位。砖墙所用砖的强度等级不宜低于MU10，砌筑砂浆强度等级不得低于M5。构造柱的混凝土强度等级不应低于C15，钢筋宜用HPB300级钢筋。钢筋混凝土保护层厚度宜为20mm，且不小于15mm。

第四，砖墙与构造柱的连接处应砌成马牙槎，每个马牙槎沿高度方向的尺寸不宜超过300mm（5皮砖高），每个马牙槎退进应不小于60mm，从每层柱脚开始，先退后进。砖墙与构造柱连接处，应按要求砌入拉结钢筋，拉结钢筋的数量为每120mm墙厚放置一根栅钢筋，间距沿墙高不得超过500mm，每边伸入墙内均不应小于600mm，且钢筋末端应做成90°弯钩。

②砌体施工：

施工程序为：绑扎钢筋→砌砖墙、马牙槎→支模板→浇构造柱混凝土→拆模。

支模时，模板必须与所在墙的两侧严密贴紧，防止漏浆。构造柱在浇筑混凝土前，应清除干净钢筋上的干砂浆块，清除柱内落地灰、砖渣等杂物。构造柱底部应设置清扫口，以便清除模板内的杂物，清除后封闭。先在结合面处注入适量与构造柱混凝土配比相同的水泥砂浆，然后分层浇筑混凝土，并振捣密实。振捣时，应避免触碰墙体。

（2）配筋砌块砌体

配筋砌块砌体，所用砌块强度等级不应低于 MU10；砌筑砂浆强度等级不应低于 M7.5；灌孔混凝土强度等级不应低于 C20b。

配筋砌块砌体施工前，应按设计要求，将所配置钢筋加工成型，砌块的砌筑应与钢筋设置互相配合。砌块的砌筑应采用专用的小砌块砌筑砂浆和专用的小砌块灌孔混凝土。灰缝中钢筋外露砂浆保护层厚度不宜小于 15mm。

（3）芯柱和砌块组合砌体

①构造要求：

第一，砌块墙体的下列部位宜设置芯柱

A. 在外墙转角、楼梯间四角的纵横墙交接处的三个孔洞，宜设置素混凝土芯柱；

B. 五层及五层以上的房屋，应在上述部位设置钢筋混凝土芯柱。

C. 在钢筋混凝土芯柱处，沿墙高每隔 500mm 应设钢筋网片拉结，每边伸入墙体不小于 600mm，抗震设防地区不小于 1000mm；

D. 芯柱应沿房屋的全高贯通，在楼盖处应贯通，不得削弱芯柱截面尺寸，并与各层圈梁整体现浇，上下楼层的插筋可在楼板面上搭接，搭接长度不小于 40 倍插筋直径。

②芯柱施工：

小砌块砌体的芯柱混凝土不得漏灌。振捣芯柱时的振动力对墙体的整体性带来不利影响，为此规定浇灌芯柱混凝土时，砌筑砂浆强度必须大于 1MPa。对于素混凝土芯柱，可在砌筑砌块的同时浇灌芯柱混凝土。

第一，在芯柱部位，每层楼的第一皮砌块，应采用开口小砌块或 U 形小砌块砌筑，以形成清理口，为便于施工操作，开口一般应朝向室内，以便清理杂物、绑扎和固定钢筋。

第二，浇筑混凝土前，从清理口掏出孔洞内的落地灰等杂物，校正钢筋位置，并用水冲洗孔洞内壁，将积水排出。

第三，为了保证混凝土密实，应分层浇灌混凝土，并分层捣实。

第四，浇捣后的芯柱混凝土上表面，应低于最上一皮砌块表面（上口）50~80mm，以使圈梁与芯柱交接处形成一个暗键，加强抗震能力。

6. 石砌体

（1）石砌体基本要求

①石砌体的转角处和交接处应同时砌筑。对不能同时砌筑而又需留置的临时间断处，应砌成斜槎。

②梁、板类受弯构件石材，不应存在裂痕。梁的顶面和底面应为粗糙面，两侧面应为平整面；板的顶面和底面应为平整面，两侧面应为粗糙面。

③石砌体应采用铺浆法砌筑，砂浆应饱满，叠砌面的粘灰面积应大于80%。

④石砌体每天的砌筑高度不得大于1.2m。

（2）毛石砌体施工要点

①毛石砌体所用毛石应无风化剥落和裂纹，无细长扁薄和尖锥，毛石应呈块状，其中部厚度不宜小于150mm。

②毛石砌体宜分皮卧砌，错缝搭砌，搭接长度不得小于80mm，内外搭砌时，不得采用外面侧立石块中间填心的砌筑方法，中间不得有铲口石、斧刃石和过桥石；毛石砌体的第一皮及转角处、交接处和洞口处，应采用较大的平毛石砌筑。

③毛石砌体的灰缝应饱满密实，表面灰缝厚度不宜大于40mm，石块间不得有相互接触现象。石块间较大的空隙应先填塞砂浆，后用碎石块嵌实，不得采用先摆碎石后塞砂浆或干填碎石块的方法。

④砌筑时，不应出现通缝、干缝、空缝和孔洞。

⑤砌筑毛石基础的第一皮毛石时，应先在基坑底铺设砂浆，并将大面向下。阶梯形毛石基础的上级阶梯的石块应至少压砌下级阶梯的1/2，相邻阶梯的毛石应相互错缝搭砌。

⑥毛石基础砌筑时应拉垂线及水平线。

⑦毛石砌体应设置拉结石，拉结石应符合下列规定：

第一，拉结石应均匀分布，相互错开，毛石基础同皮内宜每隔2m设置一块；毛石墙应每0.7m²墙面至少设置一块，且同皮内的中距不应大于2m；

第二，当基础宽度或墙厚不大于400mm时，拉结石的长度应与基础宽度或墙厚相等；当基础宽度或墙厚大于400mm时，可用两块拉结石内外搭接，搭接长度不应小于150mm，且其中一块的长度不应小于基础宽度或墙厚的2/3。

⑧砌筑毛石挡土墙应符合下列规定：

第一，毛石的中部厚度不宜小于200mm；

第二，每砌3~4皮宜为一个分层高度，每个分层高度应找平一次；

第三，外露面的灰缝厚度不得大于40mm，两个分层高度间的错缝不得小于80mm。

⑨料石挡土墙宜采用同皮内丁顺相间的砌筑形式。当中间部分用毛石填砌时，丁砌料石伸入毛石部分的长度不应小于200mm。

⑩砌筑挡土墙，应按设计要求架立坡度样板收坡或收台，并应设置伸缩缝和泄水孔，泄水孔宜采取抽管或埋管方法留置。

⑪挡土墙必须按设计规定留设泄水孔；当设计无具体规定时，其施工应符合下列规定：

第一，泄水孔应在挡土墙的竖向和水平方向均匀设置，在挡土墙每米高度范围内设置的泄水孔水平间距不应大于2m；

第二，泄水孔直径不应小于50mm；

第三，泄水孔与土体间应设置长宽不小于300mm、厚不小于200mm的卵石或碎石疏水层。

（四）砌体质量检查

1. 砌筑工程质量的基本要求

砌筑工程质量的基本要求是：横平竖直、厚薄均匀，砂浆饱满，上下错缝、内外搭砌，接槎可靠。

（1）横平竖直、厚薄均匀

砖砌体抗压性能好，而抗剪抗拉性能差。为使砌体均匀受压，不产生剪切及水平推力，墙、柱等承受竖向荷载的砌体，其灰缝应横平竖直，厚薄均匀。

横平，即要求每一皮砖必须在同一水平面上。为此，首先应将基础或楼面找平，砌筑时严格按皮数杆层层挂水平准线并要拉紧，将每皮砖砌平，砌不平出现"螺丝墙"，影响墙体受力。竖直，即竖向灰缝（隔皮灰缝）必须垂直对齐。砖砌体水平灰缝厚度和竖向灰缝宽度宜为10mm，不得小于8mm，也不应大于12mm。水平灰缝过厚不仅易使砖块浮滑，墙身侧倾，同时由于砌体受压时，砂浆和砖的横向膨胀不一致，而使砖块受拉，且灰缝越厚，则砖块拉力越大，砌体强度降低越多。当灰缝过薄时，则会降低砖块之间的粘结力。

（2）砂浆饱满

为保证砖块均匀受力和使块体紧密结合，要求水平灰缝砂浆饱满，否则砖块不能均匀传力，而产生弯曲、剪切破坏作用。砂浆饱满程度以砂浆饱满度表示，为保证砌体的抗压强度，要求砖墙水平灰缝砂浆饱满度不低于80%。竖向灰缝对砌体的抗压强度影响不大，但对抗剪强度有明显影响，况且竖缝砂浆饱满，可避免透风漏水，改善保温性能，竖向灰缝宜采用挤浆或加浆方法使其饱满，不得出现透明缝、瞎缝和假缝。砖柱水平灰缝和竖向灰缝饱满度不得低于90%。

（3）上下错缝、内外搭砌

砌体工程是由块体和砂浆砌筑而成的，砌体的强度是通过块体和砂浆的共同工作实现的，砌体结构构件主要承受轴心或小偏心压力，而很少受拉或受弯。砌块组砌方式往往会影响砌体的整体受力性能，砌体中块体必要的搭接长度是保证砌体强度的关键，能够防止砌体受荷后过早出现局部承压或剪切破坏。

为提高砌体的整体性、稳定性和承载能力，砖块排列应遵守上下错缝、内外搭砌的原则，应避免出现连续的竖向"通缝"。错缝或搭砌长度一般不小于60mm，同时还应考虑砌筑方便，砍砖少的要求。对于砖柱严禁采用包心砌法。

（4）接槎可靠

接槎是指相邻砌体不能同时砌筑而又必须设置的临时间断，以便于先、后砌筑的砌体之间的接合。为保证砌体的整体性，砖砌体的转角处和交接处应同时砌筑。严禁无可靠措施的内外墙分砌施工。在抗震设防烈度为8度及8度以上的地区，对不能同时砌筑而又必须留置的临时间断处应砌成斜槎，普通砖砌体斜槎水平投影长度不应小于高度的2/3。多孔砖砌体的斜槎长高比不应小于1/2。斜槎高度不得超过一步脚手架的高度。斜槎操作简便，接槎砂浆饱满，质量容易得到保证。

非抗震设防及抗震设防烈度为6度、7度地区的临时间断处，当不能留斜槎时，除转角处外，可留直槎，但直槎必须做成凸槎，并加设拉结筋。每120mm墙厚放置末端带有90°弯钩件6拉结钢筋（或采用M焊接钢筋网片），间距沿墙高不应超过500mm，埋入长度从留槎处算起对实心墙每边不小于500mm，砖墙与构造柱的马牙槎连接处每边伸入墙内均不应小于600mm，对于多孔砖墙和砌块墙不小于700mm，对抗震设防的地区拉结钢筋伸入墙内不应小于1000mm，拉结钢筋应错开截断，相距不宜小于200mm。填充墙墙顶应与框架梁紧密结合，顶面遇上部结构接触处宜用一皮砖或配砖斜砌楔紧。

抗震设防烈度6、7度时，底部1/3楼层，8度时底部1/2楼层，9度时全部楼层，上述拉结钢筋网片应沿墙体水平通长设置。

2. 保证质量措施

①雨天不宜在露天砌筑墙体，对下雨当日砌筑的墙体应进行遮盖。继续施工时，应复核墙体的垂直度，如果垂直度超过允许偏差，应拆除重新砌筑。正常施工条件下，砖砌

体、小砌块砌体每日砌筑高度宜控制在 1.5m 或一步脚手架高度内，石砌体不宜超过 1.2m。

②为保证墙面垂直、平整，砌筑过程中应随时检查，做到"三皮一吊、五皮一靠"。

③房屋相邻部分高差较大时，应先建高层部分。分段施工时，砌体相邻施工段的高差，不得超过一层楼，也不得大于 4m。

④多孔砖的孔洞应垂直于受压面砌筑。

⑤砌体施工时，楼面和屋面堆载不得超过楼板的允许荷载值。施工层进料口楼板下，宜采取临时加撑措施。

⑥砖墙体砌筑时，各层承重墙的最上一皮砖应砌丁砖层，以使楼板支承点牢靠稳定，锚固和受力均较合理。在梁或梁垫的下面，变截面砖砌体的台阶水平面及砌体的挑出层（挑檐、腰线）等处，也应用丁砖层砌筑，以保证砌体的整体强度。

⑦在墙上留置临时施工洞口，其侧边离交接处墙面不应小于 500mm，洞口净宽度不应超过 1m。抗震设防烈度为 9 度的地区建筑物的临时施工洞口位置，应会同设计单位确定。临时施工洞口应做好补砌。

⑧在某些墙体或部位不得留置脚手眼。

⑨宽度超过 300mm 的洞口上部，应设置钢筋混凝土过梁。砖过梁底部的模板及其支架拆除时，灰缝砂浆强度不应低于设计强度的 75%。

⑩弧拱式及平拱式过梁的灰缝应砌成楔形缝，拱底灰缝宽度不宜小于 5mm，拱顶灰缝宽度不应大于 15mm，拱体的纵向及横向灰缝应填实砂浆；平拱式过梁拱脚下面应伸入墙内不小于 20mm，砖砌平拱过梁底应有 1% 的起拱。

⑪搁置预制梁、板的砌体顶面应找平，安装时应坐浆。当设计无具体要求时，应采用 1：2.5 的水泥砂浆。这是保证梁、板的均匀传力，结构安全的一项重要施工技术措施。

⑫设置在潮湿环境或有化学侵蚀性介质的环境中的砌体灰缝内的钢筋应采取防腐措施。

⑬设计要求的洞口、管道、沟槽应于砌筑时正确留出或预埋，未经设计同意，不得打凿墙体和在墙体上开凿水平沟槽。不应在截面长边小于 500mm 的承重墙体、独立柱内埋设管线。

第二节 钢筋混凝土工程

一、钢筋工程

(一) 钢筋种类

1. 钢筋牌号

我国钢筋标准中规定的牌号与国际通用规则是一致的,热轧钢筋由表示轧制工艺和外形的英文首字母与钢筋屈服强度的最小值表示。

对于抗震设防的结构,要采用有较好延性的钢筋,为了区别与普通钢筋,牌号后加E,例如 HRB400E。对按一、二、三级抗震等级设计的框架和斜撑构件(含梯段)中,纵向受力钢筋应采用抗震结构用钢筋,规范规定的抗震结构用钢筋(牌号中带 E)力学性能要求:

①钢筋的抗拉强度实测值与屈服强度实测值的比值不应小于 1.25;

②钢筋的屈服强度实测值与屈服强度标准值的比值不应大于 1.30;

③钢筋的最大力下总伸长率不应小于 9%。

2. 钢筋的选用

①纵向受力普通钢筋可采用 HRB400、HRB500、HRBF400、HRBF500、HRB335、RRB400、HPB300 钢筋;梁、柱和斜撑构件的纵向受力普通钢筋宜采用 HRB400、HRB500、HRBF400、HRBF500 钢筋。

②箍筋宜采用 HRB400、HRBF400、HRB335、HPB300、HRB500、HRBF500 钢筋。

③预应力筋宜采用预应力钢丝、钢绞线和预应力螺纹钢筋。

(二) 钢筋的加工

钢筋加工过程包括除锈、调直、切断、傲头、弯曲、连接(焊接、机械连接和绑扎)等。

1. 钢筋除锈

钢筋在加工前,其表面应洁净,油渍、漆污和用锤敲击时能剥落的浮皮、铁锈等应清除干净。钢筋的除锈,一般可通过以下途径:

①通过钢筋冷拉或调直过程中除锈；茴第

②机械方法除锈，如采用电动除锈机除锈，对钢筋的局部除锈较为方便；

③手工除锈（用钢丝刷、砂盘）。

在除锈过程中发现钢筋表面的氧化铁皮鳞落现象严重并已损伤钢筋截面，或在除锈后钢筋表面有严重的麻坑、斑点伤蚀截面时，应降级使用或剔除不用。

2. 钢筋调直

在调直细钢筋时，要根据钢筋的直径选用调直模和传送压辊，并要正确掌握调直模的偏移量和压辊的压紧程度。调直筒两端的调直模一定要在一条轴心线上，这是钢筋能否调直的一个关键。

3. 钢筋切断

切断钢筋的方法分机械切断和人工切断两种。钢筋切断机切断钢筋时，要先将机械固定，并仔细检查刀片有无裂纹，刀片是否固紧，安全防护罩是否齐全牢固；进料要在活动刀片后退时进料，不要在刀片前进时进料；进料时手与刀口的距离不应小于150mm。切断短钢筋时要使用套管或夹具，禁止剪切超过机器剪切能力规定的钢筋和烧红的钢筋；钢筋切断时应将同规格钢筋根据不同长度长短搭配，统筹下料，减少损耗。

机械连接、对焊、电渣压力焊、气压焊等接头，要求钢筋接头断面平整，所以宜采用无齿锯切断，尽量不用钢筋切断机切断，钢筋切断机切断的断面呈马蹄状，影响连接质量。

4. 钢筋弯曲

钢筋弯曲成型是钢筋加工中的一道主要工序，要求弯曲加工的钢筋形状正确，便于绑扎安装。钢筋弯曲有机械弯曲和手工弯曲两种。

在进行弯曲操作前，首先应熟悉弯曲钢筋的规格、形状和各部分的尺寸，以便确定弯曲方法、准备弯曲工具。粗钢筋、形状复杂的钢筋加工时，必须先划线，按不同的弯曲角度扣除其弯曲量度差，试弯一根，检查是否符合设计要求，并核对钢筋划线、扳距是否合适，经调整合适后，方可成批加工。

5. 钢筋的连接

受运输工具长度的限制，当钢筋直径不大于12mm时，一般以圆盘形式供货；当大于12mm时，则以直条形式供货，直条长度一般为12m，由此带来了混凝土结构施工中不可避免的钢筋连接问题。目前钢筋的连接方法有焊接连接、机械连接和绑扎连接三类。抗震设防的混凝土结构，纵向受力钢筋连接的位置宜避开梁端、柱端箍筋加密区，如必须在此连接时，应采用机械连接或焊接。要求进行疲劳验算的构件，其纵向受拉钢筋不得采用绑扎搭接接头，也不宜采用焊接接头。

（1）焊接连接

①焊接连接种类：焊接连接是利用焊接技术将钢筋连接起来的传统钢筋连接方法，要求对焊工进行专门培训，持证上岗；施工受气候、电流稳定性的影响，接头质量不如机械连接可靠。钢筋焊接常用方法有电弧焊、闪光对焊、电阻点焊、埋弧压力焊、气压焊和电渣压力焊等。

第一，电弧焊。

电弧焊是以焊条作为一极，钢筋为另一极，利用焊接电流通过产生的电弧热进行焊接的一种熔焊方法。

电弧焊所使用的弧焊机有直流与交流之分，常用的交流弧焊机有：BX-300、BX-500型；直流电弧焊机有：AX-300、AX-500型。

电弧焊所用焊条，其直径为1.6~5.8mm，长度为215~400mm，焊条的选用和钢筋牌号、电弧焊接头形式有关，电弧焊所采用的焊条应符合现行国家标准的规定。

电弧焊的接头形式有搭接接头、帮条接头、坡口（剖口）接头、窄间隙焊和熔槽帮条焊五种形式。

第二，电渣压力焊。

电渣压力焊是将两钢筋安放成竖向对接形式，焊剂中形成电弧过程和电渣过程，产生电弧热和电阻热熔化钢筋，再加压完成的一种压焊方法，电渣压力焊焊接工艺包括引弧、造渣、电渣和顶锻四个过程。

引弧过程是在通电后迅速将上钢筋提起2~4mm以引弧。造渣过程是靠电弧的高温作用，将钢筋端头的凸出部分不断烧化；电渣过程是在渣池形成一定深度后，将上钢筋缓缓插入渣池中，由于电流直接通过渣池，产生大量的电阻热，使渣池温度升到近2000℃，将钢筋端头迅速而均匀地熔化，在停止供电的瞬间，对钢筋施加挤压力，把焊口部分熔化的金属、熔渣及氧化物等杂质全部挤出结合面形成焊接接头。主要用于柱、墙等现浇混凝土结构中直径为12~32mm的竖向或斜向（倾斜度不大于10°）受力钢筋的连接，不得在竖向焊接后用于梁、板等构件中作水平钢筋使用，不宜用于RRB400级钢筋的连接。

第三，其他几种焊接方法简介。

A.闪光对焊。闪光对焊是利用电阻热使钢筋接头接触点金属熔化，产生强烈飞溅，形成闪光，迅速顶锻完成的一种压焊方法。闪光对焊可分为连续闪光焊、预热闪光焊、闪光→预热→闪光焊三种工艺，可根据钢筋牌号、直径和所用焊机容量（kVA）选用。

B.电阻点焊。就是将两钢筋安放成交叉叠接形式，压紧于两电极之间，利用电阻热熔化母材金属，加压形成焊点的一种压焊方法。

C. 钢筋气压焊。采用氧、乙焕火焰或氧液化石油气火焰（或其他火焰），对两钢筋对接处加热，使其达到热塑性状态后，加压完成的一种压焊方法。

D. 钢筋二氧化碳气体保护电弧焊。以焊丝作为一极，钢筋为另一极，并以 CO_2 气体作为电弧介质，保护金属熔滴、焊接熔池和焊接区高温金属的一种熔焊方法。

E. 箍筋闪光对焊。将待焊箍筋两端以对接形式安放在对焊机上，利用电阻热使接触点金属熔化，产生强烈闪光和飞溅，迅速施加顶锻力，焊接形成封闭环式箍筋的一种压焊方法。

F. 预埋件钢筋埋弧压力焊。将钢筋与钢板安放成 T 形接头形式，利用焊接电流通过，在焊剂层下产生电弧，形成熔池，加压完成的一种压焊方法。

G. 预埋件钢筋埋弧螺柱焊。用电弧螺柱焊焊枪夹持钢筋，使钢筋垂直对准钢板，采用螺柱焊电源设备产生强电流、短时间的焊接电弧，在熔剂层保护下使钢筋焊接端面与钢板产生熔池后，适时将钢筋插入熔池，形成 T 形接头的焊接方法。

②不同直径的钢筋焊接连接：两根同牌号、不同直径的钢筋可进行闪光对焊、电渣压力焊或气压焊；闪光对焊时，其径差不得超过 4mm；电渣压力焊或气压焊时，其径差不得超过 7mm。焊接工艺参数可在大、小直径钢筋焊接工艺参数之间偏大选用，两根钢筋的轴线应在同一直线上，轴线偏移的允许值按较小直径钢筋计算，对接头强度的要求，应按较小直径钢筋计算。

③钢筋焊接头的质量检验：

第一，检验批。

A. 在现浇混凝土结构中，应以 300 个同牌号钢筋、同形式接头作为一批，当同一台班内焊接的接头数量较少，可在一周之内累计计算，累计仍不足 300 个接头时，应按一批计算；在房屋结构中，应在不超过连续两楼层中 300 个同牌号钢筋、同形式接头作为一批。

封闭环式箍筋闪光对焊接头，以 600 个同牌号、同直径的接头作为一批，只做拉伸试验。

B. 力学性能检验时，在柱、墙的竖向钢筋连接中，应从每批接头中随机切取 3 个接头做拉伸试验；在梁、板的水平钢筋连接中，应另切取 3 个接头做弯曲试验，异径接头、电弧焊、电渣压力焊只进行拉伸试验。

第二，质量检验。

质量检验与检收应包括外观质量检查和力学性能检验，并划分为主控项目和一般项目两类。焊接接头力学性能检验应为主控项目，焊接接头的外观质量检查应为一般项目。纵向受力钢筋焊接接头的外观质量检查应从每一检验批中应随机抽取 10% 的焊接接头，力学性能检验应在接头外观检查合格后随机抽取 3 个试件进行试验。

外观检查和力学性能试验质量检验评定见表 4-5。

表 4-5 焊接接头质量检验评定

	外观检查	力学性能试验
电弧焊	①焊缝表面应平整，不得有凹陷或焊瘤； ②焊接接头区域不得有肉眼可见的裂纹； ③焊缝余高应为 2~4mm； ④咬边深度、气孔、夹渣等缺陷允许值及接头尺寸的允许偏差，应符合规范的规定	1. 拉伸试验结果评定如下： ①当 3 个试件均断于钢筋母材，呈延性断裂，其抗拉强度不小于该牌号钢筋抗拉强度标准值； ②当 2 个试件断于钢筋母材，呈延性断裂，其抗拉强度不小于该牌号钢筋抗拉强度标准值，另一个试件断于焊缝，呈脆性断裂，其抗拉强度不小于该牌号钢筋抗拉强度标准值的 1.0 倍时，应评定该批接头拉伸实验合格。
闪光对焊	①闪光对焊接头表面不得有肉眼可见的裂纹； ②与电极接触处的钢筋表面不得有烧伤； ③接头处的弯折角度不得大于 2°； ④接头处的钢筋轴线偏移量不得大于 0.1 倍钢筋直径，也不得大于 1mm	不符合上述条件时，应进行复验。复验时，应再切取 6 个试件进行试验。试验结果，若有 4 个或 4 个以上试件断于母材，呈延性断裂，其抗拉强度均不小于该牌号钢筋抗拉强度标准值，另两个或两个以下试件断于焊缝，呈脆性断裂，其抗拉强度均不小于该牌号钢筋抗拉强度标准值的 1.0 倍，应评定该检验批接头拉伸试验复验合格。 2. 弯曲试验结果评定如下： ①钢筋闪光对焊接头、气压焊接头进行弯曲试验时，当弯曲至 90°，有 2 个或 3 个试件外侧（含焊缝和热影响区）未发生宽度达到 0.5mm 的裂纹，应评定该批接头弯曲试验合格。
电渣压力焊	①四周焊包凸出钢筋表面的高度，直径 25mm 的钢筋不得小于 4mm，直径 28mm 及以上的钢筋不得小于 6mm； ②钢筋与电极接触处，应无烧伤缺陷； ③接头处的弯折角不得大于 2°； ④接头处的轴线偏移不得大于 1mm	②当有 2 个试件发生宽度达到 0.5mm 的裂纹，应进行复验。复验时，应再加取 6 个试件，当不超过 2 个试件发生宽度达到 0.5mm 的裂纹，应评定该批接头复验为合格。 ③当有 3 个试件发生宽度达到 0.5mm 的裂纹，则判定该批接头为不合格

（2）机械连接

钢筋机械连接就是通过钢筋与机加工连接件的机械咬合作用或钢筋端面的承压作用，将一根钢筋中的力传递至另一根钢筋的连接方法。

①钢筋机械连接种类：

20世纪80年代，钢筋机械连接相继出现了套筒挤压连接、锥螺纹套筒连接、直螺纹套筒连接、活塞式组合带肋钢筋连接等技术。现行规程《钢筋机械连接技术规程》描述了套筒挤压连接、锥螺纹套筒连接、直螺纹套筒连接三种。

第一，套筒挤压连接。

这是我国最早出现的一种钢筋机械连接方法。套筒径向挤压连接是将两根待接钢筋插入优质钢套筒，用液压挤压设备沿径向挤压钢套筒，使之产生塑性变形，依靠变形后的钢套筒与被连接钢筋纵、横肋产生的机械咬合作用使套筒与钢筋成为整体的连接方法。这种方法适用于直径18~40mm的带肋钢筋的连接，所连接的两根钢筋的直径之差不宜大于5mm。该方法具有接头性能可靠、质量稳定、不受气候的影响、连接速度快、安全、无明火、节能等优点。但设备笨重，工人劳动强度大，不适合在高密度布筋的场合使用。

第二，锥螺纹套筒连接。

锥螺纹套筒连接是将两根待接钢筋端头用套丝机加工出锥形丝扣，然后用带锥形内丝的钢套筒将钢筋两端拧紧的连接方法。

钢筋锥螺纹的加工是在钢筋套丝机上进行。为保证丝扣精度，对已加工的丝扣端要用牙形规及卡规逐个进行自检，要求钢筋丝扣的牙形必须与牙形规吻合，丝扣完整牙数不得小于规定值。锥螺纹套筒加工宜在专业工厂进行，以保证产品质量。

钢筋锥螺纹连接预先将套筒拧入钢筋的一端，连接钢筋时，将已拧套筒的钢筋拧到被连接的钢筋上，并用扭力扳手按规定的力矩值连接钢筋，扭力扳手是保证钢筋连接质量的测力扳手，它可以按照钢筋直径大小规定的力矩值，把钢筋与连接套筒拧紧，直至扭力扳手的力矩值达到调定的力矩值，并随手画上油漆标记，以防有的钢筋接头漏拧。

第三，直螺纹套筒连接。

直螺纹套筒连接是将两根待接钢筋端头切削或滚压出直螺纹，然后用带直内丝的钢套筒将钢筋两端拧紧的连接方法。该方法综合了套筒挤压连接和锥螺纹连接的优点，是目前工程应用最广泛的粗钢筋连接方法。

按螺纹丝扣加工工艺不同，可分为锻粗直螺纹套筒连接、滚压直螺纹套筒连接和剥肋滚压直螺纹套筒连接三种。

②钢筋机械连接接头的选择：

第一，机械连接钢筋接头的性能等级。

钢筋机械连接接头根据极限抗拉强度、残余变形、最大力下总伸长率以及高应力和大变形条件下反复拉压性能，分为下列三个性能等级：

A. Ⅰ级接头：连接件极限抗拉强度大于或等于被连接钢筋抗拉强度标准值的 1.10 倍，残余变形小并具有高延性及反复拉压性能。

B. Ⅱ级接头：连接件极限抗拉强度不小于被连接钢筋极限抗拉强度标准值，残余变形小并具有高延性及反复拉压性能。

C. Ⅲ级接头：连接件极限抗拉强度不小于被连接钢筋屈服强度标准值的 1.25 倍，残余变形小并具有一定的延性及反复拉压性能。

第二，机械连接钢筋接头的设置。

结构设计图纸中应列出设计选用的钢筋接头等级和应用部位，接头等级的选定应符合下列规定：

A. 结构构件中纵向受力钢筋的连接接头宜设置在受力较小部位，宜相互错开，当受力钢筋采用机械连接接头或焊接接头时，设置在同一构件的接头钢筋机械连接区段的长度为 35（焊接接头且不小于 500mm），次为连接钢筋的较小直径。

B. 混凝土结构中要求充分发挥钢筋强度或对延性要求高的部位应优先选用Ⅱ级或Ⅰ级接头；当在同一连接区段内钢筋接头面积百分率为 100% 时，应选用Ⅰ级接头。

C. 混凝土结构中钢筋应力较高但对延性要求不高的部位可选用Ⅲ级接头。

D. 当需要在高应力部位设置接头时，在同一连接区段内Ⅲ级接头的接头百分率不应大于 25%。Ⅱ级接头的接头百分率不应大于 50%。

E. 接头不宜设置在有抗震设防要求的框架梁端、柱端的箍筋加密区；当无法避开时，应采用Ⅱ级接头或Ⅰ级接头，且接头百分率不应大于 50%。

③钢筋机械连接的质量检验：

接头安装前检查连接件产品合格证及套筒生产批号标识；产品合格证应包括适用钢筋直径和接头性能等级、套筒类型、生产单位、生产日期以及可追溯产品原材料力学性能和加工质量的生产批号。

第一，型式检验与工艺检验。

工程中应用接头时，应对接头技术提供单位提交的接头相关技术资料进行审查与验收。接头工艺检验应针对不同钢筋生产厂的钢筋进行，施工过程中更换钢筋生产厂或接头技术提供单位时，应补充进行工艺检验。

第二，检验批。

同钢筋生产厂、同强度等级、同规格、同类型和同形式接头应以 500 个为一个验收批进行检验与验收，不足 500 个也应作为一个验收批。

第三，质量检验。

安装接头时可用管钳扳手拧紧，钢筋丝头应在套筒中央位置相互顶紧，标准型、正反丝型、异径型接头安装后的单侧外露螺纹不宜超过 $2p$。接头安装后应用扭力扳手校核拧紧扭矩，拧紧扭矩值应符合规程《钢筋机械连接技术规程》规定。校核用扭力扳手和安装用扭力扳手应区分使用，校核用扭力扳应每年校核一次，准确度级别应选用 10 级。

质量检验与检收应包括外观质量检查和力学性能检验，并划分为主控项目和一般项目两类。力学性能检验应为主控项目，外观质量检查应为一般项目。验收批的确定：

A. 螺纹接头安装每一验收批，抽取其中 10% 的接头进行拧紧扭矩校核，拧紧扭矩值不合格数超过被校核接头数的 5% 时，应重新拧紧全部接头，直到合格为止。

B. 对接头的每一验收批，均应在工程结构中随机抽 3 个试件做极限抗拉强度试验，按设计要求的接头性能等级进行评定。当 3 个试件检验结果均符合现行行业标准《钢筋机械连接技术规程》中的强度要求时，该验收批为合格。如有一个试件的抗拉强度不符合要求，应再取 6 个试件进行复检。复检中如仍有 1 个试件的极限抗拉强度不符合要求，则该验收批试件应评为不合格。

现场截取抽样试件后，原接头位置的钢筋可采用同等规格的钢筋进行可靠连接。

（3）绑扎搭接

一般一级框架梁采用机械连接，二、三、四级可采用绑扎搭接或焊接连接；混凝土结构中受力钢筋的连接接头宜设置在受力较小处。

同一构件中相邻纵向受力钢筋的绑扎搭接接头宜互相错开。钢筋绑扎搭接接头连接区段的长度为 1.3 倍搭接长度，凡搭接接头中点位于该连接区段长度内的搭接接头均属于同一连接区段，接头为 50% 接头率。

①受拉钢筋搭接接头面积要求：

第一，对梁类、板类及墙类构件，不宜大于 25%；对柱类构件，不宜大于 50%。当工程中确有必要增大受拉钢筋搭接接头面积百分率时，对梁类构件，不宜大于 50%；对板、墙、柱及预制构件的拼接处，可根据实际情况放宽。

第二，并筋采用绑扎搭接连接时，应按每根单筋错开搭接的方式连接。接头面积百分率应按同一连接区段内所有的单根钢筋计算。并筋中钢筋的搭接长度应按单筋分别计算。

②纵向受拉钢筋绑扎搭接接头的搭接长度要求：

根据位于同一连接区段内的钢筋搭接接头面积百分率按规范公式计算绑扎搭接接头的搭接长度，且不应小于300mm。

构件中的纵向受压钢筋当采用搭接连接时，其受压搭接长度不应小于纵向受拉钢筋搭接长度的70%，且不应小于200mm。

③绑扎搭接接头的其他规定：

第一，绑扎搭接接头中钢筋的横向净距不应小于钢筋直径，且不应小于25mm；

第二，轴心受拉及小偏心受拉杆件的纵向受力钢筋不得采用绑扎搭接；其他构件中的钢筋采用绑扎搭接时，受拉钢筋直径不宜大于25mm，受压钢筋直径不宜大于28mm；

第三，柱类构件的纵向受力钢筋搭接范围要避开柱端的箍筋加密区；

第四，需进行疲劳验算的构件，其纵向受拉钢筋不得采用绑扎搭接接头。

（4）钢筋机械连接、焊接接头或绑扎搭接的有关规定

①钢筋机械连接、焊接接头位置的有关规定：

第一，柱纵向钢筋应贯穿中间层的中间节点或端节点，接头应设在节点区以外，每层柱第一个钢筋接头位置距楼地面高度不宜小于500mm、柱高的1/6及柱截面长边（或直径）的较大值。

第二，连续梁、板的上部钢筋接头位置宜设置在跨中1/3跨度范围内，下部钢筋接头位置宜设置在支座1/3范围内。

第三，同一纵向受力钢筋不宜设置两个或两个以上的接头。接头末端至钢筋弯起点的距离不应小于钢筋公称直径的10倍。

第四，细晶粒热轧带肋钢筋以及直径大于28mm的带肋钢筋，其焊接应经试验确定；余热处理钢筋不宜焊接。

②搭接接头箍筋的设置：

当在梁、柱类构件的纵向受力钢筋搭接长度范围内，无设计要求时，应符合下列规定：

第一，在梁、柱类构件的纵向受力钢筋搭接长度范围内保护层厚度不大于$5d$时，搭接长度范围内应配置横向构造钢筋，箍筋直径不应小于搭接钢筋较大直径的0.25倍。

第二，对梁、柱、斜撑等构件箍筋间距不应大于$5d$，对板、墙等平面构件箍筋间距不应大于$10d$，且均不应大于100mm，此处d为搭接钢筋的直径。

第三，当柱中纵向受力钢筋直径大于25mm时，应在搭接接头两个端面外100mm范围内各设置两个箍筋，其间距宜为50mm。

(三) 钢筋的安装

1. 钢筋网片、骨架制作前的准备工作

钢筋网片、骨架制作成型的正确与否，直接影响着结构构件力学性能。其准备工作包括：

①熟悉施工图纸。明确各个单根钢筋的形状及各个细部的尺寸，确定各类结构的绑扎程序。

②核对钢筋配料单及料牌。根据料单和料牌，核对钢筋半成品的钢号、形状、直径和规格数量是否正确，有无错配、漏配。

③保护层的设置。保护层指结构构件中钢筋外边缘至构件表面范围用于保护钢筋的混凝土。保护层的垫设方法有水泥砂浆保护层垫块、钢筋撑脚、塑料垫块和塑料环圈，通常每隔 1m 放置一个，呈梅花形交错布置。

④划钢筋位置线。板的钢筋，在模板上划钢筋位置线；柱的箍筋，在两根对角线主筋上划点；梁的箍筋，在架立筋上划点；基础的钢筋，在双向各取一根钢筋上划点或在固定架上划线。钢筋接头应根据下料单确定接头位置、数量，并在模板上划线。

⑤研究钢筋安装顺序，确定施工方法。在熟悉施工图纸的基础上，要仔细研究钢筋安装的顺序，特别是在比较复杂的钢筋安装工程中，应先研究逐根钢筋穿插就位的顺序，并与模板工协调支模顺序，降低绑扎难度。

2. 钢筋绑扎

（1）基础钢筋绑扎

①扩展基础：

扩展基础底板受力钢筋的最小直径不宜小于 10mm，间距不宜大于 200mm，也不宜小于 100mm；墙下钢筋混凝土条形基础纵向分布钢筋的直径不宜小于 8mm，间距不大于 300mm；每延米分布钢筋的面积应不小于受力钢筋面积的 15%。

当柱下钢筋混凝土独立基础的边长和墙下钢筋混凝土条形基础的宽度大于或等于 2.5m 时，底板受力钢筋的长度可取边长或宽度的 0.9 倍，并宜交错布置。

钢筋混凝土条形基础底板在 T 形及十字形交接处，底板横向受力钢筋仅沿一个主要受力方向通长布置，另一方向的横向受力钢筋可布置到主要受力方向底板宽度 1/4 处在拐角处底板横向受力钢筋应沿两个方向布置。

②筏形基础：

箱基底板、筏板顶部跨中钢筋应全部连通，筏形基础应采用双向钢筋网片分别配置在板的顶面和底面，钢筋间距不应小于 150mm，也不宜大于 300mm，受力钢筋直径不宜小于箱基底板和筏基的底部支座钢筋应分别有 1/4 和 1/3 贯通全跨，梁板式筏基墙柱的纵向钢筋要贯通基础梁，并从梁上皮起满足锚固长度的要求；平板式筏基柱下板带和跨中板带的底部钢筋应有 1/3~1/2 贯通全跨，顶部钢筋应按计算配筋全部连通。当筏板基础厚度大于 2000mm 时，宜在板厚中间设置直径不小于 12mm、间距不大于 300mm 的双向钢筋网。

筏形基础的地下室钢筋混凝土墙体内应设置双面钢筋，钢筋不宜采用光面圆钢筋，水平钢筋的直径不应小于 12mm，竖向钢筋的直径不应小于 10mm，间距不应大于 200mm。筏板与地下室外墙的接缝、地下室外墙沿高度处的水平接缝应严格按施工缝要求施工，必要时可设通长止水带。

第一，绑底板下层网片钢筋。

根据在防水保护层上弹好的钢筋位置线，先铺下层网片的长向钢筋，钢筋接头尽量采用机械连接，要求接头在同一截面相互错开 50%，同一根钢筋在 35 次或 500mm 的长度内不得有两个接头；后铺下层短向钢筋，钢筋接头同长向钢筋；绑扎局部加强筋。

第二，绑扎地梁钢筋。

在地梁下层水平主钢筋上，绑扎地梁钢筋，地梁箍筋与主筋要垂直，箍筋的弯钩叠合处沿梁水平筋交错布置绑扎在受压区。地梁也可在基槽外预先绑扎好后，根据已划好的梁位置线用塔吊直接吊装到位，但必须注意地梁钢筋龙骨不得出现变形。

第三，绑扎筏板上层网片钢筋。

铺设铁马凳，马凳短间距 1.2~1.5m；先在马凳上绑架立筋，在架立筋上划好的钢筋位置线，按图纸要求，顺序放置上层钢筋的下铁，钢筋接头尽量采用机械连接，要求接头在同一截面相互错开 50%，同一根钢筋尽量减少接头；根据在上层下铁上划好的钢筋位置线，顺序放置上层钢筋，钢筋接头同上层钢筋下铁。

第四，根据柱、墙体位置线绑扎柱、墙体插筋，将插筋绑扎就位，并和底板钢筋点焊固定，一般要求插筋出底板面的长度不小于 45H，柱绑扎两道箍筋，墙体绑扎一道水平筋。

第五，垫保护层，保护层垫块间距 600mm，梅花形布置。

第六，绑扎钢筋时钢筋不能直接抵到外砖模上，并注意保护防水。钢筋绑扎前，保护墙内侧防水必须甩浆做保护层，要防止防水卷材在钢筋施工时被破坏。

③箱形基础：

箱形基础的底板和顶板构造同筏形基础，箱形基础的墙体内应设置双层钢筋，每层钢筋的竖向和水平钢筋的直径不应小于10mm，间距不应大于200mm。除上部为剪力墙外，内外墙的墙顶处宜配置两根直径不小于20mm的通长构造钢筋。洞口上过梁的高度不宜小于层高的1/5，洞口四周附加钢筋面积不应小于洞口内被切断钢筋面积的一半，且不少于两根直径为14mm的钢筋，此钢筋应从洞口边缘处延长40倍钢筋直径。

底层柱与箱形基础交接处，柱边和墙边或柱角和八字角之间的净距不宜小于50mm，柱下三面或四面有箱形基础墙的内柱，除四角钢筋应直通基底外，其余钢筋可终止在顶板底面以下40倍钢筋直径处；外柱、与剪力墙相连的柱及其他内柱的纵向钢筋应直通到基底，对预制长柱，应设置杯口，按高杯口基础设计要求处理。

当高层建筑箱形基础下天然地基承载力或沉降变形不能满足设计要求时，可采用桩加箱形或筏形基础，桩的纵向钢筋锚入箱基或筏基底板内的长度不宜小于钢筋直径的35倍，对于抗拔桩基不应少于钢筋直径的45倍。

（2）主体结构钢筋网片骨架的制作与安装

主体结构绑扎安装钢筋时，要根据不同构件的特点和现场条件，确定绑扎顺序，一般钢筋绑扎的要求：

①墙、柱、梁钢筋骨架中各垂直面钢筋网交叉点应全部扎牢，交叉点应采用20~22号铁丝绑扣；板上部钢筋网的交叉点应全部扎牢，底部钢筋网除边缘部分外可间隔交错扎牢。

②框架节点处梁纵向受力钢筋宜置于柱纵向钢筋内侧；次梁钢筋宜放在主梁钢筋上面；剪力墙中水平分布钢筋宜放在外部，并在墙边弯折锚固。

③梁、柱的箍筋弯钩及焊接封闭箍筋的对焊点应沿纵向受力钢筋方向错开设置。

④采用复合箍筋时，箍筋外围应封闭。梁类构件复合箍筋内部宜选用封闭箍筋，单数肢也可采用拉筋；柱类构件复合箍筋内部可部分采用拉筋。当拉筋设置在复合箍筋内部不对称的一边时，沿纵向受力钢筋方向的相邻复合箍筋应交错布置。

⑤填充墙构造柱纵向钢筋宜与框架梁钢筋共同绑扎，但不同时浇筑。

⑥钢筋安装应采用定位件固定钢筋的位置，混凝土框架梁、柱保护层内不宜采用金属定位件。

3. 钢筋绑扎质量检查验收

施工单位完成一个验收批并自检合格后，填报钢筋验收申请报现场监理工程师，监理工程师在检查报送资料合格的基础上，组织钢筋绑扎现场验收，验收人员依据《混凝土结构工程施工质量验收规范》进行隐蔽验收，并记录隐蔽验收。

钢筋检查的内容主要有以下四个方面：

①钢筋的级别、直径、根数、间距、位置和预埋件的规格、位置、数量是否与设计图相符，要特别注意悬挑结构如阳台、挑梁、雨篷等的上部钢筋位置是否正确，浇筑混凝土时是否会被踩下。

②钢筋接头位置、数量、搭接长度是否符合规定。

③钢筋绑扎是否牢固，钢筋表面是否清洁，有无污物、铁锈等。

④混凝土保护层是否符合要求等。

4. 节材措施

采用钢筋吊凳控制上层板筋保护层及板厚，在完成混凝土浇筑后，取出钢筋吊凳。传统的方法是采用钢筋马凳或垫块撑起，钢筋马凳属于一次性投入，土木工程中现浇楼面钢筋马凳材料用量为每平方米约 0.6kg，假设一个 $10000m^2$ 的项目，采用该工法可以节约钢筋 6t，而且工人加工传统的钢筋马凳难以控制尺寸，偏差较大，成本较高。该施工工法，不仅变一次性投入为多次周转，而且从一定程度上杜绝了钢筋的低价值应用。

5. 钢筋工程成品保护

成品保护是贯穿施工全过程的关键性工作，做好成品保护工作，是在施工过程中对已完工分项进行保护。成品保护是施工管理重要组织部分，是工程质量管理、项目成本控制和现场文明施工的重要内容，制定成品保护措施是为了最大限度的消除和避免成品在施工过程中的污染和损坏，以达到减少和降低成本，提高成品一次合格率、一次成优率的目的。钢筋工程成品保护主要措施如下：

①加工成型的钢筋或骨架运至现场后，应分别按工号、结构部位、钢筋编号和规格等整齐堆放，保持钢筋表面清洁，防止被油渍、泥土污染或压弯变形。

②绑扎完的梁、顶板钢筋，要设钢筋马凳，上铺脚手板作人行通道，要防止板的负弯矩筋被踩下移以及受力构件配筋位置变化而改变受力构件结构。

③浇筑混凝土时，地泵管应用钢筋马凳架起并放置在跳板上，不允许直接铺放在绑好的钢筋上，以免泵管振动将结构钢筋振动移位。浇筑混凝土时派专人（钢筋工）负责修理、看护保证钢筋的位置准确。

④浇筑混凝土时，竖向钢筋会受到混凝土浆的污染，因此，在混凝土浇筑前用塑料布将钢筋（预留混凝土厚度）向上包裹 40cm，混凝土浇筑完毕后，将包裹的塑料布拆掉（并采用棉纱随浇筑随清理），并将有污染的钢筋上的混凝土渣用钢丝刷刷掉，保证混凝土对钢筋的握裹力。

⑤安装电线管、暖卫管线或其他设施时，不得任意切断和移动钢筋。钢筋如需切断，

必须经过设计同意，并采取相应的补强措施。

⑥钢筋绑扎成形后，认真执行三检制度，对钢筋的规格、数量、锚固长度、预留洞口的加固筋、构造加强筋等都要逐一检查核对。

二、混凝土工程

混凝土是以胶凝材料、水、细骨料、粗骨料、外加剂和矿物掺合料等多组份材料按适当重量比例混合，经过均匀拌制、密实成型、养护硬化而成。

混凝土强度等级应按立方体抗压强度标准值确定。

（一）混凝土的配料

1. 原材料的质量要求

（1）水泥

常用的水泥的种类有：硅酸盐水泥、普通硅酸盐水泥、矿渣硅酸盐水泥、火山灰质硅酸盐水泥、粉煤灰硅酸盐水泥和复合硅酸盐水泥；泵送混凝土宜选用硅酸盐水泥、普通硅酸盐水泥、矿渣硅酸盐水泥和粉煤灰硅酸盐水泥。

水泥品种与强度等级的选用应根据设计、施工要求以及工程所处环境确定。对于一般建筑结构及预制构件的普通混凝土，宜采用普通硅酸盐水泥；高强混凝土和有抗渗、抗冻融要求的混凝土宜采用硅酸盐水泥或普通硅酸盐水泥；有预防混凝土碱，骨料反应要求的混凝土工程宜采用碱含量低于0.6%的水泥；大体积混凝土宜采用中、低水化热硅酸盐水泥或低水化热矿渣硅酸盐水泥，用于生产混凝土的水泥温度不宜高于60℃。

水泥进场时，应按不同厂家、不同品种和强度等级、出厂日期分批存储，防止混掺使用，并应采取防潮措施；出现结块的水泥不得用于混凝土工程；水泥出厂超过3个月（硫铝酸盐水泥超过45d），应进行复检，合格者方可使用。强度、安定性是水泥的重要性能指标，进场时应作复验，其质量应符合现行国家标准的要求。

（2）细骨料

细骨料按其源可分天然砂、人工砂；按砂的粒径可分为粗砂、中砂和细砂。

细骨料质量主要控制项目应包括颗粒级配、细度模数、含泥量、泥块含量、坚固性、氯离子含量和有害物质含量；海砂主要控制项目除应包括上述指标外尚应包括贝壳含量；人工砂主要控制项目除应包括上述指标外尚应包括石粉含量和压碎值指标，人工砂主要控制项目可不包括氯离子含量和有害物质含量。细骨料质量应符合现行行业标准《普通混凝土用砂、石质量及检验方法标准》JGJ 52的规定；混凝土用海砂应符合现行行业标准《海砂混凝土应用技术规范》JGJ 206 的有关规定。细骨料的应用应符合下列规定：

①泵送混凝土宜采用中砂，且 300/m 筛孔的颗粒通过量不宜少于 15%，并应有良好的级配，细骨料对混凝土拌合物的可泵性有很大影响。对于高强混凝土，砂的细度模数宜控制在 2.6~3.0 范围之内，含泥量和泥块含量分别不应大于 2.0% 和 0.5%。不宜单独采用特细砂作为细骨料配制混凝土。

②对于有抗渗、抗冻或其他特殊要求的混凝土，砂中的含泥量和泥块含量分别不应大于 3.0% 和 1.0%；坚固性检验的质量损失不应大于 8%。

③钢筋混凝土和预应力混凝土用砂的氯离子含量分别不应大于 0.06% 和 0.02%，海砂氯离子含量不应大于 0.03%，贝壳含量应符合相关规定；海砂不得用于预应力混凝土。

④河砂和海砂应进行碱-硅酸反应活性检验；人工砂应进行碱-硅酸反应活性检验和碱-碳酸盐反应活性检验；预防混凝土碱骨料反应的工程，不宜采用有碱活性的砂。

（3）粗骨料

普通混凝土所用的粗骨料可分为碎石和卵石。粗骨料应符合现行行业标准的规定。粗骨料质量主要控制项目应包括颗粒级配、针片状颗粒含量、含泥量、泥块含量、压碎值指标和坚固性，用于高强混凝土的粗骨料主要控制项目还应包括岩石抗压强度，粗骨料在应用方面应符合下列规定：

①混凝土粗骨料宜采用连续级配。

②对于混凝土结构，粗骨料最大公称粒径不得大于构件截面最小尺寸的 1/4，且不得大于钢筋最小净间距的 3/4；对混凝土实心板，骨料的最大公称粒径不宜大于板厚的 1/3，且不得大于 40mm；对于大体积混凝土，粗骨料最大公称粒径不宜小于 31.5mm。

③对于有抗渗、抗冻、抗腐蚀、耐磨或其他特殊要求的混凝土，粗骨料中的含泥量和泥块含量分别不应大于 1.0% 和 0.5%；坚固性检验的质量损失不应大于 8%。

④对于高强混凝土，粗骨料的岩石抗压强度应至少比混凝土设计强度高 30%；最大公称粒径不宜大于 25mm，针片状颗粒含量不宜大于 5% 且不应大于 8%；含泥量和泥块含量分别不应大于 0.5% 和 0.2%。

⑤对粗骨料或用于制作粗骨料的岩石，应进行碱活性检验，包括碱-硅酸反应活性检验和碱-碳酸盐反应活性检验；对于有预防混凝土碱-骨料反应要求的混凝土工程，不宜采用有碱活性的粗骨料。

（4）矿物掺合料

用于混凝土中的矿物掺合料可包括粉煤灰、粒化高炉矿渣粉、硅灰、沸石粉、钢渣粉、磷渣粉；可采用两种或两种以上的矿物掺合料按一定比例混合使用。矿物掺合料的应用应符合下列规定：

①掺用矿物掺合料的混凝土，宜采用硅酸盐水泥和普通硅酸盐水泥。

②在混凝土中掺用矿物掺合料时，矿物掺合料的种类和掺量应经试验确定。

③矿物掺合料宜与高效减水剂同时使用。

④对于高强混凝土或有抗渗、抗冻、抗腐蚀、耐磨等其他特殊要求的混凝土，不宜采用低于Ⅱ级的粉煤灰。

⑤对于高强混凝土和有耐腐蚀要求的混凝土，当需要采用硅灰时，不宜采用二氧化硅含量小于 90% 的硅灰。

（5）水

混凝土用水应符合国家现行行业标准的规定。混凝土用水主要控制项目应包括 pH 值、不溶物含量、可溶物含量、硫酸根离子含量、氯离子含量、水泥凝结时间差和水泥胶砂强度比。当混凝土骨料为碱活性时，主要控制项目还应包括碱含量。混凝土用水的应用应符合下列规定：

①未经处理的海水严禁用于钢筋混凝土和预应力混凝土。

②当骨料具有碱活性时，混凝土用水不得采用混凝土企业生产设备洗刷水。

（6）外加剂

外加剂的种类繁多，按其作用不同可分为减水剂（塑化剂）、引气剂（加气剂）、速凝剂、缓凝剂、防水剂、抗冻剂、保水剂、膨胀剂和阻锈剂等。

外加剂的送检样品应与工程大批量进货一致，并应按不同的供货单位、品种和牌号进行标识，单独存放；粉状外加剂应防止受潮结块，如有结块，应进行检验，合格者应经粉碎至全部通过 600mm 筛孔后方可使用；液态外加剂应储存在密闭容器内，并应防晒和防冻，如有沉淀等异常现象，应经检验合格后方可使用。

钢筋混凝土结构中，当使用含氯化物的外加剂时，混凝土中氯化物的总含量应符合现行国家标准的规定。

泵送混凝土应掺用泵送剂或减水剂，并宜掺用矿物掺合料。对于大体积混凝土结构，为防止产生收缩裂缝，还可掺入适量的膨胀剂。

2. 原材料的进场检验

混凝土原材料进场时，供方应按规定批次向需方提供质量证明文件。质量证明文件应包括型式检验报告、出厂检验报告与合格证等，外加剂产品还应提供使用说明书。散装水泥应按每 500t 为一个检验批；袋装水泥应按每 200t 为一个检验批；粉煤灰或粒化高炉矿渣粉等矿物掺合料应按每 200t 为一个检验批；硅灰应按每 30t 为一个检验批；砂、石骨料应按每 400m³或 600t 为一个检验批；外加剂应按每 50t 为一个检验批；水应按同一水源不少于一个检验批。

3. 混凝土配合比

混凝土应按国家现行标准的有关规定，根据混凝土强度等级、耐久性和工作性等要求进行配合比设计。

合理的混凝土配合比应能满足两个基本要求：既要保证混凝土的设计强度，又要满足施工所需要的和易性。普通混凝土的配合比，应按国家有关标准进行计算，并通过试配确定。对于有抗冻、抗渗等要求的混凝土，尚应符合相关的规定。

（1）配合比控制

对首次使用的混凝土配合比应进行开盘鉴定。开盘鉴定应符合下列规定：

①混凝土的原材料与配合比设计所采用原材料的一致性；

②出机混凝土工作性与配合比设计要求的一致性；

③混凝土强度；

④混凝土凝结时间；

⑤工程有要求时，尚应包括混凝土耐久性能等。

（2）拌合物性能

混凝土拌合物性能应满足设计和施工要求。混凝土的工作性，应根据结构形式、运输方式和距离、泵送高度、浇筑和振捣方式以及工程所处环境条件等确定。

混凝土拌合物的稠度可采用坍落度、维勃稠度或扩展度表示。坍落度检验适用于坍落度不小于 10mm 的混凝土拌合物，维勃稠度检验适用于维勃稠度 5~30s 的混凝土拌合物，扩展度适用于泵送高强混凝土和自密实混凝土。

混凝土拌合物应在满足施工要求的前提下，尽可能采用较小的坍落度；泵送混凝土拌合物坍落度设计值不宜大于 180mm。泵送高强混凝土的扩展度不宜小于 500mm；自密实混凝土的扩展度不宜小于 600mm。

（3）泵送混凝土配合比设计

泵送混凝土配合比设计应根据混凝土原材料、混凝土运输距离、混凝土泵与混凝土输送管径、泵送距离、气温等具体施工条件试配。必要时，应通过试泵送确定泵送混凝土的配合比。

为使混凝土泵送时的阻力最小，泵送混凝土应具有良好的流动性。保持泵送混凝土具有合适的坍落度是泵送混凝土配合比设计的重要内容，入泵送坍落度不宜小于 10cm，对不同泵送高度，入泵时混凝土的坍落度，可按表 4-6 选用。

表 4-6 混凝土入泵坍落度与泵送高度关系表

最大泵送高度（m）	50	100	200	400	400 以上
入泵坍落度（mm）	100~140	150~180	190~220	230~250	230~250

4. 混凝土施工配料

（1）配合比设计

遇有下列情况时，应重新进行配合比设计：

①当混凝土性能指标有变化或其他特殊要求时；

②当原材料品质发生显著改变时；

③同一配合比的混凝土生产间断三个月以上时。

混凝土拌制前，应测定砂、石含水率并根据测试结果调整材料用量，提出施工配合比。原材料的计量应按重量计，水和外加剂溶液可按体积计，其允许偏差应符合表 4-7 的规定。

表 4-7 混凝土原材料计量允许偏差（%）

原材料品种	水泥	细骨料	粗骨料	水	掺合料	外加剂
每盘计量允许偏差	±2	±3	±3	±1	±2	±1
累计计量允许偏差	±1	±2	±2	±1	±1	±1

注：①现场搅拌时原材料计量允许偏差应满足每盘计量允许偏差要求；

②累计计量允许偏差指每一运输车中各盘混凝土的每种材料计算称量的偏差，该项指标仅适用于采用计算机控制计量的搅拌站；

③骨料含水率应常测定，雨雪天施工应增加测定次数。

（2）施工配合比的换算

混凝土设计配合比是根据完全干燥的粗细骨料试配的，但实际使用的砂、石骨料一般都含有一些水分，而且含水量亦经常随气象条件发生变化。所以，在拌制时应及时测定粗细骨料的含水率，并将设计配合比换算为骨料在实际含水量情况下的施工配合比。

（二）混凝土的制备与运输

1. 混凝土的制备

混凝土的制备就是水泥、粗细骨料、水、外加剂等原材料混合在一二维码 5-5 起进行均匀拌合的过程。搅拌后的混凝土要求匀质，且达到设计要求的混凝土制备和易性和强度。混凝土搅拌机应符合现行国家标准《建筑施工机械与设备 混凝土搅拌机》的有关规定，混凝土搅拌宜采用强制式搅拌机。

（1）搅拌机

目前普遍使用的搅拌机根据其搅拌机理可分为自落式搅拌机和强制式搅拌机两大类。强制式搅拌机也称为剪切搅拌机理，适用于搅拌坍落度在3cm以下的普通混凝土和轻骨料混凝土，在构造上可分为立轴式和卧轴式两类。

卧轴式搅拌机可分为单轴式和双轴式两类，对于双卧轴强制式搅拌机，可在保证搅拌均匀的情况下适当缩短搅拌时间。

（2）搅拌制度

①装料容积：装料容积指的是搅拌一罐混凝土所需各种原材料松散体积之和。一般来说装料容积是搅拌筒几何容积的1/2~1/3，强制式搅拌机可取上限，自落式搅拌机可取下限。

搅拌完毕混凝土的体积称为出料容积，一般为搅拌机装料容积的0.55~0.75。目前，搅拌机上标明的容积一般为出料容积。

②装料顺序：在确定混凝土各种原材料的投料顺序时，应考虑到如何才能保证混凝土的搅拌质量。减少机械磨损和水泥飞扬，减少混凝土的粘罐现象，降低能耗和提高劳动生产率等。目前采用的装料顺序有一次投料法、二次投料法等。

一次投料法：采用自落式搅拌机时，在料斗中常用的加料顺序是先倒石子，再加水泥，最后加砂。这种加料顺序的优点就是水泥位于砂石之间，进入拌筒时可减少水泥飞扬，提高搅拌质量。

二次投料法：可分为预拌水泥砂浆法和预拌水泥净浆法。预拌水泥砂浆法是指先将水泥、砂和水投入搅拌筒搅拌1~1.5min后加入石子再搅拌1~1.5min。预拌水泥净浆法是先将水和水泥投入拌筒搅拌1/2搅拌时间，再加入砂石搅拌到规定时间。实验表明，由于预拌水泥砂浆或水泥净浆对水泥有一种活化作用，因而搅拌质量明显高于一次加料法。若水泥用量不变，混凝土强度可提高15%左右，或在混凝土强度相同的情况下，可减少水泥用量约15%~20%。

当采用强制式搅拌机搅拌轻骨料混凝土时，若轻骨料在搅拌前已经预湿，先加粗细骨料和水泥搅拌30s，再加水继续搅拌到规定时间；若在搅拌前轻骨料未经预湿，先加粗细骨料和总用水量的1/2搅拌60s后，再加水泥和剩余1/2用水量搅拌到规定时间。

③搅拌时间指的是从全部原材料装入拌筒时起，到开始卸料时为止的时间。一般来说，随着搅拌时间的延长，混凝土的匀质性有所增加，相应地混凝土的强度也有所提高。但时间过长，将导致混凝土出现离析现象。我国规范规定不同情况下搅拌混凝土的最短时

间见表4-8。

表4-8 混凝土搅拌的最短时间

混凝土坍落度（mm）	搅拌机类型	搅拌机出料量（L）		
		<250	250~500	>500
≤40	强制式	60	90	120
>40且<100	强制式	60	60	90
≥100	强制式	60		

注：①混凝土搅拌的最短时间系指全部材料装入搅拌筒中起到开始卸料止的时间；

②当掺有外加剂与矿物掺合料时，搅拌时间应适当延长；

③采用自落式搅拌机时，搅拌时间宜延长30s；

④当采用其他形式的搅拌机设备时，搅拌的最短时间也可按设备说明书的规定或经试验确定。

（3）混凝土搅拌站

搅拌站是生产混凝土的场所，根据混凝土生产能力、工艺安排、服务对象的不同，搅拌站可分为施工现场临时搅拌站和大型预拌混凝土搅拌站两类。

①施工现场临时搅拌站：简易的现场混凝土搅拌站设备简单，安拆方便，平面布置时水泥库布置在搅拌机的一侧、地表水流向的上游，注意防潮；砂、石布置较为灵活，只是需尽量靠近搅拌机的上料平台，由于石子用量较多，宜先布置且离磅秤和料斗较近。各种原材料的堆放位置都要便于运输，可直接卸货，不需倒运。

②大型混凝土搅拌站：大型混凝土搅拌站有单阶式和双阶式两种。

单阶式混凝土搅拌站是由皮带螺旋输送机等运输设备一次将原材料提升到需要高度后，靠自重下落，依次经过储料、称量、集料、搅拌等程序，完成整个搅拌生产流程。单阶式搅拌站具有工作效率高、自动化程度高、占地面积小等优点，但一次投资大。

双阶式混凝土搅拌站是将原材料一次提升后，依靠材料的自重完成储料、称量、集料等工艺，再经第二次提升进入搅拌机进行搅拌。双阶式搅拌站的建筑物总高度较小，运输设备较简单，和单阶式相比投资相对要少，但材料需经两次提升进入拌筒，其生产效率和自动化程度较低，占地面积较大。

2. 混凝土运输

（1）混凝土运输的要求

①混凝土运输过程中，要能保持良好的均匀性，应控制混凝土不离析、不分层，并应控制混凝土拌合物性能满足施工要求。

②当采用搅拌罐车运送混凝土拌合物时，必须规划重车开行路线，考察沿线路桥载重

路况。搅拌罐车运送冬期施工混凝土时，应有保温措施。

③当采用泵送混凝土时，混凝土运输应保证混凝土连续泵送，并应符合现行行业标准的有关规定。

④混凝土自搅拌机中卸出后，应及时运至浇筑地点，混凝土拌合物从搅拌机卸出至施工现场接收的时间间隔不宜大于90min。

（2）混凝土运输工具

混凝土运输大体可分为地面运输、垂直运输和楼面运输三种。

①地面运输工具有双轮手推车、机动翻斗车、混凝土搅拌运输车和自卸汽车。双轮手推车和机动翻斗车多用于路程较短的现场内运输。当混凝土需要量较大、远距离运输时，则多采用混凝土搅拌运输车。

采用混凝土搅拌输送车运送混凝土拌合物时，必须将搅拌筒内积水清净，卸料前应采用快挡旋转搅拌罐不少于20s，因运距过远、交通或现场等问题造成坍落度损失较大而卸料困难时，可采用在混凝土拌合物中掺入适量减水剂并快挡旋转搅拌罐的措施，减水剂掺量应有经试验确定的预案。混凝土搅拌运输车在运输途中，搅拌筒应保持正常转速，不得停转。在运输和浇筑成型过程中严禁加水。混凝土搅拌运输车的现场行驶道路，应符合下列规定：

第一，宜设置循环行车道，并应满足重车行驶要求；

第二，车辆出入口处，宜设置交通安全指挥人员；

第三，夜间施工时，现场交通出入口和运输道路上应有良好照明，危险区域应设安全标志。

在长距离运输时，也可将配制好的混凝土干料装入筒内，在运输途中加水搅拌，以减少因长途运输而引起的混凝土坍落度损失。

②楼面运输可用手推车、皮带运输机、塔式起重机、混凝土布料杆。楼面运输应保证模板和钢筋不发生变形和位移，防止混凝土离析等。

混凝土布料杆是完成输送、布料、摊铺混凝土浇筑入模的一种设备。混凝土布料杆大致可分为汽车式布料杆（亦称混凝土泵车布料杆）和独立式布料杆两大类。

第一，汽车式布料杆。

混凝土泵车布料杆，是在混凝土泵车上附装的既可伸缩也可曲折的混凝土布料装置。泵车的臂架形式主要有连接式、伸缩式和折叠式3种。

第二，独立式布料杆。

独立式布料杆根据它的支承结构形式大致上有4种形式：移置式布料杆、管柱式机动布料杆、装在塔式起重机上的布料杆。

③垂直运输可用井架、卷扬机、人货两用电梯、塔式起重机、混凝土泵等。

(三) 混凝土成型

混凝土成型就是将混凝土拌合料浇筑在符合设计尺寸要求的模板内,加以捣实,使其具有良好的密实性,达到设计要求的强度。

1. 混凝土浇筑

(1) 浇筑前施工准备

浇筑前要根据工程对象、结构特点,结合具体条件,制定混凝土浇筑的施工方案。混凝土浇筑前应检查和控制模板、钢筋、保护层和预埋件等的尺寸、规格、数量和位置,检查模板支撑的稳定性以及模板接缝的严密情况。对模板内的垃圾、木片、刨花、锯屑、泥土和钢筋上的油污等杂物,应清除干净。模板和隐蔽工程项目应分别进行预检和隐蔽验收,符合要求后,方可进行浇筑。检查安全设施、劳动配备是否妥当,能否满足浇筑速度的要求。

浇筑前应检查混凝土送料单,核对混凝土配合比,确认混凝土强度等级,检查混凝土运输时间,测定混凝土坍落度或扩展度,在确认无误后再进行混凝土浇筑。

在混凝土浇筑期间,要保证水、电、照明不中断。随时掌握天气的变化情况,特别在雷雨台风季节和寒流突然袭击之际,应准备好在浇筑过程中所必需的抽水设备和防雨、防暑、防寒等物资。

(2) 混凝土的浇筑

混凝土浇筑应保证混凝土的均匀性和密实性。混凝土浇筑过程中,要保证混凝土保护层厚度及钢筋位置的正确性。不得踩踏钢筋,不得移动预埋件和预留孔洞的原来位置。如发现偏差和位移,应及时校正。

混凝土运输、输送入模的过程宜连续进行,从运输到输送入模的延续时间不宜超过规定时间,掺早强型减水外加剂的混凝土以及有特殊要求的混凝土,应根据设计及施工要求,通过试验确定允许时间。混凝土应在初凝前浇筑完毕,如已有初凝现象,则应进行一次强力搅拌,才能入模;混凝土在浇筑过程中严禁加水,散落的混凝土严禁用于结构浇筑。如混凝土在浇筑前有离析现象,亦须重新拌合才能浇筑。

对于高强混凝土的运输和浇筑等步骤都需要在较短时间内完成,因为高强混凝土的坍落度损失比较快。

①泵送混凝土：

第一，泵送。

采用泵送输送管浇筑混凝土时，宜由远而近浇筑；采用多根输送管同时浇筑时，其浇筑速度宜保持一致；混凝土浇筑的布料点宜接近浇筑位置，应采取减少混凝土下料冲击的措施。宜先浇筑竖向结构构件，后浇筑水平结构构件；区域结构平面有高差时，宜先浇筑低区部分再浇筑高区部分。

泵送混凝土时，如输送管内吸入了空气，应立即反泵吸出混凝土至料斗中重新搅拌，排出空气后再泵送。

混凝土泵送即将结束前，应正确计算尚需用的混凝土数量，并应及时告知混凝土供应厂家。泵送过程中，泵送终止时多余的混凝土，应按预先确定的处理方法和场所，及时进行妥善处理。泵送完毕时，应将混凝土泵和输送管清洗干净。

第二，超高泵送混凝土。

混凝土超高泵送一般是指泵送高度超过 200mo 超高泵送混凝土技术是一项综合技术，包含混凝土制备技术、泵送参数计算、泵送机械选定与调试、泵管布设和过程控制等内容。

超高混凝土的泵送要点：

A. 原材料的选择。应选择 C_2S 含量高的水泥，对于提高混凝土的流动性和减少坍落度损失有显著的效果；粗骨料宜选用连续级配，应控制针片状含量，而且要考虑最大粒径与泵送管径之比；细骨料选用中砂，细砂会使混凝土变得干涩，而粗砂容易使混凝土离析；采用性能优良的矿物掺合料，如矿粉、硅粉和一级粉煤灰等，可使混凝土获得良好的工作性；外加剂应优先选用减水率高、保塑时间长的聚羧酸型泵送剂，泵送剂应与水泥和掺合料有良好的相容性。

B. 泵送设备的选定。首先要进行泵送参数的验算，包括混凝土输送泵的型号和泵送能力，水平管压力损失、垂直管压力损失、特殊管的压力损失和泵送效率等；泵送过程中，要实时检查泵车的压力变化、泵管有无漏水、漏浆情况，连接件的状况等，发现问题及时处理。

C. 混凝土的性能。必须严格检测到场混凝土的坍落度、扩展度和含气量，如出现不正常情况，及时采取应对措施。

②水平与竖向结构混凝土强度不一致的浇筑方法：

第一，柱、墙混凝土设计强度比梁、板混凝土设计强度高一个等级时，柱、墙位置梁、板高度范围内的混凝土经设计单位同意，可采用与梁、板混凝土设计强度等级相同的混凝土进行浇筑；

第二，柱、墙混凝土设计强度比梁、板混凝土设计强度高两个等级及以上时，应在交界区域采取分隔措施。分隔位置应在低强度等级的构件中，且距高强度等级构件边缘不应小于500mm；

第三，宜先浇筑高强度等级混凝土，后浇筑低强度等级混凝土。

③消除混凝土质量问题的浇筑工艺：

第一，烂根。

A. 浇筑竖向结构混凝土结构前，底部应先浇入50~100mm厚与混凝土成分相同的水泥砂浆，以避免出现烂根现象。

B. 浇筑柱、墙模板内的混凝土浇筑倾落高度应符合下列规定：粗骨料粒径大于25mm时，倾落高度不大于3m；粗骨料粒径小于等于25mm时，倾落高度不大于6m。当不能满足上述规定时，应加设串筒、溜管、溜槽等装置。

第二，裂缝。

A. 混凝土拌合物入模温度不应低于5℃，且不应高于35℃，现场环境温度高于35℃时宜对金属模板进行洒水降温，以消除温度裂缝。

B. 为消除温度裂缝也可采用混凝土分层浇筑的方法，混凝土浇筑过程应分层进行，分层浇筑应符合表4-9规定的分层振捣厚度要求，上层混凝土应在下层混凝土初凝之前浇筑完毕。当底层混凝土初凝后浇筑上一层混凝土时，应按施工缝的要求进行处理。

表4-9 混凝土分层振捣的最大厚度

振捣方法	混凝土分层振捣最大厚度
振动棒	振动棒作用部分长度的1.25倍
平板振动器	200mm
附着振动器	根据设置方式，通过试验确定

C. 混凝土浇筑后，在混凝土初凝前和终凝前宜分别对混凝土裸露表面进行抹面处理，并覆盖塑料薄膜，以消除干缩裂缝。

（3）施工缝

为保证混凝土的整体性，混凝土浇筑工作应连续进行，混凝土运输、浇筑及间歇的全部时间不应超过混凝土的初凝时间。当不能一次连续浇筑时或由于技术上或施工组织上原因必须间歇时，其间歇时间超过表4-10的规定时，可留设施工缝。

表 4-10　运输、输送入模及其间歇总的时间限值（min）

条件	气温	
	≤25℃	>25℃
不掺外加剂	180	150
掺外加剂	240	210

施工缝是指在混凝土浇筑过程中，因设计要求或施工需要分段浇筑而在先、后浇筑的混凝土之间所形成的新旧混凝土接茬。

施工缝的留设位置应在混凝土浇筑之前确定。一般宜留设在结构受剪力较小且便于施工的位置。受力复杂的结构构件或有防水抗渗要求的结构构件，施工缝留设位置应经设计单位认可。施工缝的留设规定：

①水平施工缝的留设位置应符合下列规定：柱、墙水平施工缝可留设在基础、楼层结构顶面，柱施工缝与结构上表面的距离宜为 0~100mm，墙施工缝与结构上表面的距离宜为 0~300mm；也可留设在楼层结构底面，施工缝与结构下表面的距离宜为 0~50mm；当板下有梁托时，可留设在梁托下 0~20mm。

②垂直施工缝留设位置应符合下列规定：

第一，有主次梁的楼板施工缝应留设在次梁跨度中间的 1/3 范围内；

第二，单向板施工缝应留设在平行于板短边的任何位置；

第三，楼梯梯段施工缝宜设置在梯段板跨度端部的 1/3 范围内；

第四，墙的垂直施工缝宜设置在门洞口过梁跨中 1/3 范围内，也可留设在纵横交接处；

第五，特殊结构部位留设垂直施工缝应征得设计单位同意。

③施工缝处理：在施工缝处继续浇筑前，为解决新旧混凝土的结合问题，应对已硬化的施工缝表面进施工缝处的混凝土应细致捣实，使新旧混凝土紧密结合。

第一，结合面应采用粗糙面；结合面应清除浮浆、疏松石子、软弱混凝土层，并应清理干净；

第二，结合面处应采用洒水方法进行充分湿润，并不得有积水；

第三，施工缝处已浇筑混凝土的强度不应小于 1.2MPa；

第四，柱、墙水平施工缝水泥砂浆接浆层厚度不应大于 30mm，接浆层水泥砂浆应与混凝土同成分。

2. 混凝土捣实成型

混凝土入模时呈疏松状，里面含有大量的空洞与气泡，必须采用适当的方法在其初凝前捣实成型。捣实成型方法主要有振捣法、离心法、真空吸水法等。

（1）振捣法

混凝土振捣应能使模板内各个部位混凝土密实、均匀，不应漏振、欠振、过振，混凝土振捣应采用插入式振动棒、平板振动器或附着振动器，必要时可采用人工辅助振捣。

混凝土的振动机械的构造原理基本相同，主要是利用偏心锤的高速旋转，使振动设备因离心力而产生振动。

①内部振动器又称插入式振动器，它由电动机、软轴和振动棒三部分组成。工作时依靠振动棒插入混凝土产生振动力而捣实混凝土。插入式振动器是工地用得最多的一种，常用以振捣梁、柱、墙等尺寸较小而深度较大构件。

插入式振动器的振捣方法有垂直振捣和斜向振捣两种，插入式振动器垂直振捣的操作要点是："直上和直下，快插与慢拔"，振动器插点要均匀排列，可采用"行列式"或"交错式"的次序移动，防止漏振；每次移动两个插点的间距不宜大于振动器作用半径的1.5倍（振动器的作用半径一般为300~400mm）；振动棒与模板的距离，不应大于其作用半径的0.5倍，并应避免碰撞钢筋、模板、芯管、吊环、预埋件等。混凝土振捣时间要掌握好，振动时间过短，不能使混凝土充分捣实，过长，则可能产生分层离析，以混凝土不下沉、气泡不上升、表面泛浆为准。

②表面振动器又称平板振动器，它将一个带有偏心块的电动振动器安装在一块平板上，通过平板与混凝土表面接触将振动力传给混凝土达到捣实的目的。平板可用木板或铁板制成，尺寸依具体需要而定。

由于平板振动器是放在混凝土表面进行振捣，其作用深度较小（150~250mm），因此仅适用于表面积大而平整、厚度小的结构，如楼板、路面等。

③附着式振动器是直接安装在模板外侧的横档或竖档上，利用偏心块旋转时所产生的振动力通过模板传递给混凝土，使之振实。附着式振动器体积小、结构简单、操作方便，可以改制成平板振动器。它的缺点是振动作用的深度小（约250mm），因此仅适用于钢筋较密、厚度较小以及不宜使用插入式振动器的结构和构件中，并要求模板有足够的刚度。一般要求混凝土的水灰比亦比内部振动器的大一些。

④振动台是一个支承在弹性支座上的工作平台，在平台下面装有振动机构，当振动机构运转时，即带动工作台做强迫振动，从而使工作台上的混凝土构件得到振实。振动台是成型工艺中生产效率较高的一种设备，是预制构件常用的振动机械。利用振动台生产构件，当混凝土厚度小于200mm时，可将混凝土一次装满振捣；如厚度大于200mm则可分层浇筑，每层厚度不大于200mm，亦可随浇随振。

（2）离心法

离心法成型，就是将装有混凝土的钢制模板放在离心机上，当模板旋转时，由于摩擦力和离心力的作用，使混凝土分布于模板的外侧内壁，并将混凝土中的部分水分排出，使混凝土密实。适用于管柱、管桩、电杆及上下水管等构件的生产。

采用离心法成型，石子最大粒径不应超过构件壁厚的 1/3～1/4，并不得大于 15～20mm；砂率应为 40%～50%；水泥用量不应低于 350kg/m3，且不宜使用火山灰水泥；坍落度控制在 30~70mm 以内。

（3）混凝土真空吸水

在混凝土浇筑施工中，有时为了使混凝土易于成型，常采用加大水灰比，提高混凝土流动性的方式，但随之降低了混凝土的密实性和强度，真空吸水就是利用真空吸水设备，将已浇筑完毕的混凝土中的游离水吸出，以达到降低水灰比的目的。经过真空吸水的混凝土，密实度大，抗压强度可提高 25%～40%，减少混凝土收缩。混凝土真空吸水设备主要由真空泵机组、真空吸盘、连接软管等组成。

采用混凝土真空吸水技术，一般初始水灰比以不超过 0.6 为宜，最大不超过 0.7，坍落度可取 50~90mm，由于真空吸水后混凝土体积会相应缩小，因此振平后的混凝土表面应比设计略高 2~4mm。

在放置真空吸盘前应先铺设过滤网，过滤网必须平整紧贴在混凝土上，真空吸盘放置时应注意其周边的密封是否严密，防止漏气，并保证两次抽吸区域有 30mm 的搭接。

开机吸水的延续时间取决于真空度、混凝土厚度、水泥品种和用量、混凝土浇筑前的坍落度和温度等因素。真空度越高，抽吸量越大，混凝土越密实，一般真空度为 66.661～69.993kPa。在真空度一定时，混凝土层越厚，需开机的时间越长。

3. 混凝土的养护

混凝土浇筑后应及时进行保湿养护，养护的目的是为混凝土硬化创造必需的湿度、温度条件，防止水分过早蒸发或冻结，出现收缩裂缝、剥皮、起砂、冻涨等现象，保证水泥水化作用能正常进行，确保混凝土质量。保湿养护可采用洒水、覆盖、喷涂养护剂等方式。选择养护方式应考虑现场条件、环境温湿度、构件特点、技术要求、施工操作等因素。

混凝土养护方法主要有自然养护、加热养护和蓄热养护。其中蓄热养护多用于冬期施工，而加热养护除用于冬期施工外，常用于预制构件养护。

自然养护是指在自然气温条件下（高于+5℃），对混凝土采取覆盖、浇水润湿、挡风、保温等养护措施。对于一般塑性混凝土应在浇筑后 10～12h 内（炎夏时缩短至 2～

3h），对高强混凝土应在浇筑后 1~2h 内，即用麻袋、草帘、锯末或砂进行覆盖，并及时浇水养护，以保持混凝土具有足够润湿状态。

（1）混凝土的养护时间

混凝土浇筑完毕后，应按施工技术方案及时采取有效的养护措施，混凝土的养护时间应符合下列规定：

①采用硅酸盐水泥、普通硅酸盐水泥或矿渣硅酸盐水泥配制的混凝土，不应少于 7d；采用其他品种水泥时，养护时间应根据水泥性能确定；

②采用缓凝型外加剂、大掺量矿物掺合料配制的混凝土，不应少于 14d；

③抗渗混凝土、强度等级 C60 及以上的混凝土，不应少于 14d；

④后浇带混凝土的养护时间不应少于 14d；

⑤地下室底层墙、柱和上部结构首层墙、柱宜适当增加养护时间；

⑥基础大体积混凝土养护时间应根据施工方案确定。

（2）洒水养护

①洒水养护宜在混凝土裸露表面覆盖麻袋或草帘后进行，也可采用直接洒水、蓄水等养护方式，洒水养护应保证混凝土处于湿润状态；

②浇水次数应能保持混凝土处于湿润状态，混凝土拌合及养护用水应符合现行行业标准的有关规定；

③当日最低温度低于 5℃时，不应采用洒水养护。

（3）覆盖养护

①覆盖养护宜在混凝土裸露表面覆盖塑料薄膜、塑料薄膜加麻袋、塑料薄膜加草帘进行；

②塑料薄膜应紧贴混凝土裸露表面，塑料薄膜内应保持有凝结水；

③覆盖物应严密，覆盖物的层数应按施工方案确定。

（4）喷涂养护剂养护

①应在混凝土裸露表面喷涂覆盖致密的养护剂进行养护；

②养护剂应均匀喷涂在结构构件表面，不得漏喷；养护剂应具有可靠的保湿效果，保湿效果可通过试验检验；

③养护剂使用方法应符合产品说明书的有关要求。

（5）不同构件的养护

①基础大体积混凝土裸露表面应采用覆盖养护方式；当混凝土构件内 40~100mm 位置的温度与环境温度的差值小于 25℃时，可结束覆盖养护。覆盖养护结束但尚未到达养护时

间要求时，可采用洒水养护方式直至养护结束。

②柱、墙混凝土养护方法应符合下列规定：

第一，地下室底层和上部结构首层柱、墙混凝土带模养护时间，不宜少于3d；带模养护结束后可采用洒水养护方式继续养护，必要时也可采用覆盖养护或喷涂养护剂养护方式继续养护；

第二，其他部位柱、墙混凝土可采用洒水养护；必要时，也可采用覆盖养护或喷涂养护剂养护。

③混凝土强度达到1.2MPa前，不得在其上踩踏、堆放物料、安装模板及支架。

（四）混凝土的质量检查

为了保证混凝土的质量，必须对混凝土生产的各个环节进行检查，检查内容包括：水泥品种及等级、砂石的质量及含泥量、混凝土配合比、搅拌时间、坍落度、混凝土的振捣等环节。检查混凝土质量应做抗压强度试验，当有特殊要求时，还需做混凝土的抗冻性、抗渗性等试验。

原材料进场时，应按规定批次验收型式检验报告、出厂检验报告或合格证等质量证明文件，外加剂产品还应具有使用说明书。

混凝土强度试样应在混凝土的浇筑地点随机取样，预拌混凝土的出厂检验应在搅拌地点取样，交货检验应在交货地点取样。试件的取样频率和数量应符合下列规定：

①每100盘，但不超过100m³的同配合比的混凝土，取样次数不应少于一次；

②每一工作班拌制的同配合比的混凝土不足100盘和100m³时其取样次数不应少于一次；

③当一次连续浇筑的同一配合比混凝土超过1000m³时，每200m³取样不应少于一次；

④对房屋建筑，每一楼层、同一配合比的混凝土，取样不应少于一次，每次取样应至少留置一组标准养护试件，同条件养护试件的留置组数应根据实际需要确定。

混凝土抗压强度通过试块做抗压强度试验判定，每组三个试件应由同一盘或同一车的混凝土中就地取样制作成边长15cm的立方体。当试块用于评定结构或构件的强度时，试块必须进行标准养护，即在温度为20±3℃和相对湿度为90%以上的潮湿环境中养护28d。当试块作为施工的辅助手段，用于检查结构或构件的强度以确定拆模、出池、吊装、张拉及临时负荷时，应将试块置于测定构件同等条件下养护。并按下列规定确定该组试件的混凝土强度代表值：取3个试块强度的算术平均值；当3个试块强度中的最大值或最小值与中间值之差超过中间值的15%时，取中间值；当3个试块强度中的最大值和最小值与中间值之差均超过 15% 时，该组试块不应作为强度评定的依据。

混凝土强度应分批进行验收。同一验收批的混凝土应由强度等级相同、龄期相同以及生产工艺和配合比基本相同且不超过三个月的若干组混凝土试块组成，并按单位工程的验收项目划分验收批，每个验收项目应按混凝土强度检验评定标准确定。同一验收批的混凝土强度，应以同批内全部标准试件的强度代表值来评定。

（五）混凝土冬期施工

当室外日平均气温连续 5d 稳定低于 5℃ 即进入冬期施工；当室外日平均气温连续 5d 高于 5℃ 时解除冬期施工。

1. 临界强度

临界强度与水泥的品种、施工方法、混凝土强度等级、混凝土品种有关：

①采用蓄热法、暖棚法、加热法等施工的普通混凝土，采用硅酸盐水泥、普通硅酸盐水泥配制时，受冻临界强度不小于混凝土设计强度等级值的 30%；矿渣、粉煤灰、火山灰质、复合硅酸盐水泥配制的混凝土为 40%。

②当室外最低气温不低于 -15℃ 时，采用综合蓄热法、负温养护法施工的混凝土，受冻临界强度不得小于 4.0MPa；当室外最低气温不低于 -30℃ 时，采用负温养护法施工的混凝土受冻临界强度不得小于 5.0MPa。

③对于强度等级等于或高于 C50 的混凝土，受冻临界强度不宜小于混凝土设计强度等级值的 30%。

④对于有抗渗要求的混凝土，受冻临界强度不宜小于混凝土设计强度等级值的 50%。

⑤对于有抗冻耐久性要求的混凝土，受冻临界强度不宜小于混凝土设计强度等级值的 70%。

2. 冬期施工的工艺要求

（1）混凝土材料选择及要求

配制冬期施工的混凝土，应优先选用硅酸盐水泥或普通硅酸盐水泥。混凝土最小水泥用量不宜低于 280kg/m³，水胶比不应大于 0.55。强度等级不大于 C15 的混凝土，其水胶比和最小水泥用量可不受以上限制。采用蒸汽养护，宜选用矿渣硅酸盐水泥。

冬期浇筑的混凝土，宜使用无氯盐类防冻剂。对抗冻性要求高的混凝土，宜使用引气剂或引气减水剂。掺用防冻剂、引气剂或引气减水剂的混凝土施工，应符合国家标准的规定。

（2）混凝土材料的加热

冬期拌制混凝土时应优先采用加热水的方法，当水加热仍不能满足要求时，再对细骨料进行加热。水及细骨料的加热温度应根据热工计算确定，一般情况，水泥强度等级小于42.5MPa，拌合水及细骨料的加热最高温度分别不大于80℃、60℃，水泥强度等级不小于42.5MPa时，加热最高温度下浮20℃。

（3）混凝土的搅拌

搅拌前，应用热水或蒸汽冲洗搅拌机，搅拌时间应较常温延长50%。投料顺序为先投入骨料和已加热的水，然后再投入水泥。水泥不应与80℃以上的水直接接触，避免水泥假凝。混凝土拌合物的出机温度不宜低于10℃，入模温度不得低于5℃。对搅拌好的混凝土应经常检查其温度及和易性，若有较大差异，应检查材料加热温度和骨料含水率是否有误，并及时加以调整。在运输过程中要防止混凝土热量的散失和冻结。

（4）混凝土的浇筑

混凝土在浇筑前，应清除模板和钢筋上的冰雪和污垢，并不得在强冻胀性地基上浇筑混凝土；当在弱冻胀性地基上浇筑混凝土时，基土不得遭冻；当在非冻胀性地基土上浇筑混凝土时，混凝土在受冻前，其抗压强度不得低于临界强度。

当分层浇筑大体积结构时，已浇筑层的混凝土温度，在被上一层混凝土覆盖前，不得低于按热工计算的温度，且不得低于2℃。

对加热养护的现浇混凝土结构，混凝土的浇筑程序和施工缝的位置，应能防止在加热养护时产生较大的温度应力；当加热温度在40℃以上时，应征得设计人员的同意。

3. 混凝土冬期养护方法

混凝土冬期养护方法有蓄热法、综合蓄热法、蒸汽加热法、电热法、暖棚法以及掺外加剂法等。本书只介绍前两种。

（1）蓄热法

混凝土浇筑后，利用原材料加热及水泥水化热的热量，通过适当保温延缓混凝土冷却，使混凝土冷却到0℃以前达到临界强度的施工方法。

当室外最低温度不低于−15℃时，地面以下的工程，或表面系数 M 不大于 $5m^{-1}$ 的结构，宜采用蓄热法养护。对结构易受冻的部位，应加强保温措施。

（2）综合蓄热法

掺早强剂或早强型外加剂的混凝土浇筑后，利用原材料加热及水泥水化热的热量，通过适当保温，延缓混凝土冷却，使混凝土温度降到0℃或设计规定温度前达到预期要求强度的施工方法。

室外最低温度不低于-15℃时，对于表面系数为 5~15m⁻¹ 的结构，宜采用综合蓄热法养护，围护层散热系数宜控制在 50~200kJ/（m³·h·K）之间。

混凝土浇筑后应采用塑料布等防水材料对裸露表面覆盖并保温。对边、棱角部位的保温层厚度应增大到表面部位的 2~3 倍，混凝土在养护期间应防风、防失水。

（六）新型混凝土的应用

1. 高耐久性混凝土

高耐久性混凝土是通过对原材料的质量控制和生产工艺的优化，并采用优质矿物微细粉和高效减水剂作为必要组分来生产的具有良好施工性能，满足结构所要求的各项力学性能，耐久性非常优良的混凝土。

高性能高耐久性混凝土适用于各种混凝土结构工程，如港口、海港、码头、桥梁及高层、超高层混凝土结构。已在以下工程中得到了应用：杭州湾大桥、山东东营黄河公路大桥、武汉武昌火车站、广州珠江新城西塔工程、湖南洞庭湖大桥等。

2. 高强高性能混凝土

高强高性能混凝土（简称 HSHPC）是强度等级超过 C80 的 HPC，其特点是具有更高的强度和耐久性，用于超高层建筑底层柱和梁，与普通混凝土结构具有相同的配筋率，可以显著地缩小结构断面，增大使用面积和空间，并达到更高的耐久性。适用于对混凝土强度要求较高的结构工程。国内的广州珠江新城西塔项目工程已大量应用 HS-HPC，国外超高层建筑及大跨度桥梁也大量应用了 HS-HPC。

3. 自密实混凝土技术

自密实混凝土，指混凝土拌合物不需要振捣仅依靠自重即能充满模板、包裹钢筋并能够保持不离析和均匀性，达到充分密实和获得最佳的性能的混凝土，属于高性能混凝土的一种。

自密实混凝土适用于浇筑量大，浇筑深度、高度大的工程结构；配筋密实、结构复杂、薄壁、钢管混凝土等施工空间受限制的工程结构；工程进度紧、环境噪声受限制或普通混凝土不能实现的工程结构。已应用的典型工程有北京恒基中心过街通道工程、江苏润扬长江大桥、广州珠江新城西塔、苏通大桥承台。

4. 轻骨料混凝土

轻骨料混凝土是指采用轻骨料的混凝土，其表观密度要比普通骨料低，一般不大于 1900kg/m³。例如陶粒混凝土。

轻骨料混凝土利用其保温、自重轻等特点，适用于桥梁、高层建筑、大跨度结构等工程。

5. 纤维混凝土

纤维混凝土是指掺加短钢纤维或合成纤维作为增强材料的混凝土，钢纤维的掺入能显著提高混凝土的抗拉强度、抗弯强度、抗疲劳特性及耐久性；合成纤维的掺入可提高混凝土的韧性，特别是可以阻断混凝土内部毛细管通道，因而减少混凝土暴露面的水分蒸发，大大减少混凝土塑性裂缝和干缩裂缝。

纤维混凝土适用于对抗裂、抗渗、抗冲击和耐磨有较高要求的工程。已应用的典型工程有常州大酒店地下车库工程、湖北巴东长江大桥桥面、广州白云国际机场、江苏宜兴水利大坝混凝土等。

第五章　路面工程与地下工程

第一节　路面工程

一、路基工程施工

路基是道路的主体和路面的基础，承受着岩土自身和路面的重力，应为路面提供一个平整层，且在承受路面传递下来的荷载和水、气温等自然因素的反复作用下，具有足够的强度和稳定性，满足设计和使用要求。路基主要是用土、石修建的一种线性结构物，工艺较为简单，但土（石）方工程量甚大，往往是控制道路施工工期的关键。路基通常分为一般路基和特殊路基。凡是在正常的地质与水文条件下，路基填筑高度不超过设计规范或技术标准所允许的范围，称为一般路基；凡超过规定范围的高填或深挖路基，以及特殊地质与水文条件地区的路基，称为特殊路基。为保证路基具有足够的强度和稳定性，并具有经济合理的横断面形式，特殊路基需要进行个别的设计与施工。

路基的几何尺寸是由宽度、高度和边坡坡度组成，根据路基设计标高和原地面的关系，路基可分为路堤、路堑和填挖结合路基。填方路基称为路堤，低于原地面的挖方路基称为路堑。位于山坡上的路基，设计上常采用道路中心线标高作为原地面标高，这样，可以减少土（石）方工程量，避免高填深挖和保持横向填挖平衡，形成填挖结合（或半填半挖）路基。

（一）填方路基施工

1. 路堤填筑施工

（1）土方路堤

填筑路堤宜采用水平分层填筑法施工。即按照横断面全宽分成水平层次逐层向上填筑。如原地面不平，应由最低处分层填起，每填一层，经过压实符合规定要求之后再填上一层。原地面纵坡大于 12% 的地段，可采用纵向分层法施工，沿纵坡分层，逐层填密压实。若填方分几个作业段施工，两段交接处不在同一时间填筑，则先填地段，应按 1：1 坡度分层留台阶。若两个地段同时填，则应分层相互交叠衔接，其搭接长度不得小于 2m。

当采用不同土质混合填筑路堤时，不同性质的土应分别填筑，不得混填，以免出现水囊或滑动面，每种填料层累计总厚度不宜小于 0.5m。以透水性较小的土填筑路堤下层时，应做成 4% 的双向横坡；如用于填筑上层时，除干旱地区外，不应覆盖在由透水性较好的土所填筑的路堤边坡上，以保证水分的蒸发和排出；凡不因潮湿或冻融影响而变更其体积的优良土应填在上层，强度较小的土应填在下层。

（2）填石路提

填石路堤是指利用石料（包括大卵石）填筑的路堤。填石路堤的石料强度不应小于 15MPa（用于护坡的不应小于 20MPa）。填石路堤石料最大粒径不宜超过层厚的 2/3。

高速公路、一级公路和铺设高级路面的其他等级公路的填石路堤均应分层填筑，分层压实。二级及二级以下且铺设低等级路面的公路在陡峻山坡段施工特别困难或大量爆破以挖作填时，可采用倾填方式将石料填筑于路堤下部，但倾填路堤的路床底面下部小于 1.0m 范围内仍应分层填筑压实。

高速公路及一级公路填石路堤路床顶面以下 50cm 范围内应填筑符合路床要求的土并分层压实，填料最大粒径不得大于 10cm。其他公路填石路堤路床顶面以下 30cm 范围宜填筑符合路床要求的土并压实，填料最大粒径不应大于 15cm。

（3）土石路提

利用卵石土、块石土等天然土石混合材料修筑的路堤称为土石路堤。天然土石混合材料中所含石料强度大于 20MPa 时，石块的最大粒度不得超过压实层厚的 2/3，超过的应清除；当所含石料为软质岩（强度小于 15MPa）时，石料最大粒径不得超过压实层厚，超过的应打碎。

土石路堤不得采用倾填方法，应分层填筑，分层压实。每层铺填厚度应根据压实机械类型和规格确定，不宜超过 40cm。其施工方法为：

①按填料渗水性能来确定填筑方法。压实后渗水性差异较大的土石混合料应分层或分段填筑，不宜纵向分幅填筑。如确需纵向分幅填筑，应将压实后渗水良好的土石混合料填筑于路堤两侧。

②按土石混合料不同来确定填筑方法。当土石混合料填料来自不同路段，其岩性或土石混合比相差较大时，应分层填筑。如不能分层或分段填筑，应将硬质石块的混合料铺筑于填筑层的下面，且石块不得过分集中或重叠，上面再铺含软质石料混合料，然后整平

碾压。

③按填料中石料含量来确定填筑方法。土石混合料中，当石料含量超过70%时，应先铺填大块石料，且大面向下，放置平稳，再铺小块石料、石渣或石屑嵌缝找平，然后碾压；当石料含量小于70%时，土石可混合铺填，但应避免硬质石块（特别是尺寸大的硬质石块）集中。

高速公路及一级公路土石路堤的路床顶面以下30~50cm范围内应填筑符合路床要求的土并分层压实，填料最大粒径不大于10cm。其他公路填筑砂类厚度应为30cm，最大粒径不大于15cm。

④高填方路堤。水稻田或长年积水地带，用细粒土填筑路堤高度在6m以上，其他地带填土或填石路堤高度在20m以上时，属于高填方路堤。

高填方路堤在施工前按规定进行原地面清理后，如地基土的强度不符合设计要求，应按特殊路基要求进行加固处理。高填方路堤，应严格按设计边坡填筑，不得缺填，每层填筑厚度，根据所采用的填料，按前述几种路堤的规定执行；如填料来源不同，其性质相差较大时，应分层填筑，不应分段或纵向分幅填筑。高填方路堤受水浸淹部分，应采用水稳性高及渗水性好的填料，其边坡比不宜小于1:2。

2. 桥涵及其他构造物处的填筑

桥涵及其他构造物处的填筑，主要包括桥台台背、涵洞两侧及涵顶、挡土墙墙背的填筑。在施工过程中，既要保证不损害构造物，又要保证填筑质量，避免由于路基沉陷而发生跳车，影响行车的安全性和舒适性。因此必须选择合理的施工措施和施工方法。

回填土工作必须在隐蔽工程验收合格后进行。

（1）填料

桥涵及其他构造物处的填料，除设计文件另有规定外，应采用砂类土或渗水土。当采用非透水性土时，应在土中增加外掺剂如石灰、水泥等。特别注意的是，不要将构造物基础挖出的土混入填料中。

（2）桥涵填土的范围

台背填土顺路线方向长度，顶部距翼墙尾端不小于台高加2m；底部距基础内缘不小于2m；拱桥台背填土长度不应小于台高的3~4倍；涵洞填土长度每侧不应小于2倍孔径长度；填筑高度应从路堤顶面起向下计算，在冰冻地区一般不小于2.5m，无冰冻地区填至高水位处。

（3）填筑

桥台背后填土宜与锥坡填土同时进行。涵洞缺口填土，应在两侧对称均匀分层回填压实。如使用机械回填，则涵台胸腔部分及检查井周围应先用小型压实机械压实填好后，方可用机械进行大面积回填。涵顶面填土压实厚度大于 50cm 时，方可通过重型机械和汽车。

挡墙填料宜选用砾石土或砂类土。墙趾部分的基坑，应及时回填压实，并做成向外倾斜的横坡。填土过程中，应防止水的侵害。回填结束后，顶部应及时封闭。

（二）挖方路基施工

低于原地面的挖方路基称为路堑。路堑开挖施工，就是按设计要求进行挖掘，将挖掘出的土方运输到路堤进行填筑或运输到场外进行堆弃。处于地壳表层的挖方路堑边坡，在施工过程中会受到自然和人为因素等影响，比路堤边坡更容易发生变形和破坏。

1. 土方路堑施工

土方路堑开挖，应根据路堑深度、纵向长度、现场施工条件和开挖机械等因素来确定，具体包括下列几种方式。

（1）横挖筷

横挖法是以路堑整个横断面的宽度和深度，从一端或两端逐渐向前开挖的方式。本法适用于短而深的路堑。

①单层横向全宽挖掘法。即一次挖掘到设计标高，逐渐向纵深挖掘，挖出的土方向两侧运送。这种开挖方式适用于开挖深度小且较短的路堑。

②多层横向全宽挖掘法。即从开挖的一端或两端按横断面分层挖至设计标高。这种方法适用于开挖深度大且较短的路堑。每层挖掘深度可根据施工安全和方便而定。人工横挖法施工时，每层台阶深度为 1.5~2m；机械横挖法施工时，每层台阶深度为 3~4m。

（2）机挖依

沿路堑纵向进行路堑开掘的施工方法称为纵挖法。根据施工过程中的开挖程序的不同可以分为分层纵挖法、通道纵挖法和分段纵挖法。

①分层纵挖法。沿路堑全宽以深度不大的纵向分层挖掘前进时称为分层纵挖法。本法适用于较长的路堑开挖。

②通道纵挖法。先沿路堑纵向挖掘一通道，然后将通道向两侧拓宽。上层通道拓宽至路堑边坡后，再开挖下层通道，如此向纵深开挖至路基顶面标高。本法适用于路堑较长、较深，两端地面纵坡较小的路堑开挖。

③分段纵挖法。沿路堑纵向选择一个或几个适宜处，将较薄一侧路堑横向挖穿，使路堑分成两段或数段，各段再纵向开挖称为分段纵挖法。本法适用于路堑过长，弃土运距过远的傍山路堑，或一侧堑壁不厚的路堑开挖。

（3）温合式升挖依

当路线纵向长度和挖深都很大时，宜采用混合式开挖法，即将横挖法与通道纵挖法混合使用。先沿路堑纵向挖通道，然后沿横向坡面挖掘，以增加开挖坡面，每一坡面应设置一个施工小组或一台机械作业。

2. 岩石路堑的施工

在路堑施工中，当路线通过山区、丘陵及傍山沿溪地段时，往往会遇到集中或分散的岩石区域，因此，就必须进行石方的破碎、挖掘作业。开挖石方应根据岩石的类别、风化程度和节理发育程度等确定开挖方式。对于软石和强风化岩石，能用机械直接开挖的应采用机械开挖，也可人工开挖。凡不能使用机械或人工直接开挖的石方，则应采用爆破法开挖和松土法开挖。进行爆破作业时必须由经过专业培训并取得爆破证书的专业人员施爆。松土法开挖就是利用岩体自身存在的各种裂面和结构面，用推土机牵引的松土器将岩土翻碎，再用推土机或装载机与自卸汽车配合，将翻松了的岩块搬运出去。松土法避免了爆破法所具有的危险性，而且有利于开挖边坡的稳定及附近建筑物的安全。随着推土机和松土器的大型化，能够采用松土法施工的范围将会逐步扩大。从国外的工程实践及发展趋势看，只要能够使用松土法施工的场合，就应尽量不用爆破法施工。

3. 深挖路堑的施工

路堑边坡高度等于或大于20m时称为深挖路堑。

（1）土质路堑的施工

深挖路堑的边坡应严格按照设计坡度施工。若边坡实际土质与设计勘探的地质资料不符，特别是土质较设计的松散时，应向有关方面提出修改设计的意见，经批准后才能实施。

施工土质边坡时，宜每隔6~10m高度设置平台，平台宽度对于人工施工的不宜小于2m，对于机械施工的不宜小于3m。平台表面横向坡度应向内倾斜，坡度为0.5%~1%；纵向坡度宜与路线纵坡平行。平台上的排水设施应与排水系统相通。在施工过程中如修建平台后边坡仍然不能稳定或大雨后立即坍塌时，应考虑修建石砌护坡，在边坡上植草皮或做挡土墙等防护措施。施工过程中边坡上渗出地下水时，应根据地下水渗出的位置、流量，按照相关规定，修建地下排水设施。

土质单边坡路堑的施工方法可采用多层横向全宽挖掘法，土质双边坡深路堑的施工宜采用分层纵挖法和通道纵挖法。若路堑纵向长度较大，一侧边坡的土壁厚度和高度不大时，可采用分段纵挖法。施工机械可采用推土机或推土机配合铲运机。当弃土运距较远超过铲运机的经济运距时，可采用挖掘机配合自卸汽车作业或采用推土机、装载机配合自卸汽车作业。

（2）石质深挖路堑的施工

石质深挖路堑禁止使用大爆破施工方案。只有当路线穿过孤独山丘，开挖后边坡不高于6m，且根据岩石产状和风化程度，确认开挖后，边坡稳定，方可考虑大爆破方案。

单边坡石质深挖路堑的施工宜采用深粗炮眼、分层、多排、多药量、群炮、光面、微差爆破的方案。双边坡石质深挖路堑的施工可采用纵向挖掘法，应分层在横断面中部开挖出每层通道，然后横断面两侧按照单边坡石质深挖路堑的方法施工。

（三）特殊地区路基的施工

1. 软土及泥沼地区路基施工

所谓软土是指强度低、压缩性较高的软弱土层，多数含有一定的有机物质，在我国的沿海、沿湖、沿河地段分布广泛。而把有机质含量很高的泥炭、泥炭质土总称为泥沼。泥沼比软土具有更大的压缩性，但它的渗透性强，受荷后能够迅速固结，工程处理比较容易。所以主要讨论天然强度低、压缩性高且透水性小的软土上的路基施工。由于软土强度低、沉隐量大，往往给道路工程带来很大的危害，如处理不当，会给公路的施工和使用造成很大影响。软土根据特征，可划分为：软黏性土、淤泥、淤泥质土、泥炭及泥炭质土五种类型。路基中常见的软土，一般是指处于软塑或者流塑状态下的黏性土。其特点是天然含水量大、孔隙比大、压缩系数高、强度低，并具有蠕变性、触变性等特殊的工程地质性质，工程地质条件较差。选用软土作为路基应用，必须采取切实可行的技术措施。

当路堤经稳定性验算或沉降计算不能满足设计要求时，必须对软土地基进行加固。加固的方法很多，常用的有效处理方法有以下几种。

（1）砂垫层区

砂垫层法就是在软湿地基上铺30～50cm厚的排水层，有利于软湿表层的固结，并形成填土的底层排水。它可以提高地基的强度，使施工机械通过，是改善施工时重型机械的作业条件。

砂垫层材料，一般采用透水性较好的中砂及粗砂，为了防止砂垫层被细粒土所污染造成堵塞，在砂垫层上下两侧应设置反滤层。砂垫层不宜采用细砂及粉砂，材料的含泥量不超过3%，且无杂质和有机物的混入。

（2）预压法

预压法又称预固结法，是在修筑路堤前先对路基施加压力使其排水固结，完成一定的沉降量并产生一定的强度增长的处理方法。预压处理时，按所施加的预压荷载与公路工程荷载的大小关系，分为欠载预压、等载预压和超载预压三种形式。预压荷载大于公路工程荷载时称为超载预压。为达到较好的加固效果，应采用超载预压或等载预压法。预压时，软土路基在路堤中间是沿竖直方向排水的。根据单向渗透固结理论可知，软土固结稳定所需的时间和最远排水距离的平方成正比。当软土厚度很厚或预压工期较短时，可采用砂井堆载预压法，即在软土层中加设竖向砂井或塑料排水板，以增加软土中的排水通道，缩小最远排水距离，从而加速软土路基的排水固结，以在较短时间内达到较高的固结度。

（3）复合地基加固法

复合地基加固法，是在软土地基中设置加筋材料做增强体，由土体和增强体相互作用、共同承担荷载的地基处理方法。按所设增强体的材料划分，软土路基加固工程中常用的有水泥土桩加固法，砂桩、碎石桩加固法。水泥土桩是通过施工设备将水泥与原状的软土充分拌和而形成的水泥土柱。其作用是对软土进行挤密和分担部分荷载。从施工工艺上看，水泥土桩可以通过粉体喷射、深层搅拌、高压旋喷、注浆及灌浆等方法施工。砂桩、碎石桩加固法是将砂或碎石填充到软土地基的预成孔中，或采用振冲设备将砂或碎石填充到软土地基中，从而形成具有一定密实度的砂桩或碎石桩的加固方法。砂桩、碎石桩复合地基中，砂桩和碎石桩除对软土具有挤密和分担荷载的作用外，还可以为软土中的竖向排水通道，起到加速软土路基排水固结、提前完成剩余沉降的作用。

（4）土工聚合物法

用土工聚合物加固软土地基是 20 世纪 80 年代中后期发展起来的一种新技术。在软土地基表层铺设一层或多层土工聚合物具有排水、隔离、应力分散、加筋补强等特点。

（5）反压护道法

反压护道法是在路堤两侧填筑一定宽度和高度的护道，控制路堤下的淤泥或淤泥质土向两侧隆起而平衡路基的稳定。反压护道法加固路基虽然施工简便，不需要特殊的机械设备，但占地较多，用土量大，后期沉降量大，且只能解决软土地基路堤的稳定。

反压护道一般采用单级形式，由于反压护道本身的高度不能超过极限高度，因此一般使用与路堤高度不大于 5/3～2 倍极限高度的软土处理，且泥沼不宜采用。反压护道的高度一般为路堤高度的 1/2～1/3，且不得超过天然地基所允许的极限高度。反压护道的宽度一般用稳定分析法通过稳定性验算确定。

2. 其他特殊地区路基的施工

（1）滑坡地区路基施工

岩质或土质边坡在一定的地形地貌、岩土性质和地质条件下，由于地表或地下水的作用，或受地震、爆破、切坡、堆载等影响，失去原有的稳定状态，沿着斜坡的方向向下发生整体或局部滑动，这种现象称为滑坡。滑坡是山区公路的主要病害之一，在山区路基中相当普遍。

对于滑坡的处治，应分析滑坡的外表地形、滑动面、滑坡体的构造、滑动体的土质和饱水情况，以了解滑坡体的形式和形成的原因，根据公路路基通过滑坡体的位置、水文、地质等条件，充分考虑路基稳定的施工措施。还应积极采取下述有效的预防措施。

①地表排水：对于滑坡顶面的地表水，应采取截水沟等措施处理，不让地表水流入滑动面内。必须在滑动面以外修筑 1~2 条环形截水沟，对于滑坡体下部的地下水源应截断或排出。

对于挖方路基上边坡发生的滑坡，应修筑一条或数条环形水沟，但最近一条必须离滑动裂缝面最少 5m 以外，以截断流向滑动面的水流。截水沟可采用砂浆封面或浆砌片石（块）修筑，滑坡上面裂缝需填土夯实，避免地表水继续渗入，或结合地形，修建树枝形及相互平行的渗水沟与支撑渗沟，将地表水及渗水迅速排走。

②地下排水：对滑坡体内的地下水应以疏于引出为原则。对于浅层滑坡，可在滑坡体内敷设渗沟，将地下水引出；对于深层滑坡，可沿着滑动面开凿涵洞，涵洞的洞壁上留设泄水孔，以利于地下水的排出。

③减重：减重是在滑坡体后缘挖除一定量的土体而使滑坡体稳定的一种做法。它适用于推动式滑坡和有错落转化的滑坡，但要求滑床上陡下缓且滑坡体后缘及两侧的地层相对稳定，不致因刷方而引起滑坡向后及两侧发展。

④支挡工程：在滑坡体下部设置支挡结构是处治滑坡的有效措施。常用的支挡结构有重力式抗滑挡土墙和抗滑桩。

（2）黄土地区路基施工

黄土是一种特殊的黏性土，主要分布在昆仑山、祁连山、秦岭以北的干旱和半干旱地区。黄土根据沉积时代不同，可分为新黄土、老黄土和红色黄土。黄土的结构特点为大孔隙、多孔隙，节理发育，具有较强的崩解性和吸水膨胀性、失水收缩性。各类黄土的崩解性不同，新黄土雨水后会全部崩解，老黄土则要经过一段时间后才会全部崩解，红色黄土基本不崩解。黄土浸水后在外荷载或自重的作用下发生下沉现象称为湿陷，其本身结构破坏，强度降低。湿陷性黄体又可分为自重湿陷和非自重湿陷两类。

在黄土地区路基施工中，基底处理应按照设计要求和黄土的湿陷性进行。若基底为非湿陷性黄土，且无地下水活动时，可按一般黏性土地基进行基底处理，同时做好两侧的施工排水、防水措施。若地基为湿陷性黄土，应采取拦截、排除地表水的措施，防止地表水下渗，减少地基地层湿陷性下沉。其地下排水构造物与地面排水沟渠必须采取防渗措施。

当地基土层具有强湿陷性或较高的压缩性，且容许承载力低于路堤自重压力时，应考虑地基在路堤自重和活载作用下所产生的压缩下沉。除采取防止地表水下渗的措施外，可考虑采用重锤夯实、石灰桩挤密加固、换填土等措施。

（3）膨胀地区路基施工

膨胀土是一种黏粒成分主要由亲水矿物组成的、具有吸水膨胀和失水收缩的可逆性、并有较大胀缩变形能力的高塑性黏性土。根据其膨胀率可分为强、中、弱三级，一般在设计文件中有说明；若无说明，则可取样通过土工试验确定。膨胀土就其黏土矿物成分可以划分为以蒙脱石为主和以伊利石为主两大类。自然条件下的膨胀土多呈硬塑或坚硬状态，一般强度较高、压缩性较低，易被认为是工程性能较好的黏性土。但由于膨胀土具有明显的胀缩特性，作为路基时，使路基发生上升、下降的位移，易造成路面开裂、隆起、变形甚至严重破坏，对路基及工程建筑物有较强的潜在破坏作用。

（4）盐渍土地区路基施工

公路工程中将距地表1m范围内易溶盐含量超过0.3%时的土称为盐渍土。按其成分不同，盐渍土分为以含氯盐和硫酸盐为主的盐土、以含碳酸钠和中碳酸钠为主的碱土以及生成于荒漠或半荒漠地形低洼处的胶碱土；按盐渍化程度分为弱盐渍土、中盐渍土、强盐渍土和过盐渍土。

在盐渍土地区施工时，路堤填料的含盐量不得超过规定允许值，不得夹有盐块和其他杂物。当表土含盐量超过规范允许值时，应在填筑路堤前予以挖除。

盐渍土地区的排水是一项非常重要的工作，由于水对盐渍土所造成的溶蚀作用是影响路基稳定的主要因素，它可以使路基土体积聚过量的含盐水分而导致路基失稳破坏，因此在施工时应及时合理地布置好排水系统，不应使路基及其附近有积水现象。路基一侧或两侧有取土坑时，取土坑底部距离地下水位应不小于15~20cm，底部应向路堤外有2%~3%排水横坡和不小于0.2%的纵坡。在排水困难地段或取土坑有被水淹没可能时，应在路基一侧或两侧取土坑外设置高0.4~0.5m、顶宽1m的纵向护堤。在地下水位较高地段，除挡导表面水外，应加深两侧边沟或排水沟，以降低路基下的地下水位。盐渍土地区的地下排水管和地面排水沟渠，必须采取防渗措施。盐土地区不宜采用渗沟。

（四）路基压实

1. 土质路基的压实

（1）填方地段基底的压实

路堤基底应在填筑前进行压实。高速公路、一级公路和二级公路路堤基底的压实度不应小于93%；当路堤填土高度小于路床厚度（80cm）时，基底的压实度不宜小于路床的压实度标准（95%）。

（2）填方路堤的压实

路基工程应采用机械压实。压实机械的选择应根据工程规模、场地大小、填料种类、压实度要求、气候条件、压实机械效率等因素综合考虑确定。

细粒土、砂类土和砾石土不论采用何种压实机械，均应在该种土的最佳含水量±2%以内压实。当土的实际含水量不位于上述范围内时，应均匀加水或将土摊开、晾干，使达到上述要求后方可进行压实。运输上路的土在摊平后，其含水量若接近压实最佳含水量时，应迅速碾压。碾压前应对填土层的松铺厚度、平整度和含水量进行检查，符合要求后方可进行碾压。压实应根据现场压实试验提供的松铺厚度和控制压实遍数进行。经压实度检验合格后方可转入下道工序。不合格处应进行补压后再作检验，一直达到合格为止。高速公路和一级公路路基填土压实宜采用振动压路机或35~50t轮胎压路机进行。采用振动压路机碾压时，第一遍应不振动静压，然后先慢后快，由弱振至强振。碾压行驶速度开始时宜用慢速，最大速度不宜超过4km/h；碾压时直线段由两边向中间，小半径曲线段由内侧向外侧，纵向进退式进行；横向接头对振动压路机一般重叠0.4~0.5m。对三轮压路机一般重叠后轮宽的1/2，前后相邻两区段（碾压区段之前的平整预压区段和其后的检验区段）宜纵向重叠1.0~1.5m。应达到无漏压、无死角，确保碾压均匀。

用铲运机、推土机和自卸汽车推运土料填筑路堤时，应平整每层填土，且自中线向两边设置2%~4%的横向坡度，及时碾压，雨季施工更应注意。

（3）桥涵及其他构造物处填土的压实

桥台背后、涵洞两侧与顶部、锥坡与挡土墙等构造物背后的填土均应分层压实，分层检查，检查频率每50m²检验一点，不足50m²时至少检验一点，每点都应合格，每一压实松铺厚度不宜超过20cm。涵洞两侧的填土与压实和桥台背后与锥坡的填土与压实应对称或同时进行。各种填土的压实尽量采用小型的手扶振动夯或手扶振动压路机，但涵顶填土50cm内应采用轻型静载压路机压实，以达到规定的压实度为准。高速公路和一级公路的桥台、涵身背后和涵洞顶部的填土压实度标准，从填方基底或涵洞顶部至路床顶面均为95%，其他公路为93%。

（4）路堑路基的压实

零填及路堑路基的压实，应符合压实标准。换填超过30cm时，按压实度标准的90%执行。

2. 填石路堤的压实

填石路堤在压实之前，应用大型推土机摊平平整，个别不平处，应用人工配合以细石屑找平。填石路堤均应压实并宜选用工作质量 12t 以上的重型振动压路机、工作质量 2.5t 以上的夯锤或 25t 以上的轮胎压路机压（夯）实。当缺乏上述的压实机具时，可采用重型静载光轮压路机压实并减少每层填筑厚度和减小石料粒径，其适宜的压实厚度应根据试验确定，但不得大于 50cm。

填石路堤压实时的操作要求：应先压两侧（即靠路肩部分）后压中间，压实路线对于轮碾应纵向互相平行，反复碾压；对于夯锤应成弧形，当夯实密实程度达到要求后，再向后移动一夯锤位置；行与行之间应重叠 40~50cm，前后相邻区段应重叠 100~150cm。其余注意事项与土质路堤相同。

3. 土石路堤的压实

土石路堤的压实方法和技术要求，应根据混合料中巨粒土的含量多少确定。当巨粒土的含量大于 70%时，应按填石路堤的方法和要求进行压实；当巨粒土的含量小于 50%时，应按填土路堤的方法和要求进行压实

4. 高填方路堤的压实

由于高填方路堤的基底承受很大的荷载，因此应对高填方路堤的基底进行场地清理，并按照设计要求的基底承压强度进行压实，设计无要求时，基底的压实度不小于 90%。当地基松软仅依靠对原土压实且不能满足设计要求的承压强度时，应进行地基改善加固处理，以达到设计要求。

高填方路堤的基底处于陡峻山坡上或谷底时，应按照规定进行挖台阶处理，并严格分层填筑、分层压实。当场地狭窄时，压实工作宜采用小型的手扶式振动压路机或振动夯进行。当场地较宽广时宜采用自行式自重为 12t 以上的振动压路机碾压。高填方路堤分层压实松铺厚度和压实度与一般公路填方相同。

（五）路基排水设施施工

水直接影响到路基的强度和稳定性，是形成路基病害的主要因素之一。因此，为了保持路基能经常处于干燥、坚固和稳定状态，必须将影响路基稳定的地面水予以拦截，并排除到路基范围之外，防止漫流、聚积和下渗。对于影响路基稳定的地下水，应予以截断、疏干、降低水位，并引导到路基范围以外。

1. 地面排水设施

地面水主要是指由降水形成的地面水流。地面水对路基既能形成冲刷和破坏，又能渗

入路基，使土体软化，因此采用地面排水设施既能将可能停滞在路基范围的地面水迅速排除，又能防止路基范围以外的地面水流入路基内。

地面排水设施主要有边沟、截水沟、排水沟、跌水和急流槽、拦水带、蒸发池等。

（1）边沟

边沟是设置在挖方路基的路肩外侧或低路基的坡脚外侧，用于汇集和排除路基范围内及流向路基的小量地面水的沟槽。边沟的断面形式常采用梯形、三角形和矩形。一般情况下，土质边坡宜采用梯形；矮路堤或机械化施工时，采用三角形；当场地宽度受限制时，可采用石砌矩形。为了防止边沟漫溢或冲刷，在平原区和重丘山岭区，边沟应分段设置出水口，多雨地区梯形边沟每段长度不宜超过300m，三角形边沟不宜超过200m。

（2）截水沟

截水沟又称天沟，是设置在挖方路基边坡坡顶以外或山坡路堤上方，用于拦截路基上方流向路基的地面水，减轻边沟的水流负担，保护挖方边坡和填方坡脚不受水流冲刷和损害的人工沟渠。

截水沟的位置：在无弃土堆的情况下，截水沟的边缘离开挖方路基坡顶的距离视土质而定，以不影响边坡稳定为原则。如系一般土质至少应离开5m，对黄土地区不应小于10m并应进行防渗加固。截水沟挖出的土，可在路堑和截水沟之间修成土台并进行夯实，台顶应筑成2%倾向截水沟的横坡。路基上方有弃土堆时，截水沟应离开弃土堆坡脚1~5m，弃土堆坡脚离开路基挖方坡顶不应小于10m，弃土堆顶部应设2%的倾向截水沟的横坡。

山坡上路堤的截水沟离开路堤坡脚至少2m，并用挖截水沟的土填在路堤和截水沟之间，修筑向沟倾斜坡度为2%的护坡道或土台，使路堤内侧地面水流向截水沟排出。截水沟长度超过500m时应选择适当地点设出水口，将水引至山坡侧的自然沟中或桥涵进水口，截水沟必须有牢靠的出水口，必要时需设置排水沟、跌水或急流槽。截水沟的出水口必须与其他排水设施平顺衔接。为防止水流下渗和冲刷，截水沟应进行严密的防渗加固，地质不良地段和土质松软、透水性较大或裂隙较多的岩石路段，对沟底纵坡较大的土质截水沟及截水沟的出水口，均应采用加固措施防止渗漏和冲刷沟底及沟壁。

（3）排水沟

排水沟又称泄水沟，主要用于排除来自边沟、截水沟或其他水源的水流，并将水流引至就近桥涵或沟谷中去的排水设施。排水沟的线形要求平顺，尽可能采用直线形，转弯处宜做成弧线，其半径不宜小于10m。排水沟长度根据实际需要而定，通常不宜超过500m。排水沟沿路线布设时，应离路基尽可能远一些，距路基坡脚不宜小于3~4m。

（4）跌水和急流槽

跌水是设置于需要排水的高差较大且距离较短或坡度陡峭地段的台阶形构筑物的排水设施，急流槽是具有很陡坡度的水槽。跌水和急流槽是山区公路常见的结构物。

跌水和急流槽必须用浆砌圬工结构，跌水的台阶高度可根据地形、地质等条件决定，多级台阶的各级高度可以不同，其高度与长度之比应和原地面坡度相适应。急流槽的纵坡不宜超过 1:1.5，同时应与天然地面坡度相配合。当急流槽较长时，槽底可用几个纵坡，一般是上级较陡，向下逐渐放缓。当急流槽很长时，应分段砌筑，每段不宜超过 10m，接头用防水材料填塞，密实无空隙。

（5）拦水带

拦水带是路基横断面为路堤时路面表面水的排除方式，设置在路肩外侧处，目的是将路面表面水汇集在拦水带同路肩铺面（或者路肩和部分路面铺面）组成的浅三角形过水断面内，然后通过按一定间距设置的泄水口和急流槽集中排放到路堤坡脚外。

拦水缘石必须按设计位置安置就位。设拦水缘石路段的路肩宜适当加固。与高路堤急流槽连接处应设喇叭口。

2. 地下排水设施

当路基范围内露出地下水或地下水位较高，影响路基、路面强度或边坡稳定时，应设置地下排水设施加以排除。

常用的地下排水设施有暗沟（管）、渗沟、渗井、排水沟等。排水设施的类型、设置地点及尺寸应根据工程地质和水文地质条件确定。由于地下排水设备埋置于地面以下，不易维修，在路基建成后又难以查明失效情况，因此要求地下排水设施能牢固有效。

（1）排水沟和暗沟

当地下水位较高，潜水层埋藏不深时，可采用排水沟或暗沟截流地下水位，沟底宜埋入不透水层内，沟壁最下一排渗水沟（或裂缝）的底部宜高出沟底不小于 0.2m。排水沟可兼排地表水，在寒冷地区不宜用于排除地下水。

排水沟或暗沟设在路基旁侧时，宜沿路线方向布置；设在低洼地带或天然沟谷处时，宜顺山坡的沟谷走向布置。排水沟或暗沟采用混凝土浇筑或浆砌片石砌筑时，应在沟壁与含水底层接触面的高度处，设置一排或多排向沟中倾斜的渗水孔。沟壁外侧应填以粗粒透水材料或土工合成材料作反滤层。沿沟槽每隔 10~15m 或当沟槽通过软硬岩层分界处时应设置伸缩缝或沉降缝。

（2）渗沟

为降低地下水位或拦截地下水，可在地面以下设置渗沟。渗沟有填石渗沟、管式渗沟和洞式渗沟三种形式，三种渗沟均应设置排水层（或管、洞）、反滤层和封闭层。渗沟的平面布置，除路基边沟下（或边沟旁）的渗沟应按路线方向布置外，用于截断地下水的渗沟轴线均宜布置成与渗流方向垂直。用作引水的渗沟应布置成条形或树枝形。

（3）渗井

当路基附近的地面水或浅层地下水无法排除，影响路基稳定时，可设置渗井，将地面水或地下水经渗井通过不透水层中的钻孔流入下层透水层中排除。

二、沥青路面施工

（一）沥青路面的分类

沥青路面可分为沥青混凝土、热拌沥青碎石、乳化沥青碎石混合料、沥青贯入式和沥青处置五种类型。按强度构成原理可将沥青路面分为密实类和嵌挤类两大类。按施工工艺的不同，沥青路面又可分为层铺法、路拌法和厂拌法三大类。

（二）施工前的准备工作

施工前的准备工作主要有确定料源及进场材料的质量检验、施工机具设备选型与配套、修筑试验路段等。

1. 确定料源及进场材料的质量检验

对进场的沥青材料，应检验生产厂家所附的试验报告，检查装运数量、装运日期、订货数量、试验结果等，并对每批沥青进行抽样检测，试验中如有一项达不到规定要求时，应加倍抽样试验，如仍不合格时，则退货并索赔。沥青材料的试验项目有针入度、延度、软化点、薄膜加热、含蜡量、密度等。有时可根据合同要求增加其他非常规测试项目。确定石料料场，主要是检查石料的技术标准，如石料等级、饱水抗压强度、磨耗率、压碎值、磨光值和石料与沥青的黏结力等是否满足要求。进场的砂、石屑、矿粉应满足规定的要求。

2. 施工机械检查

施工前应对各种施工机械进行全面的检查，包括：拌和与运输设备的检查；洒油车的油泵系统、洒油管道、量油表、保温设备等的检查；矿料撒铺车的传动和液压调整系统的检查，并事先进行试撒，以便确定撒铺每一种规格矿料时应控制的间隙和行驶速度；摊铺机的规格和机械性能的检查；压路机的规格、主要性能和滚筒表面的磨损情况检查。

3. 铺筑试验路段

在理清路面修筑前，应按选定的机械设备和混合料配合比铺筑试验路段，主要研究合适的拌和时间与温度，摊铺温度与速度，压实机械的合理组合、压实温度和压实方法，松铺系数，合适的作业段长度等。并在理清混合料压实 12h 后，按标准方法进行密实度、厚度的抽样，全面检查施工质量，系统总结，以便指导施工。

(三) 洒铺法沥青路面面层的施工

用洒铺法施工的沥青路面面层有沥青表面处置和沥青贯入式两种。

1. 沥青表面处置路面

沥青表面处置路面是用沥青和细粒矿料按层铺施工成厚度不超过 30mm 的薄层路面面层。由于处置层很薄，一般不起提高路面强度的作用，主要是用来抵抗行车的磨损和大气作用，增强防水性，提高平整度，改善路面的行车条件。

沥青表面处置通常采用层铺法施工。按照洒布沥青和铺撒矿料的层次多少，沥青表面处置可分为单层式、双层式和三层式三种。沥青表面处置路面面层的施工过程如下：

(1) 清理基层

在沥青表面处置之前，应将路面基层清扫干净，使基层矿料大部分外露，并保持干燥。对有坑槽、不平整的路段应先修补和整平。如基层强度不足，应先予以补强。

(2) 浇洒透层沥青

在清扫干净的碎 (砾) 石路面和水泥、石灰、粉煤灰等无机结合料稳定土或粒料的半刚性基层上铺筑沥青表面处治时，必须喷洒透层沥青。在旧沥青路面、水泥混凝土路面、块石路面上铺筑沥青表面处治路面时，可在第一层沥青用量中增加 10%～20%，不再另洒透层油或黏层油。

(3) 洒布沥青

洒布第一层沥青。沥青的洒布温度根据气温及沥青标号选择，石油沥青宜为 130～170℃，煤沥青宜为 80～120℃，乳化沥青在常温下洒布，加温洒布的乳液温度不得超过 60℃。洒布时要均匀，不应有空白或积聚现象。

(4) 铺撒矿料

铺撒主层沥青后应趁热用集料撒布机或人工撒布第一层主集料并按规定一次撒足。

(5) 碾压

撒布主集料后，不必等全段撒布完，立即用 6～8t 钢筒双轮压路机从路边向路中心碾压 3~4 遍，每次轮迹重叠约 300mm。碾压速度开始不宜超过 2km/h，以后可适当增加。

第二、三层的施工方法和要求应与第一层相同，但可以采用 8t 以上的压路机碾压。

（6）初期养护

沥青表面处治在碾压结束后即可开放交通，并通过开放交通补充压实，成型稳定。在通车初期应设专人指挥交通或设置障碍物控制行车，限制行车速度不超过 20km/h，严禁畜力车及铁轮车行驶，使路面全部宽度均匀压实。沥青表面处治应注意初期养护。当发现有泛油时，应在泛油处补撒与最后一层石料规格相同的嵌缝料并扫匀，过多的浮料应扫出路外。

2. 沥青贯入式路面

沥青贯入式路面是在初步碾压的矿料层上洒布沥青，分层铺撒嵌缝料、洒布沥青和碾压，并借助行车压实而成的沥青路面，沥青贯入式路面的厚度宜为 4~8cm。沥青贯入式路面的强度构成主要是靠矿料的嵌挤作用和沥青材料的黏结力，因而具有较高的强度和稳定性。沥青贯入式路面是一种多孔隙结构，为了防止路表水的浸入和增强路面的水稳定性，在面层的最上层应加铺封层。

沥青贯入式路面的施工程序为：备料→修整、放样和清扫基层→浇洒透层或黏层沥青→铺撒主层矿料→第一次碾压→洒布第一次沥青→铺撒第一次嵌缝料→第二次碾压→洒布第二次沥青→铺撒第二次嵌缝料→第三次碾压→洒布第三次沥青→铺撒封层矿料→最后碾压→初期养护。

沥青贯入式路面的施工要求与沥青表面处置路面基本相同。黏层是使新铺沥青面层与下层表面黏结良好而浇洒的一层沥青薄层，主要适用于旧沥青立面作基层、在修筑沥青面层的水泥混凝土路面或桥面上、在沥青面层容易产生推移的路段、所有与新铺沥青混合料接触的侧面（如路缘石、雨水进水口、各种检查井）。黏层所采用的沥青材料宜选用快裂的洒布型乳化沥青，也可选用快、中凝液体石油或煤沥青，其用量为石油沥青 $0.4~0.6kg/m^2$，煤沥青应比石油沥青用量增加 20%。适度的碾压对沥青贯入式路面极为重要。碾压不足，会影响矿料嵌挤稳定性，易使沥青流失，形成上下部沥青分布不均；碾压过度，矿料易被压碎，破坏嵌挤原则，造成孔隙减少，沥青难于下渗，形成泛油现象。

（四）热拌沥青混合料路面施工

热拌沥青混合料是由沥青与矿料在加热状态下拌和而成的混合料的总称。热拌沥青混合料路面是热拌沥青混合料在加热状态下铺筑而成的路面，包括沥青混凝土、沥青稳定碎石和沥青玛蹄脂碎石（SMA）。

1. 施工准备及要求

（1）拌和设备选型

通常根据工程量和工期选择拌和设备的生产能力和移动方式，同时，其生产能力应与摊铺能力相匹配，不应低于摊铺能力，最好高于摊铺能力5%左右。高等级公路沥青路面施工，应选用拌和能力较大的设备。目前，沥青混合料设备的种类很多，最大的可达800~1000t/h，但应用较多的是生产率在300t/h以下的拌和设备。

（2）准备下承层和施工放样

沥青路面的下承层是指基层、黏结层或面层下层。下承层应对其厚度、平整度、密实度、路拱等进行检查。下承层表面出现的任何质量问题，都会对路面结构层的层间结合以及路面的整体强度有影响，下承层处理完后，就可以洒透层、黏层或进行封层。

施工放样主要是标高测定和平面控制。标高测定主要是控制下承层表面高程与原设计高程的差值，以便在挂线时保证施工层的厚度。施工放样不但要保证沥青路面的总厚度，而且要保证标高不超出容许范围。注意，在放样时，应计入实测的松铺系数。

（3）机械组合

高等级公路路面的施工机械应优先考虑自动化程度较高和生产能力较强的机械，以摊铺、拌和机械为主导，机械与自卸汽车、碾压设备配套作业，进行优化组合，使沥青路面施工全部实现机械化。

2. 拌和与运输

沥青混合料必须在沥青拌和厂（场、站）采用拌和机械拌制。沥青混合料可采用间歇式拌和机或连续式拌和机拌制。高速公路和一级公路宜采用间歇式拌和机拌和。连续式拌和机使用的集料必须稳定不变，一个工程从多处进料、料源或质量不稳定时，不得采用连续式拌和机。沥青混合料拌和设备的各种传感器必须定期检定，周期不少于每年一次。冷料供料装置需经标定得出集料供料曲线。

热拌沥青混合料宜采用较大吨位的运料车运输，但不得超载运输，或急刹车、急弯掉头使透层、封层造成损伤。运料车的运力应稍有富余，施工过程中摊铺机前方应有运料车等候。对高速公路、一级公路，宜待等候的运料车多于5辆后开始摊铺，运料车每次使用前后必须清扫干净，在车厢板上涂一薄层防止沥青黏结的隔离剂或防粘剂，但不得有余液积聚在车厢底部。从拌和机向运料车上装料时，应多次挪动汽车位置，平衡装料，以减少混合料离析。运料车运输混合料宜用苫布覆盖保温、防雨、防污染。

3. 沥青混合料的摊铺作业

沥青混合料摊铺前，应先检查摊铺机的熨平板宽度是否适当，并调整好自动找平装置。有条件的尽可能采用全路幅摊铺，如采用分路幅摊铺，接茬应紧密、拉直，并宜设置样桩控制厚度。摊铺时，沥青混合料温度不应低于 100℃。摊铺厚度应为设计厚度乘以松铺系数，其松铺系数应通过试铺碾压确定，也可按沥青混凝土混合料 1.15~1.35、沥青碎石混合料 1.15~1.30 酌情取值，摊铺后应检查平整度及路拱。摊铺机作业的施工过程如下。

（1）熨平板加热

由于 100℃ 以上的混合料遇到 30℃ 以下的熨平板底面时，将会冷粘于底板上，并随板向前移动时拉裂铺层表面，使之形成沟槽和裂纹，因此，每天开始施工前或停工后再工作前，应对熨平板进行加热，即使夏季也必须如此，这样才能对铺层起到熨烫的作用，从而使路表面平整无痕。

（2）摊铺方式

摊铺时，应先从横坡较低处开铺，各条摊铺带宽度最好相同，以节省重新接宽熨平板的时间。使用单机进行不同宽度的多次摊铺时，应尽可能先摊铺较窄的那一条，以减少拆接宽次数；如单机非全幅宽作业，每幅应在铺筑 100~150m 后调头完成另一幅，此时一定要注意接茬。使用多机摊铺时，应在尽量减少摊铺次数的前提下，各条摊铺带能形成梯队作业方式，梯队的间距宜在 5~10m 之间，以便形成热接茬。

4. 接槎处理

（1）横向接槎

高速公路和一级公路的表面层横向接槎应采用垂直的平接槎，以下各层可采用自然碾压的斜接槎，沥青层较厚时也可作阶梯形接槎，其他等级公路的各层均可采用斜接槎。相邻两幅以及上下层的横向接槎均应错位 1m 以上。处理好横向接槎的基本原则是将第一条摊铺带的尽头边缘锯成垂直面，并与纵向边缘呈直角。横向接槎质量的好坏直接影响路面的平整度。

（2）纵向接缝

纵向接缝有热接缝和冷接缝。摊铺时采用梯队作业的纵缝应采用热接缝，将已铺部分留下 100~200mm 宽暂不碾压，作为后续部分的基准面，然后做跨缝碾压以消除缝迹。当半幅施工或因特殊原因而产生纵向冷接缝时，宜加设挡板或加设切刀切齐，也可在混合料尚未完全冷却前用镐刨除边缘留下毛茬的方式，但不宜在冷却后采用切割机作纵向切缝。加铺另半幅前应涂洒少量沥青，重叠在已铺层上 50~100mm，再铲走铺在前半幅上面的混合料，碾压时由边向中碾压留下 100~150mm，再跨缝挤紧压实。或者先在已压实路面上行走碾压新铺层 150mm 左右，然后压实新铺部分。

5. 沥青混合料的压实

碾压是沥青路面施工的最后一道工序，要获得好的路面质量，最终是靠碾压来实现的。碾压的目的是提高沥青混合料的强度、稳定性和耐疲劳性。碾压工作包括碾压机械的选型与组合、压实温度、速度、编数、压实方法的确定以及特殊路段的压实（如弯道、陡坡等）。

（1）碾在机械的选型和组合

目前最常用的沥青路面压路机有静作用光轮压路机、轮胎压路机和振动压路机。静作用光轮压路机可分为双轴三轮式（三轮式）压路机和双轴双轮式（双轮式）压路机，国外也有三轴三轮串联式光轮压路机。三轮式压路机适用于沥青混合料的初压；双轮式压路机通常较少，仅作为辅助设备；三轴三轮式压路机主要用于平整度要求较高的高等级公路路面的压实作业。轮胎式压路机主要用来进行接缝处的预压、坡道预压、消除裂纹、薄层摊铺的压实等作业。振动压路机可分为自行式单轮振动压路机、串联振动式压路机和组合式振动压路机三种。自行式单轮振动压路机常用于平整度要求不高的辅道、匝道、岔道等路面作业；如沥青混合料的压实要求较高时，可用串联振动式压路机；组合压路机是轮胎压路机和振动压路机的组合，但实践证明这一组合形式是失败的。

压路机的选型应考虑摊铺机的生产率、混合料的特性、摊铺厚度、施工现场的具体情况等因素。摊铺机的生产效率决定了压路机需要的压实能力，从而影响到压路机的大小和数量的选用，而混合料的特性为选择压路机的大小、最佳频率与振幅提供了依据。

（2）压实作业

沥青路面的压实程序分为初压、复压、终压三个阶段。

初压应在紧跟摊铺机后碾压，并保持较短的初压区长度，以尽快使表面压实，减少热量散失。初压时用 6~8t 双轮压路机或 6~10t 振动压路机（关闭振动装置）压两遍，压实温度一般为 110~130℃（煤沥青混合料不高于 90℃）。初压后应检查平整度、路拱，有严重缺陷时进行修整乃至返工。

复压应紧跟在初压后开始，且不得随意停顿。复压是使混合料密实、稳定成型，混合料的密实程度主要取决于这道工序，因此，必须用重型压路机碾压。复压时用 10~12t 三轮压路机、10t 振动压路机或相应的重型轮胎压路机碾压不少于 4~6 遍直至稳定和无明显轮迹。压实温度为 90~110℃（煤沥青混合料不低于 70℃）。对路面边缘、加宽及港湾式停车带等大型压路机难以碾压的部位，宜采用小型振动压路机或振动夯板做补充碾压。

终压应紧接在复压后进行，如经复压后已无明显轮迹时可免去终压。终压可选用双轮钢筒式压路机或关闭振动的振动压路机，碾压不宜少于两遍，至无明显轮迹为止。压实温度一般为 70~90℃。

（3）压实方法

碾压时，压路机应从外侧向中心碾压，这样就能始终保持压路机以压实后的材料作为支承边。当采用轮胎式压路机时，相邻碾压带应重叠 1/3~1/2 的碾压轮宽度；当采用三轮式压路机时，相邻碾压带应重叠 1/2 宽度；当采用振动压路机时，相邻碾压带应重叠 10~20cm 宽度，振动频率宜为 35~50Hz，振幅宜为 0.3~0.8mm。压路机应以慢而均匀的速度进行碾压，其碾压速度应符合有关规定。

第二节　地下工程

一、概述

地下建筑工程是在岩土体中建设的不同用途的工程，包括各类隧道和洞室工程，如铁路隧道、公路隧道、城市地铁隧道、水利水电输水隧道、矿山井巷工程、地下电厂、停车场等。

地下工程施工，一般是指在岩体中修建建筑物，其工作主要是在地面以下进行，它直接受到工程地质、水文地质和施工条件的制约。地下建筑物施工的主要内容包括测量放线、开挖装运岩石、支护衬砌和其他辅助工作。这些施工项目与露天作业差别很大，主要有如下几个特点：

①施工作业空间狭小，工序交叉多，施工干扰比较大。在长隧洞施工中，往往由于施工进度要求，需要开挖施工支洞以增加工作面。

②当前，地下工程主要采用钻孔爆破法进行开挖，因此钻孔、爆破、装运岩石等工序在同一工作面常表现为周期性的循环。

③地下工程施工中，岩石是成洞开挖对象，开挖后又是支护对象，这就需要充分了解围岩性质和合理运用洞室体型特征，以发挥围岩的自承稳定能力，既可保证施工安全，又可节省支护工程量。

④由于地质条件的不确定性，施工过程中常需根据围岩情况的变化，相应调整设计，及时采取有效措施。因此，设计、施工和围岩观测应始终密切结合。

⑤地下建筑物属隐蔽工程，因此工程的施工质量必须按规范和设计要求，一次达标。

⑥地下工程施工基本不受外界气候影响，但洞室内施工劳动条件较差，安全问题比较

突出。遇到不良地质地段往往会发生塌方、逸出有害气体和涌冒地下水等突发事件，对此施工中必须备有充分的应急措施。

地下工程的施工方法很多，但基本可分为明挖法和暗挖法两种，其他方法都是在这两种方法的基础上演化而来的。

在地面开挖的基坑中修筑隧道的方法，称为明挖法。明挖法施工工艺简单、施工质量好、总工期短、工程造价低，但是对地面交通及周边环境影响稍大。

在地面无条件明挖的情况下，可采用暗挖法。暗挖法除施工竖井外全部施工作业均在地下进行，因此对地面交通和人员出行影响较小，但与明挖法相比，施工难度较大，工期较长，造价较高。

以下着重介绍地下工程常用的几种施工方法。

二、矿山法施工

矿山法是暗挖施工方法之一。凡采用一般开挖地下坑道方法修筑隧道的都称为矿山法。矿山法来源于古老的修筑矿山地下工程中采用的方法。它总是与钻爆、爆破技术联系在一起，因此，有时也称矿山法为钻爆法。一般将在置于基岩中的地下工程中采用传统钻爆法或臂式掘进机开挖的方法统称为矿山法。

用矿山法修筑隧道时，一般将坑道断面分为几部分，按一定顺序开挖断面，并随即将挖出的坑道用临时支撑支护，然后，当断面挖到一定程度或全部断面都挖好时，修筑衬砌。矿山法也是城市深部地下工程常用的暗挖施工方法，具有不影响地面正常交通与生产，地表下沉量小，适用于硬、软岩层中各类地下工程的优点，特别是对于中硬岩石，矿山法具有其他工法无法比拟的优越性。

（一）矿山法施工工序

矿山法施工包含凿岩掘进、出渣与运输、支撑架设、支撑撤换、混凝土衬砌施作、混凝土养护等诸多工序，总体上讲主要包括开挖、支撑、衬砌施工操作三个环节，主要靠这三个环节不断地循环来完成一条隧道的修建。

矿山法的施工顺序有很多种，常用的几种开挖、支撑、衬砌的施工顺序。

拱部衬砌与边墙混凝土衬砌有时不同时施工，根据两者的先后顺序不同，可将矿山法的施工顺序分为先拱后墙法与先墙后拱法。先拱后墙法是先将隧道上部开挖成形并施工拱部衬砌后，在拱圈的掩护下再开挖下部，并施工边墙衬砌；先墙后拱法是在隧道开挖成型后，再由下至上施工模筑混凝土衬砌。先拱后墙法施工衬砌结构的整体性较差，受力状态不好，拱部衬砌结构的沉降量较大，要求的预拱度较大，增加了开挖的工作量。该法施工速度较慢，上部施工较困难，但当上部拱圈完成之后，下部施工就较安全和快速。先墙后拱法施工的各工序及各工作面之间相互干扰小，施工速度较快，衬砌结构整体性较好，受力状态也比较好。

以上两种施工顺序的选择，主要由隧道围岩条件、施工进度、施工安全、经济条件等因素综合决定。

（二）矿山法隧道开挖

隧道开挖按照破岩的方法来分，主要采用两种施工方式：一种是钻爆法，它适用于各类岩石地层；另一种是掘进机法（TBM法），主要适用于中硬以下岩石地层。

1. 隧道常用开挖方法

隧道开挖按照隧道断面不同部位的开挖顺序，主要包括全断面法、台阶法、分部法等几种开挖施工方法。

（1）全断面开挖法

全断面开挖法适用于岩石坚固性中等以上、节理裂隙不很发育、围岩整体性较好，并配有钻孔台车和高效率装运机械的石质隧道。施工时，它将全部设计断面一次开挖成型，然后再修筑衬砌。全断面开挖法的主要工序是：钻孔机械就位→全断面一次钻孔→装药连线→钻孔机械撤离→起爆→出渣→钻孔机械就位→开始下一个钻爆作业循环→同时进行先墙后拱衬砌。

全断面开挖法具有如下优点：作业集中，施工工序少，互相干扰少，便于施工管理；开挖面较大，钻爆施工效率较高，能发挥深孔爆破的优点，加快掘进速度；工作空间较大，易于通风，便于实现综合机械化施工，作业条件好，施工速度快。该法也有缺点，在设备落后、使用小型机械时，凿岩、装药等比较麻烦，难以提高生产效率。

（2）台阶开挖法

采用该法时，将设计断面分为上半部断面与下半部断面，分两次先后开挖成型，若上半部断面开挖超前，则称正台阶开挖法；若下半部断面开挖超前，则称反台阶开挖法。台阶法开挖便于使用轻型凿岩机打眼，而不必使用大型凿岩台车。在装渣运输、衬砌修筑方面，则与全断面法基本相同。

台阶开挖法具有如下优点：有利于开挖面的稳定，尤其是上部开挖支护后，下部断面作业就较为安全；工作空间较大，施工速度较快；作业地点集中，施工管理方便；通风条件好，有利于改善劳动条件等。台阶开挖法也存在一些缺点，如上下部作业相互干扰影响，台阶开挖增加了围岩的扰动次数，下部作业可能对上部稳定性产生不良影响等。

（3）分部开挖法

对于软弱破碎围岩或设计断面较大的隧道施工，一次开挖的范围要小，而且要及时支撑与衬砌，以保持围岩的稳定，在这种情况下，可以采用分部开挖法。分部开挖法是将隧道断面分部开挖逐步成型，且一般将某一部分超前开挖，故又称为导坑超前开挖法。常用的有上导坑法、上下导坑法、单侧壁导坑法、双侧壁导坑法。

分布开挖法具有如下优点：分布开挖跨度小，可以显著增加坑道围岩的稳定性，且易于进行局部支护；导坑超前开挖，利于探明地质情况，为顺利施工提供信息等。分布开挖法的缺点是：分部开挖增加了对围岩的扰动次数，不利于围岩稳定；作业面多，工序间干扰大，既减缓了开挖速度，也增大了施工组织和管理难度。

在当前的施工实践中，采用最多的方法是台阶法，其次是全断面法。在大断面隧道中，单侧壁导坑法和双侧壁导坑法采用较多。由于施工机械的开发和辅助方法的采用，施工方法更多地采用全断面法，特别是呈现出全断面法与超短台阶法结合的发展趋势。

2. 开挖作业

隧道开挖作业（指钻爆开挖）包括钻眼、装药、爆破等几项工作内容。

钻爆作业必须按照钻爆设计进行。钻爆设计应根据隧道工程地质条件、开挖断面、开挖方法、掘进循环尺寸、钻眼机具、爆破材料和出渣能力等因素综合考虑。钻爆设计内容包括炮眼（掏槽眼、辅助眼、周边眼）的布置、数目、深度和角度、装药量和装药结构、起爆方法和爆破顺序等。

隧道爆破常采用光面爆破与预裂爆破等爆破方法。光面爆破又称缓冲爆破法，它是通过调整周边眼的各爆破参数，使爆炸先沿各孔的中心连线形成贯通的破裂缝，然后内围岩体裂解并向临空面方向抛掷。光面爆破的分区起爆顺序是：掏槽眼→辅助眼（由里向外）→周边眼→底板眼。在完整的硬岩岩层中，宜采用光面爆破法。预裂爆破法是以预先爆破周边孔的办法，沿设计轮廓线炸出一个贯通缝，从而把开挖部分的主体岩石与其外部围岩分割开，紧随其后爆破掏槽炮孔和辅助炮孔。由于预裂面的存在，可以更有效地减少后续爆破冲击波对围岩的扰动。预裂爆破法的分区起爆顺序为：周边眼→掏槽眼→辅助眼→底板眼。对于软岩或破碎岩层，宜采用预裂爆破法。

3. 出渣与运输

除了导坑开挖作业外，出渣与运输是影响隧道掘进速度的另一项重要作业。出渣作业包括装渣、运渣与卸渣三个环节；运输（洞内运输）工作除了包含从洞外运进混凝土拌和料、支撑、拱架、模板和轨道材料等工作外，还包括出渣任务，即在开挖面上装渣，并运出洞外到弃土场卸掉。出渣作业在整个隧道施工作业的循环中所用的时间占整个作业时间的 40%～60%，因此出渣作业能力的强弱在很大程度上影响着隧道的施工速度。

（1）装渣

装渣工作由装渣机械来完成，装渣能力应该与每次开挖的土石方量（开挖后的松散渣体积）及运输的容量相适应。装渣机械类型，按其扒渣机构形式可以分为铲斗式、蟹爪式、立爪式、耙斗式、挖斗式等。按走行方式分为轨道式、轮胎式和履带式等。

（2）运输

隧道施工的洞内运输主要包括出渣和进料两项工作。运输方式分为有轨和无轨两种，具体选用何种方式应该依据隧道长度、开挖方法、机具设备、运量大小等确定。

无轨式运输是采用无轨运输车出渣和进料。其特点是机动灵活，不需要铺设轨道，适用于弃渣离洞口较远和道路纵坡度较大的场合。缺点是由于大多采用内燃驱动车辆，作业时在整个洞中排出废气会污染洞内空气，故适用于大断面开挖和中等长度的隧道施工。

有轨式运输是铺设小型钢轨轨道，用轨道式运输车辆出渣和进料。有轨运输大多采用电瓶车或内燃机车牵引，有少量为人力推运，采用斗车或梭式矿车运石渣是一种适应性较强、较为经济的运输方式。

（3）卸渣

应该事先安排好卸渣场地、卸渣线路和卸渣机具等，以便洞内渣石（土）出洞后安全、有效、快速地被卸掉。

（三）矿山法隧道支撑

所谓支撑，是指为了防止坑道开挖后因围岩松动引起坑壁坍塌而及时架设的临时支护，隧道支撑也称为临时支撑。支撑架设应严格按照临时支撑的设计进行。按照规定，临时支撑的设计工作由施工方负责完成。支撑应满足如下基本要求：能及时架设、适用可靠、构造简单、便于拆装、送输方便，能防止突然失效，便于修筑永久支护，经济安全，能多次周转使用等。木支撑、钢支撑、锚杆支撑、喷射混凝土支撑是几种主要的支撑类型。根据开挖与支撑之间的顺序关系，支撑包括了先支后挖、随挖随支及先挖后支等几种方式。

（四）矿山法隧道衬砌

在开挖坑道进行临时支撑后，为了防止围岩不致因暴露时间过长而引起风化、松动和塌落的情况，需要尽快修筑衬砌。衬砌起到长期防护和支撑作用，故又称为永久支撑。

衬砌按衬砌材料分类有石砌衬砌、模筑混凝土衬砌、喷射混凝土衬砌和锚喷衬砌等。按隧道断面形状分类有直墙式衬砌、曲墙式衬砌和带仰拱封闭的曲墙衬砌。

隧道工程及地下工程中常用的支护衬砌形式主要有整体式衬砌、复合式衬砌及锚喷衬砌。复合式衬砌是由初期支护和二次衬砌所组成。初期支护的作用是帮助围岩达到施工期间的初步稳定，二次衬砌的作用则是提供安全储备或承受后期围岩压力。复合式衬砌目前也常用于新奥法施工。整体式衬砌也就是永久性的隧道模筑混凝土衬砌，常用于传统的矿山法施工中。本书主要介绍整体式衬砌施工。

隧道模筑混凝土衬砌施工主要的工序有模筑前的准备工作、拱（墙）架与模板架设、混凝土制备与运输、混凝土灌注、混凝土养护与拆模等。

①模筑衬砌施工前的准备工作。包括场地清理、中线和水平施工测量、开挖断面检查、欠挖部位修凿，以及衬砌材料、机具准备、劳动力组织安排等工作。

②拱（墙）架与模板架设。模筑衬砌所用的拱架、墙架和模板，应该形式简单、装拆方便、表面光滑、接缝严密、有足够的刚度和稳定性。拱架一般多采用钢拱架，用废旧钢轨加工制成，模板也逐渐用钢模代替木模。

拱（墙）架的间距，应根据衬砌地段的围岩情况、隧道宽度、衬砌厚度及模板长度确定，一般可取 1m。当围岩压力较大时，拱（墙）架应增设支撑或缩小间距，拱架脚应铺木板或方木块。架设拱架、墙架和模板，应该位置准确、连接牢固、严防走动。

③混凝土制备与运输。隧道模筑衬砌混凝土的配合比应满足设计要求。混凝土拌和后，应尽快浇筑。混凝土的运输时间不能超过规定的时间限制。

④模筑衬砌混凝土的浇筑工艺要求。隧道模筑衬砌混凝土的浇筑应分节段进行，为保证拱圈和边墙的整体性，避免产生施工的工作缝，每节段拱圈或边墙应连续进行混凝土衬砌。

⑤混凝土养护与拆模。衬砌混凝土灌注后应该进行养护，养护时间应根据衬砌施工地段的气温、空气相对湿度和使用水泥品种确定。当衬砌混凝土硬化后的强度达到施工技术规范规定的强度值时，可以对拱架、边墙支架和模板予以拆除。

三、新奥法施工

（一）概述

新奥法即奥地利隧道施工新方法，简写为 NATM。它是在进行支护设计和施工时，把坑道围岩体和各种支护结构作为一个完整支护体系的新的支护理论和方法。它是以喷射混凝土和锚杆作为主要支护手段，通过监测控制围岩的变形，便于充分发挥围岩的自承能力的施工理念。它是在锚喷支护技术的基础上总结和提出的。

喷混凝土是利用高压空气，将掺有速凝剂的混凝土混合料通过混凝土喷射机与高压水混合，喷射到岩面上，迅速凝结而成的。

锚喷支护是喷射混凝土、锚杆、钢筋网等结构组合起来的支护形式。可以根据不同围岩的稳定状况，采用锚喷支护中的一种或几种结构的组合。用机械方法加固隧道围岩，可设锚杆；张挂金属网，可提高喷混凝土支护层的抗拉能力、抗裂性、抗震性。

工程实践证明锚喷支护较传统的现浇混凝土衬砌优越，锚喷结构能及时支护，有效地控制围岩的变形，防止岩块坠落和坍塌的产生，充分发挥围岩的自承能力。锚喷支护能大量节省混凝土、木料、劳动力，加快施工进度，工程造价可降低 40%～50%，并有利于施工机械化和改善劳动条件等。

锚喷支护是一种符合岩体力学原理的积极支护方法，具有良好的物理力学性能。它能及时支护和加固围岩，与围岩密贴，封闭岩体的张性裂隙和节理，加固围岩结构面，有效地发挥和利用岩块间的镶嵌、咬合和自锁作用，从而提高岩体自身的强度、自承能力和整体性。由于锚喷支护结构柔性好，所以它能同围岩共同变形，构成一个共同工作的承载体系。在变形过程中，它能调整围岩应力，抑制围岩变形的发展，避免岩体坍塌的产生，防止过大的松散压力出现。锚喷支护技术不再把围岩仅仅视作荷载（松散压力），同时还把它视为承载结构的组成部分。锚喷支护结构承受荷载的性质也变为承受围岩的形变压力。

新奥法的要点是：

①围岩体和支护视作统一的承载结构体系，岩体是主要的承载单元；

②允许围岩产生局部应力松弛，也允许作为承载环的支护结构有限制的变形；

③通过试验、量测决定围岩体和支护结构的承载、变形、时间特性；

④按"预计的"围岩局部应力松弛选择开挖方法和支护结构；

⑤在施工中，通过对支护的量测、监视，修改设计，决定支护措施或二次衬砌。

锚喷支护应配合光面爆破等控制爆破技术，使开挖断面轮廓平整、准确，便于锚喷成型，并减少回弹量；减轻爆破对围岩的松动破坏，维护围岩强度和自承能力，使它受力良好。

另外，锚喷支护的使用也是有一定条件的，在围岩的自立能力差、有涌水及大面积淋水处和地层松软处就很难成型。

新奥法理论，最初是在岩体中开挖修建洞室的基础上提出来的，但到后来，在软弱土层中修筑地下工程，也普遍地采用了新奥法理论，从而拓宽了该方法的领域。不能把新奥法看成是一种特定的施工方法或具体的支护技术，应结合工程实际来体现新奥法的原则。

（二）新奥法施工的基本原则

虽然新奥法有以上五条要点，但这只是概念和原则，施工时可根据具体条件，灵活地选择开挖方法、爆破技术、支护形式、支护施作时机和辅助工法。其目的就是调动和发挥围岩的自承能力，把围岩体和支护结构作为一个统一的承载结构体系。

新奥法施工的基本原则，可归纳为"管超前、严注浆、短进尺、强支护、紧封闭、勤量测"18个字。

管超前、严注浆，是新奥法施工的辅助工法。它指在软弱围岩中，对掌子面打超前导管或大管棚，对围岩进行注浆，以提高围岩的黏结强度、密实度和自稳能力。

短进尺、强支护，指在软弱围岩中，土体的自稳能力和承载力不完整，所以每一开挖循环进尺要短一些，缩短土体的暴露时间和应力松弛时间。同时施作紧跟掌子面的较刚性支护，一方面控制围岩产生过大的变形，提高其稳定性；另一方面使围岩的变形适度发展，以充分发挥围岩的自承能力。

紧封闭，一方面是指采取喷射混凝土等防护措施，避免围岩因长时间暴露导致强度和稳定性的衰减，尤其是易风化的软弱围岩；另一方面更为重要的是指要适时对围岩施作封闭形支护，这样做不仅可以及时阻止围岩变形，而且可以使支护和围岩能进入良好的共同工作状态。

勤量测，是指以直观、可靠的量测方法和量测数据来准确评价围岩（或围岩加支护）的稳定状态，或判断其动态发展趋势，以便及时调整支护形式、开挖方法，确保施工安全和顺利进行。

量测是现代隧道及地下工程理论的重要标志之一，也是掌握围岩动态变化过程的手段和进行工程设计、施工的依据。

四、盾构法施工

（一）概述

盾构是一种集施工开挖、支护、推进、衬砌、出土等多种作业于一体的大型暗挖隧道施工机械。利用盾构机在地面下暗挖隧道的施工方法，称为盾构法。盾构法在施工时，在隧道某段的一端建造竖井或基坑（工作井），以供盾构安装就位；盾构从工作井的壁墙开孔（出洞口）处出发，在地层中沿着设计轴线，向另一竖井或基坑（接收井）的设计孔洞（进洞口）推进，隧道衬砌也随着盾构推进在盾尾随之形成。当盾构进洞后，此段隧道也随之形成。

盾构法施工有如下优点：

①隧道施工作业在地下进行，具有良好的隐蔽性，既不影响人们的正常生活生产秩序，又可减少噪声、振动引起的公害；

②机械化和自动化程度高，劳动强度低，施工人员少，施工易于管理；

③施工人员的作业在盾构设备的掩护下进行，施工安全；

④采用暗挖方式，土方量少，不影响地面的交通或行道通行及地面建筑的正常使用；

⑤施工不受气候条件的影响；

⑥隧道埋深对施工费用的影响小；

⑦适宜在不同颗粒土层中施工等。

由如上一些优点可见，在城市中，利用盾构法施工可以解决许多其他方法无法解决的工程问题。例如：在城市中心修建地铁时，可以免拆大量的地面建筑而且不影响地面交通；在修建江底隧道时，可以不受水文、气候、航运等条件的限制等。目前，盾构法施工已经在世界范围内得到广泛应用。

（二）盾构的构造与分类

1. 盾构的基本构造

盾构以圆筒形居多，也有矩形、马蹄形或半圆形等特殊形状外形的。盾构机械主要由盾壳、推进系统、拼装机构等部分组成，另外还有支护结构、出土系统及附属设备等，对于机械挖掘式盾构还有挖掘机构。盾构的各种系统与机构均置身于盾壳之内。盾壳一般为钢制圆筒体，从前到后分为切口环、支撑环和盾尾三个部分。

（1）切口环部分

切口环部分位于盾构的最前端，施工时切入地层并掩护开挖作业，环前端制成刃口，以减少切土阻力和对地层的扰动。切口环的长度决定于工作面的支撑、开挖方法以及挖土机具和操作人员的工作空间等。大部分手掘式盾构切口环的顶部较下部长，以增加掩护长度。机械式盾构的切口环中设置有各种挖土机构。在泥水加压式和土压平衡式盾构中，由于切口环部分的压力高于常压，故切口环与支撑环之间需要用密闭隔板分开，形成闭胸式盾构。

（2）支撑环部分

支撑环紧接在切口环后，位于盾构中部。支撑环为一具有较强刚性的圆环结构。作用在盾构上的各种主要力包括地层土压力、千斤顶的顶力以及切口、盾尾，衬砌拼装时传来的施工荷载均由支撑环承担。支撑环的外沿布置盾构推进千斤顶。大型盾构的所有液压、动力设备、操纵控制系统、衬砌拼装机等均集中布置在支撑环位置。中、小盾构则可以把部分设备移到盾构后部的车架上。盾构的推进是由千斤顶来完成的。

（3）盾尾部分

盾尾由盾构外壳钢板延长构成，主要用于掩护隧道衬砌的安装操作。衬砌的拼装操作由衬砌拼装系统来完成，衬砌拼装器的举重臂位于盾尾。为了防止水土及压浆材料从盾尾与衬砌之间进入盾构内，盾尾末端设有密封装置。

2. 盾构分类

盾构的类型很多，按盾构开挖形式不同可以分为手掘式、半机械挖掘式和全机械挖掘式三种，按盾构前部构造的不同可以分为闭胸式和敞胸式两种，按盾构断面形状的不同可以分为圆形、拱形、矩形和马蹄形四种，按稳定开挖面的方式不同可以分为局部气压盾构或全气压盾构及泥水加压平衡、土压平衡的无气压盾构等。各类型盾构有其各自的适用条件。目前，泥水加压盾构与土压平衡盾构是世界上最常用、最先进的两种盾构形式。

（三）盾构施工

盾构施工由工作井和接收井建造、盾构机拼装、盾构出洞、盾构推进、盾构进洞及盾构机回收等组成。

1. 盾构工作井建造与盾构机拼装

盾构工作井（拼装井）设置于盾构施工段的起始端，它是盾构机始发的场所，也是施工机械、人员、材料及出土的垂直通道。盾构机是个很大又非常复杂的施工机械，如果将它整体吊入井内是很困难的甚至是不可能的，因此在盾构隧道施工前，通常先要在井内进行盾构的拼装与调试，然后通过工作井的预留孔口，让盾构按设计要求进入土层。盾构工作井内通常要设置基座和后靠墙，基座上设有轨道，盾构下到井内时在轨道上完成拼装和调试工作。盾构前进的推力由盾构推进千斤顶提供，在盾构出洞阶段，千斤顶的反作用力主要由后靠墙提供，并由后靠墙将力传至井壁后的土体。盾构工作井的结构形式较多地采用沉井和地下连续墙。在井深较浅、远离建筑物的情况下，应该尽量采用沉井结构工作井。沉井结构工作井的特点是：单体工程较为经济、施工设备简易、施工周期较短。缺点是：在下沉过程中对外侧土体的扰动较大；相邻范围的地表沉降量大；盾构进出洞常会因沉井下沉时土体中央带的石块的存在而导致盾构进出洞困难；当沉井下沉深度很大时，会导致下沉困难等。采用地下连续墙结构是解决大型隧道工作井和地铁车站深基坑常用的方法之一，它可以作为工作井的挡土结构，又可以作为工作井永久结构的一部分。其优点是深度大、地表沉降小、适应性强、便于逆作法施工、适于地铁车站施工、能兼作深基础等。地下连续墙的缺点是工程造价较高，在施工时存在处理废弃泥浆的问题，施工设备较昂贵、技术要求高等。

2. 盾构进洞

在始发井（工作井）内，盾构按设计高程、坡度及方位推进预留孔口，进入正常土层的过程，即为盾构进洞。盾构进洞是盾构施工的重要环节之一。

盾构进洞主要需解决两个问题：一是洞口的密封，不能让水土涌入工作井内；二是保持洞口附近土体的稳定性。为此，需要在洞口设置密封胀圈，并对预留孔洞外侧一定范围内的土体进行改良。改良土体的方法有冻结法、深层搅拌法、高压喷射注浆法、注浆法等。

3. 盾构推进

盾构推进主要包括切入土层、土体开挖、衬砌拼装和衬砌背后压浆四个工序。这四个工序的循环过程也就是盾构推进的过程，随之隧道逐渐形成。

（1）切入土层

盾构向前推进的动力是由千斤顶提供的。开启千斤顶，将切口环或切削刀盘向前推进，此时切口环或切削刀盘上的切削刀便切入土层。在盾构施工中，盾构的方向、位置及盾构的纵坡，均根据盾构测量系统对盾构问题的量测结果，依靠调整千斤顶的编组及辅助措施加以控制。

（2）土体开挖

土体开挖方式主要有敞开式开挖、挤压式开挖、网格式开挖和机械切削式开挖等几种，具体开挖形式由土层条件和据此选用的盾构类型确定。使用手掘式及半机械式盾构时，均为敞开式开挖，这类形式的开挖要求土层地质条件好、开挖面在掘进中能维持稳定或采取措施后能维持稳定，开挖程序一般是从顶部开始逐层向下挖掘。挤压式开挖一般不出土或只部分出土，对地层有较大的扰动，施工中应精心控制出土量，以减小地表变形。

对于网格式开挖盾构，开挖面被盾构的网格梁与隔板分成许多格子，盾构推进时，土体从格子里呈条状挤出，应根据土质条件调节网格开孔的面积。这种网格对工作面还起到支撑作用，这种出土方式效率高。机械切削开挖，主要是指与盾构直径相当的全断面旋转切削刀盘开挖方式，大刀盘切削开挖配合运土机械，可以使土方从开挖到装车运输均实现机械化。

（3）衬砌拼装

盾构法修建隧道常用的衬砌施工方法有预制管片衬砌拼装、挤压混凝土衬砌、现浇混凝土衬砌和先安装预制管片外衬后再现浇混凝土内衬的复合式衬砌，其中以管片衬砌采用得最多。隧道管片衬砌是采用预制管片，随着盾构推进，在盾构尾部盾壳保护下的空间内进行管片衬砌拼装，即在盾尾依次拼装衬砌环，由衬砌环纵向依次连接而成隧道的衬砌结构。管片在预制时，管片上预留能够插入螺栓的孔洞，相邻管片的这种孔洞是配对的，管片间的连接利用螺栓完成。

（4）衬砌背后压浆

在衬砌形成后，应该及时将一定配合比的水泥砂浆注入衬砌层与围岩壁面之间的空隙。衬砌背后压浆可起到如下作用：改善隧道衬砌结构的受力形状，使衬砌与周围土层共同变形；防止隧道周围变形，防止地表沉降与地层压力增长；增强衬砌的防水性能。向衬砌背后压浆，可以采用在盾壳外表上设置注浆管随盾构推进进行同步压浆的形式，也可以用管片上的预留注浆孔进行压浆的形式。压浆要左右对称、从下向上逐步进行，并尽量避免单点超压注浆，而且在衬砌背后空隙未被完全充填饱满之前，不允许中途停止压浆工作。压浆设备由注浆泵、软管、连管片压浆孔的旋塞注浆嘴等组成。

4. 盾构出洞及盾构机回收

盾构推进至现行隧道段的末端时，将由土层进入到盾构接收井中，这个过程称为盾构出洞。盾构接收井的建造与工作井相似，但不必设后靠墙。为了实现盾构能安全出洞的目的，通常需要对出洞区附近的土层进行改良。待盾构出洞后，将盾构解体，并从接收井吊出至地面，至此完成本隧道段的施工。

五、顶管法施工

（一）概述

按以往常规方法，敷设地下管道，多采用开槽（明挖）技术，施工时要挖大量的土方，并要有临时存放土方的场地，以便安好管道后进行回填。这种施工方法污染环境、阻断交通，给人们生产和日常生活带来极大的不便。顶管施工技术可以避免以上问题。

顶管法是继盾构施工技术之后而发展起来的一种敷设地下管道的施工技术，它不需要开挖路面层，并且能够穿越公路、铁路、河川、地面建筑物以及地下管线等。

顶管施工操作程序是：先在准备敷设管道的一端挖工作坑（或称顶压坑、工作井等），在另一端挖接收坑（或称接受坑、接收井等）；在工作坑内，按管道设计位置，根据管道外径尺寸，利用掘进机或人工向土层内挖土，边挖土边用千斤顶将掘进机或工具管及其随后的管节逐节顶入土层，直到顶至位于设计长度的另一端的接收坑为止，将工具管或掘进机从工作坑吊起，这样就将管道埋设在工作坑与接收坑之间的土层中了。

顶管工程与盾构工程既有相似的地方，也有不同的地方，其区别主要表现在两个方面。首先，机械的推进反力的提供载体不同。盾构机除了在推进的初始阶段（进洞阶段）推进反力主要由工作井背后土层提供外，在隧道的掘进中，盾构推进反力由盾尾后一定范围内的衬砌管片与土层间的摩擦力提供，盾构的推进装置是随盾构的推进而前行的；顶管工程的顶进反力是由工作井壁后土层提供或由中继间后的管道与土层所提供，在顶进过程中顶进装置并不随管道的前进而前行。其次，盾构隧道衬砌随开挖工作而逐渐形成，而顶管管道的管节是一节接一节地被顶入土层中的。可见，顶管技术是有别于盾构技术的另外一种非开挖的敷设地下管道的施工方法。由于在管道顶进时需要克服管道周围的土层阻力，因此管径越大顶进就越困难，通常隧道内径大于4m，使用顶管法施工没有使用盾构法施工经济合理，但对内径小于4m或更小的管道，特别是对于城市市政工程的管道，使用顶管法有其独特的优越性。

（二）顶管工程的组成

顶管工程主要由工作井与接收井、掘进机或工具管、主顶装置及中继间、管节、输土系统、测量系统、注浆系统、供电及照明系统、通风与换气系统等设备与设施组成。

1. 工作井与接收井

工作井是顶管掘进机的始发场所，也是安放所有顶进设备、垂直运输材料等的场所，还是承受主顶油缸推力的反作用力的构筑物。工作井内设置进洞洞口、后座墙与基座导轨等设施，井上设提升系统。在一开始顶进时，顶管掘进机或工具管由进洞洞口进入土层，为了避免地下水和泥沙流入工作井，需要在洞口安设止水圈。基座导轨起到管道推进入洞的导向作用与顶铁工作时的托架作用。后座墙是把主顶油缸推力的反力传递到工作井后部土体中去的墙体。

接收井是接收掘进机的场所。通常管子从工作井中一节节推进，到接收井中把掘进机吊起，再把第一节管子推入接收井一定长度后，整个顶管工程基本结束。接收井内设置出洞洞口，洞口上安设止水圈。

2. 掘进机或工具管

顶管掘进机是安放在所顶管道最前端的顶管用的机械。如果在顶进中不用挖掘机，而仅在推进管前有一个钢制的带刃口的管子，则称其为工具管。工具管主要有手掘式和挤压式两种：人在工具管内挖土，则为手掘式工具管；如果工具管内的土是被挤出来再作处理的，则为挤压式工具管。顶管掘进机有半机械与机械之分，在钢制壳体内设有反铲之类机械手进行挖土的则称为半机械式掘进机。机械式掘进机可分为泥水式、泥浆式、土压式和岩石掘进机等几种，其中以泥水式和土压式使用得最为普遍，掘进机的结构形式也最为普遍。不论何种掘进机或工具管，都应该具有挖土保护和纠偏功能。

不同的顶管掘进机或工具管有着不同的适用性。挤压式工具管适用于软黏土中，而且覆土深度要求比较深。手掘式工具管一般只适用于能自稳的土层中，如果条件变得复杂，则需要采用辅助施工措施。手掘式工具管的最大的特点是在地下障碍较多且较大的条件下，排除障碍的可能性最大、最好。半机械式挖掘机的适用范围与手掘式工具管差不多。泥水式掘进机的适用范围更广一些，而且在许多条件下不需要采用额外的辅助施工措施。土压式掘进机的适用范围最广，尤其是加泥式土压平衡掘进机的适用范围最为广泛，从淤泥质土到砂砾层，都能适应，而且通常也不用辅助施工措施。

3. 主顶装置与中继间

管道的顶进力通常由主顶装置提供。主顶装置由主顶油缸、主顶油泵和操纵台及油管四个部分组成。主顶油缸的压力由主顶油泵通过高压油管供给，油缸的推进与回缩通过操纵台控制。为了将主顶油缸的推力较均匀地分布在所顶管节的端面上以及弥补主顶油缸行程与管节程度之间的不足，一般需要在主顶油缸与管节间架设环形和弧形或马蹄形顶铁。

在长距离顶管施工中，主顶装置可能无法提供所需的强大的推力，此时可以在管道中途设置中继站（即中继间），其内均匀地安装许多台油缸，采用中继间接力的形式完成长距离顶管工程。

4. 管节

顶进用管分为多管节和单一管节两大类。多管节管子多由钢筋混凝土材料制成，管节长度2~3m不等，为保证顶进施工及以后使用中不渗漏，各管节两端都必须设置可靠的管接口。单一管节基本上都是用钢材制成的，其接口都是焊接的。

5. 输土系统

输土系统会因不同的推进方式而不同。在手掘式顶管中，大多采用人力劳动车出土；在土压平衡式顶管中，常采用螺旋推进器将工作面挖掘下来的土排出，用蓄电池拖车在管道中运输，也有采用土砂泵方式出土的；在泥水平衡式顶管中，都采用泥浆泵和管道输送泥水。

6. 测量系统

为了保证顶管按设计的高程和方位顶进，必要时需对顶进方向的偏差情况进行测量。测量装置有经纬仪、水准仪或激光经纬仪等。

7. 注浆系统

为了减少顶进过程中管壁与土体间的摩擦阻力，应在顶进时利用注浆系统不断地向管壁外周压注泥浆。注浆系统由拌浆机、注浆泵、输浆管道和注浆孔等组成。输浆管道分为总管和支管，总管安装在顶进管道内侧，支管则把总管输送过来的浆液输送到每个注浆孔中。

8. 供电及照明系统

顶管施工中常采用的供电方式有两种：

①先将高压电（如1000V）输送至掘进机后的管子中，然后由管子中的变压器进行降压，最后将降压后的电输送至掘进机的电源箱中去。这种供电方式，一般用于口径比较大而且顶进距离又比较长的情况。

②直接供电。如果动力电用380V，则由电缆直接把380V电输送到掘进机的电源箱中，这种供电方式一般用于顶进距离较短和口径较小的顶管中以及用电量不大的手掘式顶管中。

照明通常也有低压和高压两种：手掘式顶管施工中的照明应该选用12~24V低压电源；若管径大，照明灯固定，则可以采用220V电源。

9. 通风与换气系统

在顶管特别是长距离顶管中，可能发生气体中毒或缺氧现象，因此通风与换气是顶管中不可缺少的一环。顶管中的换气应采用专用的抽风机或者鼓风机。通风管道需一直通到掘进机内，把浑浊的空气抽离工作井，然后让新鲜空气自然地补充，或者使用鼓风机，使工作井空间的空气强制流通。

（三）顶管施工方法

不同的顶管机械施工的工艺原理、工艺与流程有所差异。下面仅对最常用的土压顶管施工及泥水加压平衡顶管施工加以介绍。

1. 土压平衡顶管施工

（1）主要施工机械

土压平衡顶管施工中主要使用的机械为土压平衡式顶管掘进机。

（2）工艺原理

土压平衡顶管是根据土压平衡的基本原理，利用顶管机的刀盘切削和支撑机内土压舱的正面土体，抵抗开挖面的水土压力以达到土体稳定的目的。以顶管机的顶速即切削量为常量，螺旋输送机转速即排土量为变量进行控制，直到土压舱内的水土压力与切削面的水土压力保持平衡，由此减少对正面土体的扰动，减小地表的沉降与隆起。

（3）施工工艺与流程

①施工准备工作流程：

工作井的清理、测量及轴线放样→安装和布置地面顶进辅助设施→设置与安装井口龙门吊车→安装主顶设备后靠背→安装与调整主顶设备导向机架、主顶千斤顶→安装与布置工作井内的工作平台、辅助设备、控制操作台→实施出洞辅助技术措施，如井点降水、地基加固等→安装调试顶管机准备出洞。

②顶管顶进施工工艺流程：

安放管接口扣密封环、传力衬垫→下吊管节，调整管门中心，连接就位→电缆穿管道，接通总电源、轨道、注浆管及其他管线→启动顶管机主机土压平衡控制器，地面注浆机头顶进注水系统等→启动螺旋输送机排土→随着管节的推进，测量轴线偏差，调整顶进速度，直至一节管节推进结束→主顶千斤顶回缩后位后，主顶进装置停机，关闭所有顶进设备，拆除各种电缆与管线，清理现场。重复以上步骤继续顶进。

③顶进到位施工工艺流程：

顶进即将到位时，放慢顶进速度，准确测量出机头位置，当机头到达接收井洞口封门时停止顶进→在接收井内安放好引导轨→拆除接收井洞口封门→将机头送入接收井，此时刀盘的进排泥泵均不运转→拆除动力电缆、摄像仪及连线、进排泥管和压浆管路等，分离机头与管节，吊出机头→将管节顶到顶定位置→按顺序拆除中继环并将管节靠拢→拆除主顶油缸、油泵、后座及导轨→清场。

2. 泥水加压平衡顶管施工

（1）主要施工机械

在顶管施工的分类中，把用水力切削泥土以及虽然采用机械切削泥土但采用水力输送弃土，同时利用泥水压力来平衡地下水压力和土压力的这一类顶管形式，都称为泥水式顶管施工。这样从有无平衡的角度出发，又可以把它们细分为具有泥水平衡功能和不具有泥水平衡功能两大类，现今生产的比较先进的泥水式顶管掘进机大多具备泥水平衡功能。泥水加压平衡顶管施工主要使用机械为泥水加压平衡式顶管掘进机。

（2）工艺原理

泥水加压平衡顶管机机头设有可调整推力的浮动大刀盘进行切削和支撑土体。推力设定后，刀盘随着土压力的大小变化前后浮动，始终保持对主体的稳定支撑力，使土体保持稳定。刀盘的顶推力与正面土压力保持平衡。机头密封舱中接入有一定含泥量的泥水，泥水也保持一定的压力，一方面对切削面的地下水起平衡作用，另一方面又起运走刀盘切削下来的泥土的作用。进泥泵将泥水通过旁通阀送入密封舱内，排泥泵将密封舱内的泥浆抽排至地面的泥浆池或泥水分离装置内，通过调整进泥泵和排泥泵的流量来调整密封舱的泥水压力。

（3）施工工艺与流程

①准备工作。准备工作与土压平衡顶管相似。

②顶进施工工艺流程。拆除洞口封门→推进机头，机头进入土体时开动大刀盘和进排泥泵→推进至卸管节时停止推进，拆开动力电缆、进排泥管，控制电缆线和摄像仪连线，缩回推进油缸→将事先安放好密封环的管节吊下，对准插入就位→接上动力电缆、控制电缆、摄像仪连线、进排泥管，接通压浆管路→启动顶管机、进排泥泵、压浆泵、主顶油缸，推进管节→随着管节的推进，不断观察轴线位置和各种指示仪表，纠正管道轴线方位，并根据土压力的大小调整顶进速度→当一节管节推进结束后，重复上述步骤，继续推进→长距离顶管时，在规定位置设置中继环→顶进到位。顶进到位后的施工流程与土压平衡顶管相似。

第六章　水准测量与全站仪角测量

第一节　水准测量

一、水准测量原理

水准测量是利用水准仪提供的水平视线，读取竖立于两个点上水准尺的读数，来测定两点间的高差，再根据已知点的高程计算待定点的高程。

如图 6-1 所示，地面上有 A，B 两点，设 A 点的高程 H_A 为已知。为求 B 点的高程 H_B，在 A，B 两点之间安置水准仪，A，B 两点各竖立一把水准尺，通过水准仪的望远镜读取水平视线分别在 A，B 两点水准尺上截取的读数为 a 和 b，求出 A 点至 B 点的高差为：

$$h_{AB} = a - b$$

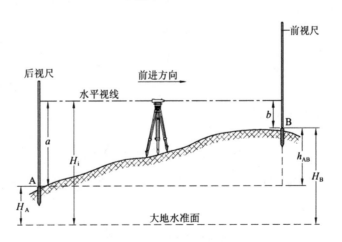

图 6-1　水准测量原理

设水准测量的前进方向为 A→B，称 A 点为后视点，其水准尺读数 a 为后视读数；称 B 点为前视点，其水准尺读数 3 为前视读数；两点间的高差 = "后视读数" – "前视读数"。后视读数大于前视读数时，高差为正，表示 B 点比 A 点高，$h_{AB} > 0$；后视读数小于前视读数时，高差为负，表示 B 点比 A 点低，$h_{AB} < 0$。

当 A，B 两点相距不远且高差不大时，安置一次水准仪，就可以测得 h_{AB}。此时，B 点高程的计算公式为：

$$H_B = H_A + h_{AB}$$

B 点高程也可用水准仪的视线高程 H_i 计算，即：

$$\left. \begin{array}{l} H_i = H_A + a \\ H_R = H_i - b \end{array} \right\}$$

当安置一次水准仪要测量出多个前视点 B_1，$B_2 \cdots$，B_n 点的高程时，采用视线高程 H_i 计算这些点的高程就非常方便。设水准仪对竖立在 B_1，$B_2 \cdots$，B_n 点的水准尺读取的读数分别为 b_1，b_2，$\cdots$，b_n，则各点的高程计算公式为：

$$\left. \begin{array}{l} H_{B_1} = H_i - b_1 \\ H_{B_2} = H_i - b_2 \\ \vdots \\ H_{B_n} = H_i - b_n \end{array} \right\}$$

当 A，B 两点相距较远或高差较大且安置一次仪器无法测得其高差时，就需要在两点间增设若干个用于传递高程的临时立尺点，称为转点，如图 6-2 中的 TP_1，TP_2，$\cdots$，TP_{n-1} 点，并依次连续设站观测，设测出的各站高差为：

$$\left. \begin{array}{l} h_{A1} = h_1 = a_1 - b_1 \\ h_{12} = h_2 = a_2 - b_2 \\ \vdots \\ h_{(n-1)B} = h_n = a_n - b_n \end{array} \right\}$$

则 A，B 两点间高差的计算公式为：

$$h_{AB} = \sum_{i=1}^{n} h_i = \sum_{i=1}^{n} a_i - \sum_{i=1}^{n} b_i$$

上式表明，A，B 两点间的高差等于各测站后视读数之和减去前视读数之和。常用上式检核高差计算的正确性。

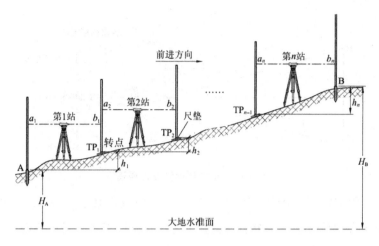

图6-2 连续设站水准测量原理

二、水准测量的仪器与工具

水准测量所用的仪器为水准仪，工具有水准尺和尺垫。

（一）微倾式水准仪

水准仪的作用是提供一条水平视线，能瞄准距水准仪一定距离处的水准尺并读取尺上的读数。通过调整水准仪的微倾螺旋，使管水准气泡居中获得水平视线的水准仪称为微倾式水准仪；通过补偿器获得水平视线读数的水准仪称为自动安平水准仪。

国产微倾式水准仪的型号有：DS05，DS1，DS3，DS10，其中字母D，S分别指"大地测量"和"水准仪"汉语拼音的第一个字母，字母后的数字表示仪器每千米往返测高差中数的中误差，以"mm"为单位。DS05，DS1，DS3，DS10水准仪每千米往返测高差中数的中误差分别为±0.5mm，+1mm，+3mm，+10mm。

通常称DS05，DS1为精密水准仪，主要用于国家一、二等水准测量和精密工程测量；称DS3，DS10为普通水准仪，主要用于国家三、四等水准测量和常规工程建设测量。

水准仪主要由望远镜、水准器和基座组成。

1. 望远镜

望远镜用来瞄准远处竖立的水准尺并读取水准尺上的读数，要求望远镜能看清水准尺上的分划和注记并有读数指标。根据在目镜端观察到的物体成像情况，望远镜分正像望远镜和倒像望远镜，正像望远镜由物镜、调焦镜、倒像棱镜、十字丝分划板和目镜组成。

如图6-3所示，设远处目标AB发出的光线经物镜及物镜调焦镜折射后，在十字丝分划板上成一倒立实像ab，通过目镜放大成虚像$a'b'$，十字丝分划板也同时被放大。

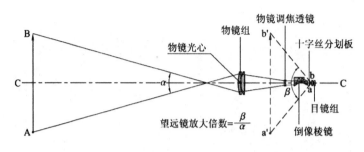

图6-3 正像望远镜成像原理

观测者通过望远镜观察虚像 $a'b'$ 的视角为 β，而直接观察目标 AB 的视角为 α，显然，$\beta > \alpha$。由于视角放大了，观测者就感到远处的目标移近了，目标看得更清楚了，从而提高了瞄准和读数精度。通常定义 $V = \beta/\alpha$ 为望远镜的放大倍数。

十字丝分划板是在一直径约为 10mm 的光学玻璃圆片上刻划出三根中丝和一根垂直于中丝的竖丝。中间的长中丝称为中丝，用于读取水准尺分划的读数；上、下两根较短的中丝称为上丝和下丝，上、下丝总称为视距丝，用来测定水准仪至水准尺的距离，称视距丝测量的距离为视距。

十字丝分划板安装在一金属圆环上，用四颗校正螺丝固定在望远镜镜筒上。望远镜物镜光心与十字丝分划板中心的连线称为望远镜视准轴，通常用 CC 表示。望远镜物镜光心的位置是固定的，调整固定十字丝分划板的四颗校正螺丝，在较小的范围内移动十字丝分划板可以调整望远镜的视准轴。

物镜与十字丝分划板之间的距离是固定不变的，而望远镜所瞄准的目标有远有近。目标发出的光线通过物镜后，在望远镜内所成实像的位置随着目标的远近而改变，应旋转物镜调焦螺旋使目标像与十字丝分划板平面重合才可以读数。此时，观测者的眼睛在目镜端上下微微移动时，目标像与十字丝没有相对移动。

如果目标像与十字丝分划板平面不重合，观测者的眼睛在目镜端上下微微移动时，目标像与十字丝之间就会产生相对移动，这种现象称为视差。

视差会影响读数的正确性，读数前应消除它。消除视差的方法是：将望远镜对准明亮的背景，旋转目镜调焦螺旋，使十字丝十分清晰（简称目镜对光）；将望远镜对准标尺，旋转物镜调焦螺旋使标尺像十分清晰（简称物镜对光）。

2. 水准器

水准器用于置平仪器，有管水准器和圆水准器两种。

（1）管水准器

管水准器由玻璃圆管制成，其内壁磨成一定半径 R 的圆弧。将管内注满酒精或乙醚，加热封闭冷却后，管内形成的空隙部分充满了液体的蒸气，称为管水准气泡。因为蒸气的比重小于液体，所以，管水准气泡总是位于内圆弧的最高点。

管水准器内圆弧中点 O 称为管水准器的零点，过零点作内圆弧的切线 LL 称为管水准器轴。当管水准气泡居中时，管水准器轴 LL 处于水平位置。

管水准器一般安装在圆柱形、上面有开口的金属管内，用石膏固定。一端为球形支点 A，另一端用四个校正螺丝将金属管连接在仪器上。用校正针拨动校正螺丝，可以使管水准器相对于支点 A 做升降或左右移动，从而校正管水准器轴平行于望远镜的视准轴。

在管水准器的外表面、对称于零点的左右两侧，刻划有 2mm 间隔的分划线。定义 2mm 弧长所对的圆心角为管水准器格值 τ''：

$$\tau'' = \frac{2}{R}\rho''$$

式中，$\rho'' = 206265$，为弧秒值，即 1 弧度等于 $206265''$；R 为以 "mm" 为单位的管水准器内圆弧半径。

格值 τ'' 的几何意义为：当水准气泡移动 2mm 时，管水准器轴倾斜角度显然，R 越大，τ'' 越小，管水准器的灵敏度越高，仪器置平的精度也越高，反之置平精度就低。DS3 水准仪管水准器的格值为 $20''/2mm$，其内圆弧半径 $R = 20626.5mm$。

为了提高水准气泡居中的精度，在管水准器的上方安装有一组符合棱镜。通过这组棱镜，将气泡两端的影像反射到望远镜旁的管水准气泡观察窗内，旋转微倾螺旋，当窗内气泡两端的影像吻合时，表示气泡居中。

制造水准仪时，使管水准器轴 LL 平行于望远镜的视准轴 CC。旋转微倾螺旋使管水准气泡居中时，管水准器轴 LL 处于水平位置，从而使望远镜的视准轴 CC 也处于水平位置。

（2）圆水准器

圆水准器由玻璃圆柱管制成，其顶面内壁为磨成半径 R' 的球面，中央刻划有小圆圈，其圆心 O 为圆水准器的零点，过零点 O 的球面法线为圆水准器轴 $L'L'$。当圆水准气泡居中时，圆水准器轴处于竖直位置；当气泡不居中，气泡偏移零点 2mm 时，轴线所倾斜的角度值，称为圆水准器的格值 τ'。τ' 一般为 $8'$，其对应的顶面内壁球面半径 $R' = 859.4mm$。圆水准器的格值 τ' 远大于管水准器的格值 τ''，因此，圆水准器通常用于粗略整平仪器。

制造水准仪时，使圆水准器轴 $L'L'$ 平行于仪器竖轴 VV，旋转基座的三个脚螺旋使圆水准气泡居中时，圆水准器轴 $L'L'$ 处于竖直位置，从而使仪器竖轴 VV 也处于竖直位置。

3. 基座

基座的作用是支承仪器的上部，用中心螺旋将基座连接到三脚架上。基座由轴座、脚螺旋、底板和三角压板构成。

(二) 水准尺和尺垫

普通水准尺一般用优质木材、玻璃钢或铝合金制成，长度为2~5m不等。根据构造可以分为直尺、塔尺和折尺。其中，直尺又分单面分划和双面分划两种。

塔尺和折尺常用于图根水准测量，尺面上的最小分划为1cm或0.5cm，在每米和每分米处均有注记。

双面水准尺多用于三、四等水准测量，以两把尺为一对使用。尺的两面均有分划，一面为黑白相间，称为黑面尺；另一面为红白相间，称为红面尺。两面的最小分划均为1cm，只在分米处有注记。两把尺的黑面均由零开始分划和注记；而红面，一把尺由4.687m开始分划和注记，另一把尺由4.787m开始分划和注记，两把尺红面注记的零点差为0.1m。

尺垫是用生铁铸成的三角形板座，用于转点处放置水准尺。尺垫中央有一凸起的半球，水准尺竖立在半球顶，下有三个尖足便于将其踩入土中，以固稳防动。尺垫的质量应不小于1kg。

(三) 微倾式水准仪的使用

安置水准仪前，首先应按观测者的身高调节好三脚架的高度，为便于整平仪器，还应使三脚架的架头面大致水平，并将三脚架的三个脚尖踩入土中，使脚架稳定；从仪器箱内取出水准仪，放在三脚架的架头面上，立即用中心螺旋旋入仪器基座的螺孔内，以防止仪器从三脚架头摔下来。

用水准仪进行水准测量的操作步骤为粗平→瞄准水准尺→精平→读数。

1. 粗平

旋转脚螺旋使圆水准气泡居中，仪器竖轴大致铅垂，从而使望远镜的视准轴大致水平。旋转脚螺旋方向与圆水准气泡移动方向的规律是：用左手旋转脚螺旋时，左手大拇指移动方向即为水准气泡移动方向；用右手旋转脚螺旋时，右手食指移动方向即为水准气泡移动方向。初学者一般先练习用一只手操作，熟练后再练习用双手操作。

2. 瞄准水准尺

首先进行目镜对光，将望远镜对准明亮的背景，旋转目镜调焦螺旋，使十字丝清晰。

再松开制动螺旋，转动望远镜，用望远镜上的准星和照门瞄准水准尺，拧紧制动螺旋。从望远镜中观察目标，旋转物镜调焦螺旋，使目标清晰，再旋转微动螺旋，使竖丝对准水准尺。

3. 精平

先从望远镜侧面观察管水准气泡偏离零点的方向，旋转微倾螺旋，使气泡大致居中，再从目镜左边的符合气泡观察窗中查看两个气泡影像是否吻合，如不吻合，再慢慢旋转微倾螺旋直至完全吻合为止。

4. 读取中丝读数

仪器精平后，应立即用中丝在水准尺上读数。可以从水准尺上读取 4 位数字，其中前两位为米位和分米位，从水准尺注记数字直接读取，后面的厘米位则要数分划数，一个 E 表示 0~5cm，其下面的分划位为 6~9cm，毫米位需要估读。

三、水准点与水准路线

（一）水准点

为统一全国高程系统和满足各种测量的需要，国家各级测绘部门在全国各地埋设并测定了很多高程点，这些点称为水准点。

在一、二、三、四等水准测量中，一、二等水准测量为精密水准测量，三、四等水准测量为普通水准测量，采用某等级水准测量方法测出其高程的水准点称为该等级水准点，各等水准点均应埋设永久性标石或标志，水准点的等级应注记在水准点标石或标志面上。

（二）水准路线

在水准点之间进行水准测量所经过的路线，称为水准路线。按照已知高程的水准点的分布情况和实际需要，水准路线一般布设为附合水准路线、闭合水准路线或支水准路线。

1. 附合水准路线

附合水准路线是从一个已知高程的水准点 BM1 出发，沿各高程待定点 1，2，3 进行水准测量，最后附合到另一个已知高程的水准点 BM2 上，各站所测高差之和的理论值应等于由已知水准点的高程计算出的高差，即有：

$$\sum h_{理论} = H_{BM2} - H_{BM1}$$

2. 闭合水准路线

闭合水准路线是从一个已知高程的水准点 BM5 出发，沿各高程待定点 1.2，3，4，5 进行水准测量，最后返回到原水准点 BM5 上，各站所测高差之和的理论值应等于零，即有：

$$\sum h_{理论} = 0$$

3. 支水准路线

支水准路线是从一个已知高程的水准点 BM8 出发，沿各高程待定点 1，2 进行水准测量。支水准路线应进行往返观测，理论上，往测高差总和与返测高差总和应大小相等，符号相反，即有：

$$\sum h_{往} + \sum h_{返} = 0$$

以上三式依次可以分别作为附合水准路线、闭合水准路线和支水准路线观测正确性的检核。

四、单一水准路线近似平差

在每站水准测量中，采用双面尺法进行测站检核还不能保证整条水准路线的观测高差没有错误，例如，用作转点的尺垫在仪器搬站期间被碰动所引起的误差就不能用测站检核检查出来，还需要通过水准路线闭合差来检验。

水准测量成果整理的内容包括：测量记录与计算的复核，高差闭合差的计算与检核，高差改正数与各点高程的计算。

（一）高差闭合差的计算

高差闭合差一般用 f_h 表示，根据式 $\sum h_{理论} = H_{BM2} - H_{BM1}$、式 $\sum h_{理论} = 0$ 和式 $\sum h_{往} + \sum h_{返} = 0$ 可以写出三种水准路线的高差闭合差计算公式：

1. 附合水准路线高差闭合差

$$f_h = \sum h - (H_{终} - H_{起})$$

2. 闭合水准路线高差闭合差

$$f_h = \sum h$$

3. 支水准路线高差闭合差

$$f_h = \sum h_{往} + \sum h_{返}$$

受仪器精密度和观测者分辨力的限制及外界环境的影响，观测数据中不可避免地含有一定的误差，高差闭合差 f_h 就是水准测量观测误差的综合反映。当 f_h 在限差范围内时，认为精度合格，成果可用，否则应返工重测，直至符合要求为止。

（二）高差闭合差的分配和待定点高程的计算

当 f_h 的绝对值小于限差 $f_{h限}$ 限时，说明观测成果合格，可以进行高差闭合差的分配、高差改正及待定点高程计算。

对于附合或闭合水准路线，一般按与路线长 L_i 或测站数 n_i 成正比的原则，将高差闭合差反号进行分配。即在闭合差为 f_h、路线总长为 L 的一条水准路线上，设某两点间的高差观测值为 h_i、路线长为 L_i，则这两点间的高差改正数 V_i 的计算公式为：

$$V_i = -\frac{L_i}{L}f_h \left(或\ V_i = -\frac{n_i}{n}f_h \right)$$

改正后的高差为：

$$\hat{h_i} = h_i + V_i$$

对于支水准路线，采用往测高差减去返测高差后取平均值，作为改正后往测方向的高差，即有：

$$\hat{h_i} = \frac{h_往 - h_返}{2}$$

五、微倾式水准仪的检验与校正

（一）微倾式水准仪的轴线及其应满足的条件

微倾式水准仪的轴线有视准轴 CC、管水准器轴 LL、圆水准器轴 L′L′ 和竖轴 VV。为使水准仪能正确工作，水准仪的轴线应满足下列三个条件：

①圆水准器轴应平行于竖轴。
②十字丝分划板中丝应垂直于竖轴 VV。
③管水准器轴应平行于视准轴。

（二）水准仪的检验与校正

1. 圆水准器轴平行于竖轴的检验与校正

检验：旋转脚螺旋，使圆水准气泡居中；将仪器绕竖轴旋转 180°，如果气泡中心偏离圆水准器的零点，则说明 L′L′不平行于 VV，需要校正。

校正：旋转脚螺旋使气泡中心向圆水准器的零点移动偏距的一半，然后使用校正针拨动圆水准器的三个校正螺丝，使气泡中心移动到圆水准器的零点，将仪器再绕竖轴旋转180°，如果气泡中心与圆水准器的零点重合，则校正完毕，否则还需要重复前面的校正工作，最后，勿忘拧紧固定螺丝。

2. 十字丝分划板中丝垂直于竖轴的检验与校正

检验：整平仪器后，用十字丝中丝的一端对准远处一明显标志点 P，旋紧制动螺旋，旋转水平微动螺旋转动水准仪，如果标志点 P 始终在中丝上移动，说明中丝垂直于竖轴，否则，需要校正。

校正：旋下十字丝分划板护罩，用螺丝批松开四个压环螺丝，按中丝倾斜的反方向转动十字丝组件，再进行检验。如果 P 点始终在中丝上移动，表明中丝已经水平，最后用螺丝批拧紧四个压环螺丝。

3. 管水准器轴平行于视准轴的检验与校正

当管水准器轴在竖直面与视准轴不平行时，说明两轴之间存在一个夹角 i。当管水准气泡居中时，管水准器轴水平，视准轴相对于水平线倾斜了 i 角。

检验：如图 6-4 所示，在平坦场地选定相距约 80m 的 A，B 两点，打木桩或放置尺垫作为标志，并在其上竖立水准尺。将水准仪安置在与 A，B 两点等距离的 C 点，采用双面尺法测出 A，B 两点的高差，两次测得的高差之差不超过 3mm 时，取其平均值作为最后结果 h_{AB}。由于测站距两把水准尺的平距相等，所以 i 角引起的前、后视尺的读数误差 x（也称视准轴误差）相等，可以在高差计算中抵消，故 h_{AB} 不受 i 角误差的影响。

将水准仪搬到距 B 点 2~3m 处，安置仪器，测量 A，B 两点的高差，设前、后视尺的读数分别为 a_2，b_2，由此计算出的高差为 $h'_{AB} = a_2 - b_2$，两次设站观测的高差之差为 $\Delta h = h'_{AB} - h_{AB}$，由图 6-4 可以写出 i 角的计算公式为：

$$i'' = \frac{\Delta h}{D}\rho'' = \frac{\Delta h}{80}\rho''$$

式中，$\rho'' = 206265$。《国家三、四等水准测量规范》规定，用于三、四等水准测量的水准仪，其 i 角不应超过 20″，否则，需要校正。

校正：由图 6-4 可以求出 A 点水准尺的正确读数为 $a'_2 = a_2 - \Delta h$，使十字丝中丝对准A 尺的正确读数 a'_2，此时，视准轴已处于水平位置，而管水准气泡必然偏离中心。用校正针拨动管水准器一端的上、下两个校正螺丝，使气泡的两个影像符合（气泡居中）。注意，这种成对的校正螺丝在校正时应遵循"先松后紧"的规则，例如，要抬高管水准器的一端，必须先松开上校正螺丝，让出一定的空隙，然后再旋出下校正螺丝。

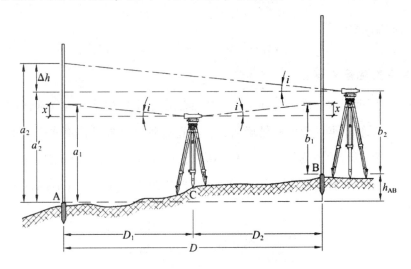

图 6-4　管水准器轴平行于视准轴的检验

《国家三、四等水准测量规范》规定，微倾式水准仪每天上午、下午各检校一次 i 角，作业开始后的 7 个工作日内，若 i 角较为稳定，以后可每隔 15 天检校一次。

六、水准测量的误差及其削减方法

水准测量误差来自仪器误差、观测误差和外界环境的影响。

（一）仪器误差

1. 仪器校正后的残余误差

《国家三、四等水准测量规范》规定，DS3 水准仪的 i 角大于 20″ 才需要校正，因此，正常使用情况下，i 角将保持在 ±20″ 以内。由图 6-4 可知 i 角引起的水准尺读数误差 x 与仪器至标尺的距离成正比，只要观测时使前、后视距相等，便可消除或减弱 i 角误差的影响。在水准测量每站观测中，使前、后视距完全相等是不容易做到的，因此，《国家三、四等水准测量规范》规定，对于四等水准测量，每站前、后视距差应小于等于 3m，前、后视距差累积应小于等于 10m。

2. 水准尺误差

由于水准尺分划不准确、尺长变化、尺弯曲等原因而引起的水准尺分划误差会影响水准测量的精度，因此，须检验水准尺每米间隔的平均真长与名义长之差，《国家三、四等水准测量规范》规定，对于区格式木质标尺，不应大于 0.5mm，否则，应在所测高差中进行每米真长改正。一对水准尺的零点不等差，不应大于 1mm，可在每个水准测段观测中安

193

排偶数个测站予以消除。

（二）观测误差

1. 管水准气泡居中误差

水准测量的原理要求视准轴必须水平，视准轴水平是通过管水准气泡居中来实现的。精平仪器时，如果管水准气泡没有精确居中，将造成管水准器轴偏离水平面而产生误差。由于这种误差在前视与后视读数中不相等，所以，在高差计算中不能抵消。

DS3 水准仪管水准器格值为 $\tau'' = 20''/2\text{mm}$，当视线长为 80m，气泡偏离居中位置 0.5 格时引起的读数误差为：

$$\frac{0.5 \times 20}{206265} \times 80 \times 1000 = 4\text{mm}$$

削减管水准气泡居中误差的方法只能是每次读尺前精平操作时，仔细使管水准气泡严格居中。

2. 读数误差：

普通水准测量观测中的毫米位数字是依据十字丝中丝在水准尺厘米分划内的位置估读的，在望远镜内看到的中丝宽度相对于厘米分划格宽度的比例决定了估读的精度。读数误差与望远镜的放大倍数和视线长有关。视线越长，读数误差越大。因此，《国家三、四等水准测量规范》规定，使用 DS3 水准仪进行四等水准测量时，视线长应不大于 100m。

3. 水准尺倾斜

读数时，水准尺必须竖直。如果水准尺前后倾斜，在水准仪望远镜的视场中不会察觉，但由此引起的水准尺读数总是偏大，且视线高度越大，误差就越大。在水准尺上安装圆水准器是保证尺子竖直的主要措施。

4. 视差

在望远镜中，水准尺的像没有准确地成在十字丝分划板上，造成眼睛的观察位置不同时，读出的标尺读数也不同，由此产生读数误差。

（三）外界环境的影响

1. 仪器下沉和尺垫下沉

仪器或水准尺安置在软土或植被上时，容易产生下沉。每站使用"后前前后"的观测顺序可以削弱仪器下沉的影响，采用往返观测取观测高差的中数可以削弱尺垫下沉的影响。

2. 大气折光

晴天在日光的照射下，地面温度较高，靠近地面的空气温度也较高，其密度较上层稀。水准仪的水平视线离地面越近，光线的折射也就越大，设置测站时，应尽量提高视线的高度。

3. 温度

当日光直接照射水准仪时，仪器各构件受热不均匀引起仪器的不规则膨胀，从而影响仪器轴线之间的正常关系，使观测产生误差。观测时应注意撑伞遮阳。

第二节　全站仪角度测量

一、全站仪电子测角原理

全站仪电子测角是利用光电转换原理和微处理器自动测量度盘的读数，并将测量结果输出到仪器屏幕显示，方法有动态测量和静态测量两种。动态测量主要用于高精度的角度测量中，但结构复杂、成本高、可靠性低，现在已很少采用。目前常用的是静态测量方法，包括增量式测量和绝对式测量。

（一）增量式测量

增量式又分光栅式、容栅式和磁栅式等。在精度和可靠高性上首推光栅增量式，是 20 世纪 90 年代国外和目前国内常用的电子测角方法。光栅增量测角系统由一对光栅度盘组成，分为主光栅和指示光栅。在主光栅度盘上均匀刻划 16200 条线划，相邻两条线划的圆心角为 $360°×3600''/16200=80''$，指示光栅由游标窗口和零位线条组成。主光栅度盘和指示光栅度盘分别安装在全站仪的竖轴或横轴的定子轴和转子轴上，两盘必须保持同心和平行，度盘间隙为 0.02~0.03mm。在平行光的照射下，主光栅和游标窗口相对运动时产生两路明暗变化的周期信号，两路信号的相位差为 90°。根据两路信号的相位关系、电平变化，把模拟信号变为数字信号后，进行加减计数，反映出全站仪竖轴或横轴转动角度的粗略变化（每步 80''）。这两路信号经过 CPU 采样后，进行反三角函数计算，细分出以秒为单位的角度变化，再和计数值衔接，得到准确的角度值。

增量式测角方法的缺点是：①主光栅度盘和指示光栅度盘的间隙太小，容易蹭盘，不适合在恶劣环境下使用；②测量过程中，若计数脉冲丢失，80″或80″的倍数误差将传递下去，零位误差也会传递下去。

（二）绝对式测量

绝对式测量方法是目前国外知名厂家普遍采用的电子测角方法，是图像识别技术在电子测角方面的应用成果。在玻璃度盘上均匀刻划 n 条圆心角相等、宽度不等的线条，因一个圆周的圆心角为 $360° \times 3600″ = 1296000″$，则度盘任意两条相邻线条所夹的圆心角为 $\delta'' = 1296000''/n$。线条宽度 b 是按一定规律变化的，设度盘绝对零点的线条宽度为 b_0，第一条线的宽度为 b_1，第二条线的宽度为 b_2，以此类推，最后一条线的宽度为 b_n，线条宽度的变化规律预先存入全站仪主板存储器中。

测量时用平行光照射玻璃度盘，线条影像投射到度盘另一侧的 CCD 像元上，CPU 读入 CCD 像元的一帧信号，经计算处理求得：①线条在 CCD 像元投影影像的间距 l；②读数指标（一般用 CCD 像元的中心作为读数指标）到第 i 条线条的距离 x；③一组关于线条宽度 b 的序列，将这些宽度序列和预先存入全站仪主板存储器的已知宽度序列比较，便可求出 CCD 像元读数指标位于第 i 条线条和第 $i+1$ 条线条之间，则全站仪当前视准轴方向以秒为单位的度盘读数为：

$$L'' = \delta'' \left(i + \frac{x}{l} \right)$$

与增量式测量比较，绝对式测量的优点是：①只用一块度盘，且编码度盘和 CCD 像元器件的物理距离为毫米量级，结构简单，环境适应性强；②没有零位，开机时无须在竖直面方向转动望远镜进行初始化；③即便某一点出现了误差，也不影响其他点的测量；④测角电路可以断续工作，节省电量。缺点是电路复杂，制造成本略高。

二、全站仪的结构与安置

南方 NTS-362R6LNB 蓝牙免棱镜测距全站仪部件图，主要技术参数如下：

①望远镜：正像，物镜孔径为 45mm，放大倍率为 30，视场角为 $1°30'$，最短对光距离为 1.4m。

②度盘：绝对式测角度盘，度盘直径 79mm，测距光波为波长 $0.65 \sim 0.69$ 的红色可见激光。

③补偿器及测角精度：双轴补偿，一测回方向观测中数中误差为 $\pm 2''$。

④测距：最大测程为 5km（单块棱镜），测距误差为 2mm+2ppm；免棱镜测程为 300m，反射片测程为 600m，测距误差为 3mm+2ppm。

⑤内存：4MB 闪存，最多可以存储 3.7 万个点的数据。

⑥通信接口：一个 RS-232C 接口，一个迷你 USB 接口，一个 SD 卡插口，内置蓝牙模块。

⑦电池：LB-01 可充电锂电池（7.4V/3100mAh），一块满电电池可供连续测距 8h。

(一) 全站仪的结构

为便于理解全站仪的水平角测量原理，一般将全站仪分解为基座、水平盘和照准部三大构件。

1. 基座

基座上设置有三个脚螺旋，一个圆水准器用于粗平仪器。水平盘旋转轴套在竖轴套外围。

2. 水平盘

绝对式测量的水平盘为圆环形编码玻璃盘片，盘片上均匀刻划了 360 条圆心角相等、宽度不等的线条。

3. 照准部

照准部是指水平盘之上，能绕竖轴旋转的全部部件的总称，包括竖轴、U 形支架、望远镜、横轴、竖盘、管水准器、补偿器、水平制微动螺旋、望远镜制微动螺旋、屏幕与键盘等。

照准部的旋转轴称为竖轴，竖轴插入基座内的竖轴轴套中旋转；照准部绕竖轴 VV 在水平方向的转动，由水平制动、水平微动螺旋控制；望远镜绕横轴 HH 的纵向转动，由望远镜制动及其微动螺旋控制；照准部管水准器用于精确整平仪器。

水平角测量需要转动照准部和望远镜依次瞄准不同方向的目标并读取水平盘的读数，在一测回观测过程中，水平盘是固定不动的。

全站仪属于光、机、电精密测量仪器，水平盘与竖轴被密封在照准部与固定瓜脚构件内部，固定瓜脚以上部分与三脚基座通过基座的三个瓜脚孔连接，用一字批松开基座锁定钮的固定螺丝，逆时针旋转基座锁定钮 180°，即可向上拔出仪器，用以更换棱镜。

(二) 全站仪的屏幕与键盘

屏幕用于显示测量结果和机载软件菜单，键盘用于执行全站仪的各种功能。

（三）全站仪的安置

水准仪的安置内容只有整平一项，而全站仪的安置内容有对中和整平两项，目的是使仪器竖轴位于过测站点的铅垂线上，竖盘位于铅垂面内，水平盘和横轴处于水平位置。对中方式分激光对中和垂球对中，整平分粗平和精平。NTS-362LNB蓝牙系列全站仪标配激光对中器，取消了光学对中器。

全站仪安置的操作步骤是：调整好三脚架腿，使其长度和脚架高度适合观测者，张开三脚架腿，将其安置在测站上，使三脚架头平面大致水平。从仪器箱中取出全站仪放置在三脚架头上，使仪器基座中心基本对齐三脚架头的中心，旋紧连接螺旋后，即可进行对中整平操作。

1. 垂球对中法安置全站仪

将垂球悬挂于连接螺旋中心的挂钩上，调整垂球线长度使垂球尖略高于测站点。

①粗对中与概略整平：平移三脚架（应注意保持三脚架头平面基本水平），使垂球尖大致对准测站点标志，将三脚架的脚尖踩入土中。

②精对中：稍微旋松连接螺旋，双手扶住仪器基座，在架头平面移动仪器，使垂球尖准确对准测站点标志后，再旋紧连接螺旋。垂球对中的误差应小于3mm。

③粗平：如图6-5（a）所示，旋转1号、2号脚螺旋使圆水准气泡向1号、2号脚螺旋连线方向移动，使气泡中心和圆水准器中心的连线与3号脚螺旋中心向1号、2号脚螺旋连线的垂线相平行［图6-5（b）］，旋转3号脚螺旋使圆水准气泡居中，结果如图6-5（c）所示。

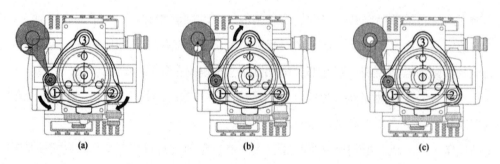

图6-5 旋转脚螺旋的方向与圆水准气泡运动方向的关系

④精平：转动照准部，使照准部管水准器轴与任意两个脚螺旋的连线平行，图6-6（a）所示为与1号、2号脚螺旋的连线平行，旋转1号、2号脚螺旋，使照准部管水准气泡居中；转动照准部90°，使管水准器轴垂直于1号、2号脚螺旋的连线［图6-6（c）］；旋转3号脚螺旋使管水准气泡居中，结果如图6-6（d）所示。精平仪器时，不会破坏之

前已完成的垂球对中关系。

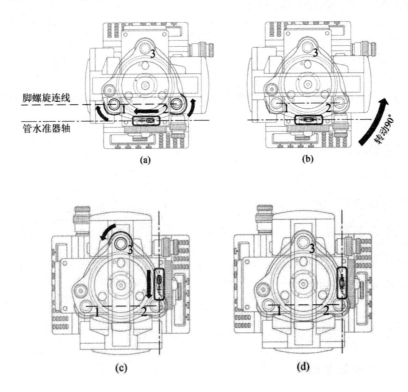

图6-6　在相互垂直的两个方向居中管水准器气泡

转动照准部，在相互垂直的两个方向检查照准部管水准气泡的居中情况，如果仍然居中，则完成安置，否则应重复上述精平操作。

2. 激光对中法安置全站仪

①粗对中：双手握紧三脚架，眼睛观察地面的下激光点，移动三脚架使下激光点基本对准测站点的标志（应注意保持三脚架头平面基本水平），将三脚架的脚尖踩入土中。

②精对中：旋转脚螺旋使下激光点准确对准测站点标志，误差应小于1mm。

③粗平：伸缩脚架腿，使圆水准气泡居中。

④精平：转动照准部，旋转脚螺旋，使管水准气泡在相互垂直的两个方向居中（图6-6），精平操作会略微破坏之前已完成的对中关系。

⑤再次精对中：旋松连接螺旋，眼睛观察下激光点，平移仪器基座（注意，不要有旋转运动），使下激光点准确对准测站点标志，拧紧连接螺旋。转动照准部，在相互垂直的两个方向检查照准部管水准气泡的居中情况。如果仍然居中，则完成安置，否则应从上述精平开始重复操作。

三、全站仪的检验和物理校正

（一）全站仪的轴线及其应满足的关系

全站仪的主要轴线有视准轴 CC、横轴 HH、管水准器轴 LL 和竖轴 VV。为使全站仪正确工作，其轴线应满足下列关系：

①管水准器轴应垂直于竖轴；

②十字丝竖丝应垂直于横轴；

③视准轴应垂直于横轴；

④横轴应垂直于竖轴；

⑤竖盘指标差应等于零；

⑥下对中激光与竖轴重合。

（二）全站仪的检验与校正

1. LL⊥VV 的检验与校正

检验：旋转脚螺旋，使圆水准气泡居中，粗平仪器。转动照准部使管水准器轴平行于 1 号、2 号脚螺旋，旋转 1 号、2 号脚螺旋使管水准气泡居中。然后将照准部旋转 180°，如果气泡仍然居中，说明 LL⊥VV，否则需要校正。

校正：用校正针拨动管水准器一端的校正螺丝，使气泡向中央移动偏距的一半，另一半通过旋转 1 号、2 号脚螺旋完成。该项校正需要反复进行几次，直至气泡偏离值在一格内为止。

2. 十字丝竖丝⊥HH 的检验与校正

检验：用十字丝中心精确瞄准远处一清晰目标 P，旋转水平微动螺旋，如 P 点左右移动的轨迹偏离十字丝中丝，则需要校正。

校正：卸下目镜端的十字丝分划板护罩，松开 3 个压环螺丝，缓慢转动十字丝组，直到照准部水平微动时，P 点始终在中丝上移动为止，最后旋紧 3 个压环螺丝。

3. CC⊥HH 的检验与校正

视准轴不垂直于横轴时，其偏离垂直位置的角值 C 称为视准轴误差或照准差。由式 $2C = L - (R \pm 180°)$ 得知，同一方向观测的 2 倍照准差 2C 的计算公式为 $2C = L - (R \pm 180°)$，则有：

$$C = \frac{1}{2}[L - (R \pm 180°)]$$

虽然取同一觇点双盘位方向观测值的平均值可以消除同一方向观测的照准差 C，但 C 值过大将不便于方向观测的手动计算，所以，当 C>60″时应校正。

检验：在一平坦场地上，选择相距约100m 的 A，B 两点，在 A，B 点连线的中点 P 安置全站仪，在 A 点设置一个与仪器高度相等的标志，在 B 点与仪器高相等的位置横置一把毫米分划直尺，使其垂直于视线 PB。盘左瞄准 A 点标志，固定照准部，纵转望远镜，在 B 尺上读取读数 B_1；盘右瞄准 A 点，固定照准部，纵转望远镜，在 B 尺上读取读数 B_2，如果 $B_1 = B_2$，说明视准轴垂直于横轴，否则需要校正。

校正：由 B_2 点向 B_1 点量取 $\overline{B_1B_2}/4$ 的长度定出 B_3 点，此时直线 PB_3 便垂直于横轴 HH，松开压环螺丝，用校正针拨动十字丝环的左右一对校正螺丝 3，4，先松其中一个校正螺丝，后紧另一个校正螺丝，使十字丝中心与 B_3 点重合。完成校正后，应重复上述的检验操作，直至满足 C<60″为止。

4. HH⊥VV 的检验与校正

横轴不垂直于竖直时，其偏离正确位置的角值 i 称为横轴误差。i >20″时，必须校正。

检验：在一建筑物的高墙面固定一个清晰的照准标志 P，在距离墙面 20～30m 处安置全站仪。盘左瞄准 P 点，固定照准部，使望远镜视准轴水平，在墙面上定出一点 P_1；纵转望远镜，盘右瞄准 P 点，固定照准部，使望远镜视准轴水平（竖盘读数为 270°），在墙面上定出一点 P_2。由此得出横轴误差 i 的计算公式为：

$$i = \frac{\overline{P_1P_2}}{2D}\cot\alpha\rho''$$

式中，α 为 P 点的竖直角，通过观测 P 点竖直角一测回获得；DQ 为测站至 P 点的平距。算出的 $i > 20''$ 时，必须校正。

校正：打开仪器 U 形支架一侧的护盖，调整偏心轴承环，抬高或降低横轴的一端使 i =0。该项校正应在无尘的室内环境中使用专用的平行光管进行操作，当用户不具备条件时，一般交由测绘仪器店的专业维修人员校正。

5. 竖盘指标差 x =0 的检验与校正

由式 $\alpha = \frac{1}{2}(\alpha_L + x + \alpha_R - x) = \frac{1}{2}(\alpha_L + \alpha_R)$ 可知，取觇点双盘位所测竖直角的平均值，可以消除竖盘指标差 x 的影响。但当 x 较大时，将给竖直角的手动计算带来不便，所以，当 | x | > 1′ 时，必须校正。

检验：安置好全站仪，确认已打开全站仪的补偿器，用盘左、盘右观测某个清晰目标的竖直角一测回，应用式 $x = \frac{1}{2}(\alpha_R - \alpha_L) = \frac{1}{2}(L + R - 360°)$ 计算出竖盘指标差。

全站仪是应用补偿器测得的竖轴偏角 δ 在视准轴方向的分量 δ_X 来改正竖盘读数，通过上述检验，测得的竖盘指标差 x 较大时，用户无法通过物理校正的方法使 $x = 0$，只能通过电子校正的方法使 $x = 0$。

第七章　角度测量与距离测量

第一节　角度测量

一、角度测量原理

全站仪问世之前，测量角度的仪器是光学经纬仪，全站仪的测角原理与经纬仪相同。

（一）经纬仪水平角测量原理

地面一点到两个目标点连线在水平面上投影的夹角称为水平角，它也是过两条方向线的铅垂面所夹的二面角。如设 A，B，C 点为地面上的任意三点，将三点沿铅垂线方向投影到水平面得到 A′，B′，C′三点，则直线 B′A′与直线 B′C′的夹角 β 即为地面上 BA 与 BC 两条方向线间的水平角。

为了测量水平角，应在 B 点上方水平安置一个有刻度的圆盘，称为水平盘，水平盘中心应位于过 B 点的铅垂线上。另外，经纬仪还应有一个能瞄准远方目标的望远镜，望远镜可以在水平面和竖直面内旋转，以便于分别瞄准高低不同的目标 A 和 C，设瞄准目标 A 和 C 后在水平盘上的读数分别为 a 和 c，则水平角 β 为：

$$\beta = c - a$$

（二）经纬仪竖直角测量原理

在同一竖直面内，视线与水平线的夹角称为竖直角。视线位于水平线上方时称为仰角，角值为正；视线位于水平线下方时称为俯角，角值为负。

为了测量竖直角，经纬仪应在竖直面内安置一个圆盘，称为竖盘。竖直角也是两个方向在竖盘上的读数之差，与水平角不同的是，其中有一个为水平方向。水平方向的读数可以通过竖盘指标管水准器或补偿器来确定。设计经纬仪时，一般使视线水平时的竖盘读数为90°（盘左）或270。（盘右），这样，测量竖直角时，只要瞄准目标，读出竖盘读数并减去仪器视线水平时的竖盘读数就可以计算出视线方向的竖直角。

二、竖直角测量方法

（一）竖直角的应用

如图7-1所示，竖直角 α 主要用于将测量的斜距 S 化算为水平距离 D 或计算三角高差 h。

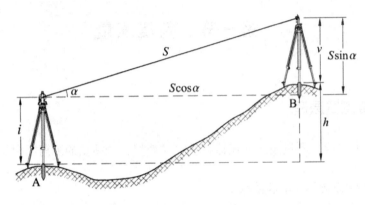

图7-1　竖直角的应用

1. 倾斜距离化算为水平距离

测得 A，B 两点间的斜距 S 及竖直角 α ，其水平距离 D 的计算公式为：

$$D = S\cos\alpha$$

2. 三角高程计算

当用水准测量方法测定 A，B 两点间的高差 h 有困难时，可以应用图7-1中测得的斜距 S 、竖直角 α 、仪器高 i 、标杆高 v ，根据下式计算 h ：

$$h = S\sin\alpha + i - v$$

当已知 A 点的高程 H_A 时，B 点高程 H_B 的计算公式为：

$$H_B = H_A + h = H_A + S\sin\alpha + i - v$$

上述测量高程的方法称为三角高程测量。21世纪初我国测绘工作者测得世界最高峰——珠穆朗玛峰峰顶岩石面的海拔高程为8844.43m，使用的就是三角高程测量方法。

（二）竖盘与望远镜的连接关系

全站仪竖直角测量原理源于经纬仪。经纬仪的竖盘固定在望远镜横轴一端并与望远镜连接在一起，竖盘可以随望远镜一起绕横轴转动，竖盘面垂直于横轴。竖盘读数指标与竖盘指标管水准器连接在一起，旋转竖盘指标管水准器微动螺旋将带动竖盘指标管水准器和竖盘读数指标一起做微小的转动。竖盘指标管水准气泡居中时，竖盘读数指标线位于过竖盘圆心的铅垂线上。

竖盘按顺时针注记为0°～360°。竖盘读数指标的正确位置是：望远镜位于盘左位置、视准轴水平、竖盘指标管水准气泡居中时，竖盘读数应为90°。

（三）竖直角的计算原理

望远镜位于盘左位置，视准轴水平、竖盘指标管水准气泡居中时，竖盘读数为90°；望远镜抬高α角瞄准觇点P、竖盘指标管水准气泡居中时，竖盘读数为L，则盘左观测觇点P的竖直角为：

$$\alpha_L = 90° - L$$

纵转望远镜于盘右位置，视准轴水平、竖盘指标管水准气泡居中时，竖盘读数为270°；望远镜抬高α角瞄准觇点P、竖盘指标管水准气泡居中时，竖盘读数为R，则盘右观测觇点P的竖直角为：

$$\alpha_R = R - 270°$$

（四）竖盘指标差

当望远镜视准轴水平，竖盘指标管水准气泡居中，竖盘读数为90°（盘左）或270°（盘右）的情形称为竖盘指标管水准器与竖盘读数指标关系正确，竖直角计算公式$\alpha_L = 90° - L$与式$\alpha_R = R - 270°$是在这个前提下推导出来的。

当竖盘指标管水准器与竖盘读数指标关系不正确时，望远镜视准轴水平时的竖盘读数，相对于正确值，有一个小的角度偏差x，称x为竖盘指标差。盘左读数与90°之间偏差x；盘右读数与270°之间偏差x。

竖盘指标差x正负值的定义：盘左位置，视准轴水平，竖盘指标管水准气泡居中，读数指标偏向望远镜物镜端时，指标差x为正数，否则为负数。

设觇点P的竖直角的正确值为α，则考虑竖盘指标差x时的竖直角计算公式为：

$$\alpha = 90° + x - L = 90° - L + x = \alpha_L + x$$

$$\alpha = R - (270° + x) = R - 270° - x = \alpha_R - x$$

式$\alpha = 90° + x - L = 90° - L + x = \alpha_1 + x$减式$\alpha = R - (270° + x) = R - 270° - x = \alpha_R - x$，化简后得：

$$x = \frac{1}{2}(\alpha_R - \alpha_L) = \frac{1}{2}(L + R - 360°)$$

取盘左、盘右所测竖直角的平均值：

$$\alpha = \frac{1}{2}(\alpha_L + x + \alpha_R - x) = \frac{1}{2}(\alpha_L + \alpha_R)$$

可见，取盘左、盘右所测竖直角的平均值可以消除竖盘指标差 x 的影响。

全站仪无竖盘指标管水准器，竖盘读数指标被固定在仪器机身且与竖轴平行的位置，只有当竖轴铅垂时，竖盘读数指标的位置才正确。如果竖轴不铅垂，竖盘读数指标的位置就不正确，此时，由全站仪补偿器可以得到竖轴偏离铅垂线的偏角 δ，系统算出竖轴偏角 δ 在望远镜视准轴方向的分量 δ_X 与在横轴方向的分量为，再用 δ_Y 改正竖盘读数，用 δ_Y 改正水平盘读数。因此，竖直角观测时，应至少打开全站仪的单轴补偿器。

（五）竖直角观测

竖直角观测有中丝法与三丝法两种。中丝法是用十字丝分划板的中丝瞄准觇点的特定位置（如棱镜中心或标杆顶部）来读取竖盘读数。具体操作步骤如下：

①在测站点上安置全站仪，用小钢尺量出仪器高。仪器高是测站点标志顶部到全站仪横轴中心的垂直距离。全站仪 U 形支架两侧均设置有量取仪器高的标志。

②盘左瞄准觇点，使十字丝中丝切于觇点的某一位置，读取竖盘读数。

③盘右瞄准觇点，使十字丝中丝切于觇点同一位置，读取竖盘读数 R。

因竖盘与望远镜连接在一起，因此，用户不能配置竖盘读数。

竖直角观测前，应养成先量取仪器高与各觇点的觇标高并记入手簿的习惯。

三、水平角测量的误差分析

水平角测量误差可以分为仪器误差、对中与目标偏心误差、观测误差和外界环境影响等四类。

（一）仪器误差

仪器误差主要指仪器校正不完善而产生的误差，主要有视准轴误差、横轴误差和竖轴误差，讨论其中任一项误差时，均假设其他误差为零。

1. 视准轴误差

视准轴 CC 不垂直于横轴 HH 的偏差 C 称为视准轴误差，此时，视准轴 CC 绕横轴 HH

旋转一周将扫出两个圆锥面。如图 7-2 所示，盘左瞄准觇点 P，水平盘读数为 L [图 7-2 (a)]，水平盘为顺时针注记时的正确读数应为 $L' = L + C$。纵转望远镜 [图 7-2 (b)]，转动照准部，盘右瞄准觇点 P，水平盘读数为 R [图 7-2 (c)]，正确读数应为 $R' = R - C$；盘左、盘右方向观测值取平均为：

$$\bar{L} = L' + (R' \pm 180°) = L + C + R - C \pm 180° = L + R \pm 180°$$

上式说明，取双盘位方向观测值的平均值可以消除视准轴误差 C 的影响。

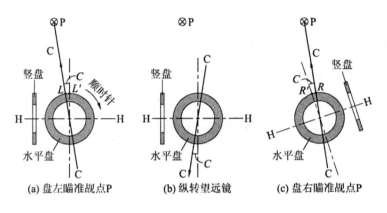

(a) 盘左瞄准觇点P　　(b) 纵转望远镜　　(c) 盘右瞄准觇点P

图 7-2　视准轴误差对水平方向观测值的影响

2. 横轴误差

横轴 HH 不垂直于竖轴 VV 的偏差 i 称为横轴误差，当竖轴 VV 铅垂时，横轴 HH 与水平面的夹角为 i。假设 CC 已垂直于 HH，此时，CC 绕 HH 旋转一周将扫出一个与铅垂面成 i 角的倾斜平面。

当 CC 水平时，盘左瞄准觇点 P'_1，然后将望远镜抬高竖直角 α，此时，当 $i = 0$ 时，瞄准的是觇点 P'，视线扫过的平面为一铅垂面；当 $i \neq 0$ 时，瞄准的是觇点 P，视线扫过的平面为与铅垂面成 i 角的倾斜平面。设，角对水平方向观测值的影响为 (i)，考虑到 i 和 (i) 均比较小，可以列出下列等式：

$$\left. \begin{array}{l} h = D\tan\alpha \\ d = h = D\tan\alpha \\ (i)'' = \dfrac{d}{D}\rho'' = \dfrac{D\tan\alpha}{D}\rho'' = i''\tan\alpha \end{array} \right\}$$

由上式可知，当视线水平时，$\alpha = 0$，$(i)'' = 0$，此时，水平方向观测值不受 i 角的影响。盘右观测瞄准觇点 P'_1，将望远镜抬高竖直角 α，视线扫过的平面是一个与铅垂面成反向 i 角的倾斜平面，它对水平方向的影响与盘左时的情形大小相等，符号相反，因此，盘左、盘右观测取平均可以消除横轴误差 i 的影响。

3. 竖轴误差

竖轴 VV 不垂直于管水准器轴 LL 的偏差 δ 称为竖轴误差，当 LL 水平时，VV 偏离铅垂线 δ 角，造成 HH 也偏离水平面 δ 角。因为照准部是绕倾斜的竖轴 VV 旋转，无论是盘左还是盘右观测，竖轴 VV 的倾斜方向都一样，致使横轴 HH 的倾斜方向也相同，所以，竖轴误差不能用双盘位观测取平均的方法消除。为此，观测前应严格校正仪器，观测时保持照准部管水准气泡居中，如果观测过程中气泡偏离，其偏离量不得超过一格，否则应重新进行对中整平操作。

4. 照准部偏心误差和度盘分划不均匀误差

照准部偏心误差是指照准部旋转中心与水平盘分划中心不重合而产生的测角误差，盘左、盘右观测取平均可以消除此项误差的影响。水平盘分划不均匀误差是指度盘最小分划间隔不相等而产生的测角误差，各测回零方向根据测回数 n，以 $180°/n$ 为增量配置水平盘读数可以削弱此项误差的影响。

（二）对中误差与目标偏心误差

1. 对中误差

如图 7-3（a）所示，设 B 点为测站点，实际对中时对到了 B' 点，偏距为 e，设 e 与后视方向 A 点的水平夹角为 θ，B 点的正确水平角为 β，实际观测的水平角为 β'，则对中误差对水平角观测的影响为：

$$\delta = \delta_1 + \delta_2 = \beta - \beta'$$

考虑到 δ_1 和 δ_2 很小，则有：

$$\delta_1^{''} = \frac{D_1}{}e\sin\theta$$

$$\delta_2^{''} = \frac{D_2}{}e\sin(\beta' - \theta)$$

$$\delta'' = \delta_1^{''} + \delta_2^{''} = \rho''e\left[\frac{\sin\theta}{D_1} + \frac{\sin(\beta' - \theta)}{D_2}\right]$$

当 $\beta = 180°$，$\theta = 90°$ 时，δ 取得最大值：

$$\delta_{max}^{''} = \rho''e\left(\frac{1}{D_1} + \frac{1}{D_2}\right)$$

设 $e = 3mm$，$D_1 = D_2 = 100m$，则求得 $\delta'' = 12.4''$。可见对中误差对水平角观测的影响是较大的，且边长越短，影响越大。

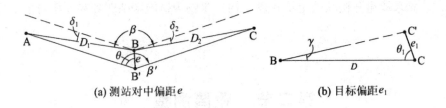

(a) 测站对中偏距 e　　　　**(b) 目标偏距 e_1**

图 7-3　对中误差 e 和目标偏心误差 e_1 对水平角观测的影响

2. 目标偏心误差

目标偏心误差是指照准点上所竖立的标志（如棱镜、标杆等）与地面点的标志中心不在同一铅垂线上所引起的水平方向观测误差，其对水平方向观测的影响如图 7-3（b）所示。

设 B 点为测站点，C 点为目标标志中心，C′点为实际瞄准的目标位置，D 为两点间的距离，e_1 为目标的偏心距，θ_1 为 e_1 与观测方向的水平夹角，则目标偏心误差对水平方向观测的影响为：

$$\gamma'' = \frac{e_1 \sin\theta_1}{D}\rho''$$

由上式可知，当 $\theta_1 = 90°$ 时，γ'' 取得最大值，即当目标偏心距 e_1 与瞄准方向垂直时，对水平方向观测的影响最大。

为了减小目标偏心对水平方向观测的影响，照准标志的标杆应竖直，水平角观测时，应尽量瞄准标杆的底部。

（三）观测误差

全站仪的观测误差主要是瞄准误差。

人眼可以分辨的两个点的最小视角约为 60″，当使用放大倍数为 V 的望远镜观测时，最小分辨视角 m_V 可以减小 V 倍，即 $m_v = \pm 60''/V$。南方 NTS-362LNB 系列全站仪 $V = 30$，则有 $mv = \pm 2''$。

（四）外界环境的影响

外界环境的影响主要是指松软的土壤和风力影响仪器的稳定，日晒和环境温度的变化引起管水准气泡的运动和视准轴的变化，太阳照射地面产生热辐射引起大气层密度变化带来目标影像的跳动，大气透明度低时目标成像不清晰，视线太靠近建（构）筑物时引起的旁折光，等等，这些因素都会给水平角观测带来误差。通过选择有利的观测时间，布设测量点位时，注意采取避开松软的土壤和建（构）筑物等措施来削弱外界环境对水平角观测的影响。

第二节　距离测量

一、钢尺量距

钢尺量距主要是借助钢尺以及其他辅助测设距离的工具和仪器，进行地面两点间距离的测量作业。钢尺量距工具简单，是工程测量中最常用的一种距离测量方法，按精度要求不同可分为一般方法和精密方法。钢尺量距的基本步骤为定线、量距及成果计算。

（一）测量工具

钢尺测距主要的测量工具是钢尺，俗称钢卷尺。钢尺是用薄钢片制成的带状尺，可卷入金属圆盒内，或者卷放在金属尺架上，尺宽 10~15mm，长度有 20m、30m 和 50m 等几种。根据尺的零点位置不同，有端点尺和刻线尺之分。钢尺的基本划分为毫米，在每厘米、每分米及每米处标有数字注记。

钢尺的优点：抗拉强度高，不易拉伸，所以量距精度较高，在工程测量中常用钢尺量距。

钢尺的缺点：性脆，易折断，易生锈，使用时要避免扭折，防止受潮。

其他辅助工具主要有测钎、标杆、垂球，精密量距时还需要有弹簧秤、温度计。标杆用来直线定线；测钎用来计算整尺段数；弹簧秤用于控制施加在钢卷尺上的拉力；温度计用于测量距离测量时的环境温度，以便对观测值进行温度改正。

（二）直线定线

当地面两点间的距离大于钢尺的一个整尺段时，就需要在两点间进行线段划分，以便于钢卷尺分段丈量距离。把分段点定在待测量直线端点的连线上的过程称为直线定线，一般可采用以下两种方法进行：

1.目测定线

目测定线需要地面 A、B 两点具备通视条件。首先要在 A、B 间标出 1、2 两个分段点。然后在 A、B 点上分别竖立标杆，甲站在 A 点标杆后 1m 处，瞄准 B 点标杆，指挥乙移动标杆位置，直至乙的标杆位置与 A、B 点的标杆在一条直线上时，一个分段点的定线工作才算完成。用同样的方法，把其他分段点标定出来，直至所有分段点标定完成，直线定线工作完成，可以进行分段距离测量。

2. 经纬仪定线

经纬仪定线适用于钢尺量距的精密方法。经纬仪定线是利用望远镜绕仪器横轴在竖直方向上旋转过的是一个竖直面的原理进行直线定线工作。在 A 点安置仪器，瞄准 B 点确定一条方向直线，锁紧水平制动螺旋，转动望远镜时，望远镜十字丝交点在地面上的运动轨迹即 A、B 两点确定的方向直线。仪器观测者甲，可以指挥乙移动标杆位置，直至标杆像被十字丝纵丝平分，则该点定线工作完成。为了减小照准误差，精密定线时，可以选用直径更小的测钎或垂球线代替标杆。

以上两种方法均要求 A、B 两点具备通视条件，但是，有时因地形所限制，A、B 两点不具备通视条件时，也可以通过对方法的一些改进，完成定线工作。例如，在 A、B 两标杆处由两人同时做定线瞄准，在 1、2 点处同时由两人立标杆，瞄准者虽然不能看见直线的端点，但可以看见中间的分段点 1、2 处的标杆，完成直线端点和分段点 1、2 三点的定线工作。如果 A 处瞄准者完成 A、1、2 三点一线 B 处瞄准者完成 1、2、B 三点一线，则 A、B、1、2 自然在一条直线上。

（三）钢尺量距的一般方法

钢尺量距作业一般需要三人配合完成，分别由前尺手、后尺手及记录人员组成。根据测量距离场地的地势情况不同，可采用以下不同方法测量。

1. 平坦地面的距离量测

首先清除曲直线上的障碍物后，在 A、B 点上竖立标杆，后尺手持钢尺的零端位于 A 点，前尺手持钢尺的末端和一组测钎沿 AB 方向前进，行至一个整尺段处停下。后尺手将钢尺零点对准 A 点，当两人同时将钢尺拉紧后，前尺手在钢尺末端整尺段位置竖直插下一根测钎，后尺手用目测定线的方法指挥前尺手把测钎插在 AB 的直线上，则一个整尺段丈量完毕。后尺手、前尺手同时向 B 方向前进，后尺手持钢尺的零端于 1 点，用同样的方法，定出整尺段分段点 2，完成第二整尺段的测量。依次前进，直到丈量完 AB 直线的最后一段余长，余长值是前尺手在钢尺上读取 B 点所对应的数值，通常余长不会等于整尺段长度。记录人员需要准确记录整尺段的段数和余长。则 A、B 两点间的水平距离为：

$$D = nl + q$$

式中，n 为整尺段数；l 为钢尺整尺段长度；q 为最后一段余长。

为了防止丈量过程出现错误和保证丈量的精度，通常采取往、返丈量的方法。返测量时，由 B 点向 A 点出发，整尺段分段点需要重新划分和定线。以往、返丈量的距离之差与往、返丈量距离的平均值之比，作为距离丈量的精度指标，称为相对误差，用 K 表示：

$$K = \frac{|D_{AB} - D_{BA}|}{\overline{D_{AB}}} = \frac{1}{\dfrac{\overline{D_{AB}}}{|\Delta D|}}$$

式中，$\overline{D_{AB}}$ 为往、返丈量距离的平均值。

计算相对误差时，一般将结果划为分子为 1，分母为整百数的形式，并用它衡量测距结果的精度，分母越大，说明精度越高。通常情况下，对图根钢尺量距导线，钢尺量距的相对误差要求不应大于 1/3000，对于地形较为复杂时，相对误差可以放宽至 1/1000。当相对误差满足要求时，取往、返丈量距离的平均值 $\overline{D_{AB}}$ 作为两点间的水平距离。

2. 倾斜地面的距离丈量

倾斜地面距离丈量时，根据倾斜地面的坡度变化不同可以采用平量法和斜量法。

（1）平量法

在倾斜地面坡度变化不均匀，地势起伏也不大的情况下，可直接将钢尺拉平直接丈量各分段的水平距离，然后把各分段距离求和计算总长。如果 AB 坡度不均匀，用平量法丈量 AB 水平距离，丈量方法与在平坦地面上的距离丈量方法较为类似，主要区别是：可以不划分整尺段，而是根据地形实际情况方便丈量为前提进行线段划分；有一尺手需要抬高钢尺，并且估使钢尺水平；需要使用垂球将此段的末端投影到地面上，并插上测钎。

（2）斜量法

当倾斜地面坡度比较均匀时，直接在斜坡上丈量 AB 的倾斜距离，丈量方法与在平坦地面上的距离丈量方法相同。首先丈量斜坡上整尺段的长度和余长，可通过式 $D = nl + q$ 计算倾斜距离 S。然后利用其他仪器测出 AB 两点间的倾斜角 α 或 AB 两点的高差 h，按下式计算 AB 两点间的水平距离 D：

$$D = S\cos\alpha = \sqrt{S^2 - h^2}$$

3. 钢尺量距的精密方法

用一般方法丈量距离，其相对误差只能达到 1/3000～1/1000，当要求量距的精度进一步提高时，例如要求相对误差达到 1/40000～1/10000，就需要采用精密方法进行距离丈量精密方法丈量距离的主要工具为钢尺、弹簧秤、温度计。钢尺必须经过专业鉴定部门的检验，并得到其检定的尺长方程式，用于误差调整。

（1）尺长方程式

由于钢尺材料质量、数值的刻划误差，在丈量中又会受到温度和拉力的影响，尺长会发生微小的变化。所以，用于精密方法丈量的钢尺需要进行检定，得到钢尺实际尺长的修正等式，即尺长方程式：

$$l = l_0 + \Delta l + \alpha l_0 (t - t_0)$$

式中，l_0 为钢尺名义长度（m）；Δl 也为尺长改正数（mm）；α 为钢的热膨胀系数；t_0 为标准温度（℃）；t 为丈量时的温度（℃）。

（2）长度改正

假设实际丈量距离为。D'，则需经过尺长改正 Δl_d、温度改正 Δl_t 和倾斜改正 Δl_h 三项改正后才能得到水平距离 D，如下式：

$$D = D' + \Delta l_d + \Delta l_t + \Delta l_h$$

式中，尺长改正 $\Delta l_d = \dfrac{\Delta l}{l} D'$，温度改正 $\Delta l_t = \alpha (t - t_0) \quad D'$，倾斜改正 $\Delta l_h = -\dfrac{h^2}{2D'}$，$h$ 为丈量线段两端点的高差。

（四）钢尺量距的误差分析

钢尺量距的误差来源主要有以下几方面：

1. 尺长误差

尺长误差是指钢尺的名义长度与实际长度不符而产生的误差。尺长误差是累积的，量距的距离越长，尺长误差越大。可以通过对新购置的钢尺进行尺长鉴定，获得尺长改正数，用于对量距结果进行尺长改正，从而消除此误差。

2. 温度误差

钢尺的长度会因为外界温度的变化而产生热胀冷缩，从而改变实际尺长。根据钢的热膨胀系数计算，温度每变化 1℃，整尺段 30m 长的钢尺长度变化是 0.4mm。一般量距过程，温度变化较小，可以不考虑温度误差的影响，而对量距精度要求较高时，则需要对测量结果进行温度改正。

3. 定线误差

直线的分段点，没有定点在所丈量距离的直线上时，使得实际丈量的距离不是直线距离，而是一组折线的长度，造成丈量距离结果偏大，这种误差称为定线误差。丈量距离为

30m，当偏差为 0.25m 时，量距偏大 1mm。该误差无法通过测量方法消除，当量距精度要求较高时，通常采用经纬仪定线的方法。

4. 钢尺倾斜和垂曲误差

钢尺倾斜和垂曲误差的原理与定线误差类似，垂曲误差指钢尺在竖直面内的倾斜，而定线误差是钢尺在水平面内的偏差。在进行水平距离量距时，地面的高低不平，造成钢尺不水平，以及采用平量法量距时，钢尺的中间尺段下垂，都使得距离丈量结果偏大。所以，在量距时，应尽量使钢尺水平，当整尺段悬空时，可在中间托住尺段，减小倾斜误差和垂曲误差的影响。

5. 拉力误差

外界拉力的大小也会改变钢尺的长度，因此在进行钢尺量距时，尽可能让施加的拉力与钢尺的尺长鉴定时的拉力相同，从而减小拉力误差。拉力变化 2.6kg，尺长改变 ±1mm，在精密量距方法中，采用弹簧秤施加标准拉力。

6. 丈量误差

在距离丈量过程中，插设测钎标志位置不准确，前、后尺手配合不佳，钢尺端点对准误差，余长读数的误差等都会引起丈量误差，这种误差不具有方向性，对丈量结果的影响可正可负，可大可小。丈量中可以通过精细操作，准确对点，细心读数，人员协调配合等减小丈量误差的影响。

（五）钢尺维护

①钢尺易发生锈蚀，在每次作业完成后，应及时擦干净钢尺上的泥水，并涂上机油后进行保存，防止钢尺生锈。

②钢尺较薄，不允许尺面扭曲时，对钢尺进行大力拉伸。在使用中如果发生行人踩踏或车辆碾压尺面，容易使钢尺发生折痕或断裂等破坏。必要时，作业中需要安排人员进行钢尺保护，作业完毕后及时把钢尺卷入保尺盒。

③一整尺段测量完毕，在进入下一尺段丈量过程中，不允许尺手在地面上拖行钢尺，以免造成尺面刻度的磨损。

二、视距测量

视距测量是一种间接测距的方法，它是根据光学与几何学原理来测定两点的距离和高差。该方法操作方便、速度快、不受地形的影响，但是测量的精度较低，距离测量的相对误差大约为 1/300，精度不及钢尺量距；测定高差的精度也低于水准测量。视距测量在地形图测量中被广泛应用于碎部测量。

（一）视距测量的步骤

（1）在测站点上安置经纬仪，量取仪器高 i，精确至 cm；

（2）在目标点上竖立视距尺，并将尺面对准经纬仪，分别读取上丝、中丝、下丝读数，估读至 mm，并计算视距间隔 l；

（3）读取竖盘读数，并计算竖直角 α；

（4）将以上数据分别代入式 $D = S\cos\alpha = Kl\cos^2\alpha$，即可计算得到两点间的水平距离。依照此步骤，可以分别测量测站点至其他点的水平距离。

（二）视距测量的误差分析及注意事项

1. 视距测量的误差

视距测量的误差来源主要有读数误差、视距尺不竖直的误差、竖直角观测误差及大气折光影响等。

（1）读数误差

根据式 $D = 100l$，式 $D = S\cos\alpha = Kl\cos^2\alpha$ 可知，读数误差会影响视距间隔，然后该影响被放大 100 倍影响所测距离。如果读数误差为 1mm，则产生视距误差即 0.1m。因此，在读数之前必须进行消除视差的操作，读数时应十分仔细，上、下丝读数尽可能同时读取。在测量中，可以旋转望远镜微动螺旋使十字丝上丝对准视距尺的整分划，立即估读下丝读数，缩减上、下丝的读数时间差。同时注意视距测量的距离不能太长，因为距离越长，视距尺成像越小，读数误差越大。

（2）视距尺不竖直的误差

当视距尺不竖直且偏离铅垂线方向 $\mathrm{d}\alpha$ 角时，对水平距离影响的微分关系式为：

$$\mathrm{d}D = -\frac{1}{2}Kl\sin2\alpha\frac{\mathrm{d}\alpha}{\rho}$$

假设视距尺偏离铅垂线方向 1°，$Kl = 100\mathrm{m}$，按上式计算，当竖直角 $\alpha = 5°$时，$\mathrm{d}D = 0.15\mathrm{m}$，当竖直角 $\alpha = 30°$时，$\mathrm{d}D = 0.76\mathrm{m}$。由此可见，水平距离的观测误差随视准轴竖直角的增大而增大。在山区测量时，立尺者可以通过视距尺上的圆水准器，使视距尺保持竖直和稳定。

（3）竖直角观测误差

竖直角观测误差在竖直角不大时，对水平距离影响较小，主要是影响高差，其影响式为：

$$dh = Kl\cos 2\alpha \frac{d\alpha}{\rho}$$

假设 $Kl = 100\text{m}$，$d\alpha = 1'$，当 $\alpha = 5°$ 时，$dh = 0.03\text{m}$。

由于在视距测量作业中，竖直角观测通常只进行半测回观测，因此为了减小竖直角观测的误差，应事先对竖盘指标差进行检验和校正，使其尽可能小；或者每次观测前先测定指标差，然后对半测回竖直角观测值进行改正，从而减小竖直角观测误差的影响。

（4）大气折光影响

近地面的大气密度较不均匀，会使视线发生弯曲，称为大气折光。在日光照射下，地面温度较高，靠近地面的空气温度也相应较高，其密度较上层稀，空气上下对流会使光线通过时产生折射，在望远镜中影响对视距尺的读数。越靠近地面，其影响越大。

大气湍流还会使望远镜的物像晃动，风力可使视距尺摇动，这些因素都可能造成视距测量的误差，可以通过选择阴天且有微风的有利气象条件进行观测。

以上误差来源中，以读数误差和视距尺不竖直误差的影响最为突出，作业中应特别注意。根据实践资料分析，在较为良好的外界条件下，视距测量距离在 200m 以内，视距测量的相对误差约为 1/300。

2. 注意事项

①观测时应抬高视线，使视线距地面 1m 以上，以减少垂直折光的影响。

②为减小水准尺倾斜误差的影响，在立尺时应将水准尺垂直，尽量采用带有水准器的水准尺。

③水准尺一般应选择整尺，如用塔尺，应注意检查各节的接头处是否正确。

④竖直角观测时，应注意将竖盘水准管气泡居中或将竖盘自动补偿器开关打开。在观测前，应对竖盘指标差进行检验与校正，确保竖盘指标差满足要求。

⑤观测时应选择风力较小、成像稳定的情况下进行。

三、电磁波测距仪简介

电磁波测距（EDM）是利用电磁波作为载波，经调制后由测线一端发射出去，由另一端反射或转送回来，测定发射波与回波相隔的时间，以测量距离的方法。

（一）　电磁波测距概述

从 20 世纪 40 年代开始，雷达以及各种脉冲式和相位式导航系统的发展，促进了人们对电子测时技术、测相技术和高稳定度频率源等领域的深入研究。在此基础上，贝里斯特兰德（E. Bergstrand）和沃德利（T. L. Wadley）分别于 1948 年和 1956 年研制成功了第一代光电测距仪和微波测距仪。随着电子技术的高速发展，这些仪器不断改进，现在已经达到相当完善的程度，使大地测量和工程测量发生了较大的变化。

①三角测量中的起始边长度，现在一律用电磁波测距仪直接测量，过去布设基线网推算起始边长度的方法已成历史。

②导线测量、三边测量和测边测角布网方式的应用越来越广泛，有逐渐取代三角测量的趋势。

③利用电子全站仪或速测仪，采取边角测量方法加密大地控制网和布设高程导线，有很高的经济效益。

光电测距仪按仪器测程的不同，大体可以分为以下三类：

①短程光电测距仪：该类仪器测程在 3km 以内，测距精度一般在 1cm 左右。这种仪器可用来测量三等以下的三角锁网的起始边，以及相应等级的精密导线和三边网的边长，适用于工程测量和矿山测量。

②中程光电测距仪：测程在 3～15km 的仪器称为中程光电测距仪，这类仪器适用于二、三、四等控制网的边长测量。

③远程激光测距仪：测程在 15km 以上的光电测距仪，能满足国家一、二等控制网的边长测量。

中、远程光电测距仪，多采用氦-氖（He-Ne）气体激光器作为光源，也有采用砷化镓激光二极管作为光源的，还有其他光源的，如二氧化碳（CO_2）激光器等。由于激光器发射激光具有方向性强、亮度高、单色性好等特点，其发射的瞬时功率大，所以在中、远程测距仪中多用激光作载波，称为激光测距仪。

根据测距仪出厂的标称精度的绝对值，按 1km 的测距中误差，将测距仪的精度分为三级，如表 7-1 所示。

表 7-1　测距仪的精度分级

测距中误差/mm	小于 5	5～10	11～20
测距仪精度等级	I	II	III

（二）电磁波测距的基本原理

电磁波测距是通过测定电磁波束在待测距离上往返传播的时间 t_{2D} 来计算待测距离 D 的，电磁波测距的基本公式为：

$$D = \frac{1}{2}Ct_{2D}$$

式中，C 为电磁波在大气中的传播速度（$C \approx 3 \times 10^8 \text{m/s}$），$C$ 可按 $C = \frac{C_0}{n}$ 计算，其中为 C_0 光在真空中的传播速度（$C_0 = 299792458\text{m/s} \pm 1.2\text{m/s}$）；$n$ 为大气折射率（$n \geq 1$），它是光波长 λ、大气温度 t 和气压 P 的函数，即：

$$n = f(\lambda,\ t,\ p)$$

由于 $n \geq 1$，所以 $C \leq C_0$，也即光在大气中的传播速度小于其在真空中的传播速度。由上式可知，在光电测距作业中，应实时测定现场的大气温度和气压，并对所测距离施加气象改正。

电磁波在测线上的往返传播时间 t_{2D} 可以直接测定，也可以间接测定，根据测定方法的不同，光电测距仪可分为脉冲式和相位式两种。

1. 脉冲式光电测距仪

直接测定电磁波传播时间是用一种脉冲光波，它是由仪器的发送设备发射出去，被目标反射回来，再由仪器接收器接收，最后由仪器的显示系统显示出脉冲在测线上往返传播的时间 t_{2D} 或直接显示出测线的斜距，这种测距仪称为脉冲式测距仪。

脉冲式光电测距仪发射尖脉冲光波瞬间，电子门打开，计数器开始记录脉冲周期个数，仪器接收到由棱镜反射回来的尖脉冲光波的瞬间，电子门关闭，计数器停止记录脉冲周期个数。通过计数器，可以记录仪器从发射尖脉冲光波到仪器接收到由棱镜反射回来的尖脉冲光波的期间，共有多少个脉冲周期，则脉冲从发射到返回的时间为：

$$t_{2D} = qT_0 = \frac{q}{f_0}$$

式中，q 为脉冲个数；T_0 为脉冲周期；f_0 为脉冲频率。

由于计数器只能记录完整尖脉冲光波周期的数量，而小于一个脉冲光波周期 T_0 的时间无法体现，这就使得计数器测得的时间 t_{2D} 最大有一个脉冲周期 T_0 的误差，即 $m_{t_{2D}} = \pm T_0$。测距仪测量距离的函数关系式为 $D = \frac{1}{2}Ct_{2D}$，根据误差传播定律，可以求得测距仪测量距离的中误差为：

$$m_D = \frac{1}{2}Cm_{t_{2D}} = \pm\frac{1}{2f_0}C$$

由上式可得，脉冲光波频率 f_0 越大，测距误差越小。当要求测距误差为 $\pm0.01\text{m}$ 时，由式（4-15）可以求出仪器的脉冲光波频率应为 15000MHz。由于制造技术上的原因，目前世界上可以做到并稳定在 1×10^{-6} 级的脉冲光波频率最高为 300MHz，代入上式可求得仪器的测距误差为 $\pm0.5\text{m}$。由此可知，如果不采取特殊技术测出被舍弃的小于一个光波脉冲周期 T_0 的时间，而仅靠提高光波脉冲频率 f_0 的方法使脉冲测距仪精度达到毫米级的测距精度是困难的。

2，相位式光电测距仪

相位式光电测距仪不能直接测定电磁波的传播时间，主要通过连续调制波信号与返回连续调制波信号的相位比较，测定调制波往返于测线的迟后相位差中小于 2π 的尾数，然后通过使用 n 个不同调制波的测相结果，间接推算出传播时间 t_{2D}，并计算（或直接显示）出测线的倾斜距离：

发射信号与接收信号的相位差 φ 可以分解为 N 个 2π 整数周期和不足一个整数周期相位差 $\Delta\varphi$，即：

$$\varphi = 2\pi N + \Delta\varphi$$

A、B 两点的距离可由下式计算：

$$D = \frac{\lambda}{2}(N + \Delta N) = \frac{\lambda}{2}\left(N + \frac{\Delta\varphi}{2\pi}\right)$$

式中，λ 为波长，可由式 $\lambda = \frac{C}{f}$ 计算。$\frac{\lambda}{2}$ 为半波长，又称为测距仪的测尺。不同的调制频率 f 对应的测尺长度如表 7-2 所示。

表 7-2　调制频率与测尺长度的关系

调制频率 f	15MHz	7.5MHz	1.5MHz	150kHz	75kHz
测尺长 $\frac{\lambda}{2}$	10m	20m	100m	1km	2km

如果能够测出光波在待测距离上往返传播的整周期数 N，和不足一个整数周期相位差 $\Delta\varphi$ 代入式 $D = \frac{\lambda}{2}(N + \Delta N) = \frac{\lambda}{2}\left(N + \frac{\Delta\varphi}{2\pi}\right)$ 即可计算出距离 D。但是在相位式测距仪中，测定相位差 φ，用的是比相法，只能测定出光波相位差的尾数 $\Delta\varphi$，而无法测出整周期数 N，使得测得的距离会出现多解的情况。只有当待测距离小于测尺长度时，得到的才是唯一解。所以，相位式光电测距仪一般设置多个测尺，使用各测尺分别测距，然后组合测距

结果来解决距离的多解问题。

目前，相位式测距仪的计时精度可达 10^{-10} s 以上，从而使测距精度提高到 1cm 左右，可基本满足精密测距的要求，所以该类测距仪在精密测距中得到广泛运用。

第八章 建筑工程施工测量与道路桥隧施工测量

第一节 建筑工程施工测量

一、施工测量概述

施工测量的目的是将图纸设计的建筑物、构建物的平面位置和高程，按照设计要求，以一定的精度测设到实地上，作为施工的依据，并在施工的过程中进行一系列的测量工作。施工测量的主要工作是测设点位，又称施工放样。

施工测量贯穿整个建筑物、构建物的施工过程中。从场地平整、建筑物定位、基础施工、室内外管线施工到建筑物、构建物的构件安装等，都需要进行施工测量。工业或大型民用建设项目竣工后，为便于管理、维修和扩建，还应编绘竣工总平面图。有些高层建筑物和特殊构筑物，在施工期间和建成后，还应进行变形测量，以便积累资料，掌握变形规律，为今后建筑物、构筑物的维护和使用提供资料。

（一）施工测量的内容

①施工前建立与工程相适应的施工控制网。

②建（构）筑物的放样及构件与设备安装的测量工作。

③检查和验收工作。每道工序完成后，都要通过测量检查工程各部位的实际位置和高程是否符合要求，根据实测验收的记录，编绘竣工图和资料，作为验收时鉴定工程质量和工程交付后管理、维修、扩建、改建的依据。

④变形观测工作。随着施工的进展，测量建（构）筑物的位移和沉降，作为鉴定工程质量和验证工程设计、施工是否合理的依据。

（二）施工测量的原则

①为了保证各个建（构）筑物的平面位置和高程都符合设计要求，施工测量也应遵循"从整体到局部，先控制后碎部（细部）"的原则。在施工现场先建立统一的平面控制网和高程控制网，然后根据控制点的点位，测设各个建（构）筑物的位置。

②施工测量的检核工作也很重要，因此，必须加强外业和内业的检核工作。

（三）施工测量的特点

①施工测量是直接为工程施工服务的，因此它必须与施工组织计划相协调。测量人员必须了解设计的内容、性质及其对测量工作的精度要求，开工前要建立场地平面控制网和高程控制网。控制网点在整个施工期间能准确、牢固地保留至工程竣工，并能移交给建设单位继续使用。随时掌握工程进度及现场变动，使测设精度和速度满足施工的需要。

②施工测量的精度主要取决于建（构）筑物的大小、性质、用途、材料、施工方法等因素。一般高层建筑施工测量精度应高于低层建筑，装配式建筑施工测量精度应高于非装配式，钢结构建筑施工测量精度应高于钢筋混凝土结构建筑。往往局部精度高于整体定位精度。

③施工测量受施工干扰大。由于施工现场各工序交叉作业、材料堆放、运输频繁、场地变动及施工机械的振动，使测量标志易遭破坏，因此，测量标志从形式、选点到埋设均应考虑便于使用、保管和检查，如有破坏，应及时恢复。

④施工测量要与设计、监理等各方面密切配合，事先充分作好准备，制定切实可行的与施工同步的测量方案。测量人员要严格遵守施工放样的工作准则，每步都检验与校对。

（四）施工测量精度的基本要求

施工测量的精度取决于建筑物或构筑物的大小、材料、用途和施工方法等因素。一般情况下，高层建筑物的测设精度应高于低层建筑物，钢结构厂房的测设精度高于钢筋混凝土结构厂房，装配式建筑物的测设精度高于非装配式建筑物。

另外，建筑物、构筑物施工期间和建成后的变形测量，关系到施工安全，建筑物、构筑物的质量和建成后的使用维护，所以，变形测量一般需要有较高的精度，并应及时提供变形数据，以便做出变形分析和预报。

（五）准备工作

施工测量应建立健全测量组织、操作规程和检查制度。在施工测量之前，应先做好以下工作：

①仔细核对设计图纸，检查总尺寸和分尺寸是否一致，总平面图和大样详图尺寸是否一致，不符之处应及时向设计单位提出，进行修正。

②实地踏勘施工现场，根据实际情况编制测设详图，计算测设数据。

③检验和校正施工测量所用的仪器和工具。

二、建筑场地施工控制测量

（一）施工控制测量概述

由于在勘测设计阶段所建立的控制网是为测图而建立的，有时并未考虑施工的需要，所以控制点的分布、密度和精度，都难以满足施工测量的要求。另外，在平整场地时，大多控制点被破坏。因此施工之前，在建筑场地应重新建立专门的施工控制网。

1. 施工控制网的分类

施工控制网分为平面控制网和高程控制网两种。

（1）施工平面控制网

施工平面控制网可以布设成 GPS 网、导线网、建筑方格网和建筑基线四种形式。

（2）施工高程控制网

施工高程控制网采用水准测量的方法建立，有时也会采用三角高程测量的方法。

2. 施工控制网的特点

与测图控制网相比，施工控制网具有控制范围小、控制点密度大、精度要求高及使用频繁等特点。

（二）施工场地的平面控制测量

1. 施工坐标系的建立

施工坐标系亦称建筑坐标系，其坐标轴与主要建筑物主轴线平行或垂直，以便用直角坐标法进行建筑物的放样。

施工控制测量的建筑基线和建筑方格网一般采用施工坐标系，是一种独立坐标系，与测量坐标系往往不一致，因此，施工测量前常常需要进行施工坐标系与测量坐标系的坐标换算。

如图 8-1 所示，设 $xOyQ$ 为测量坐标系，$AO'BQ$ 为施工坐标系，x_0、y_0 为施工坐标系的原点 O' 在测量坐标系中的坐标，α 为施工坐标系的纵轴 $O'A$ 在测量坐标系中的坐标方位角。

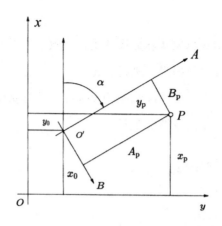

图 8-1　施工坐标系与测量坐标系的换算

如已知施工坐标，则可得 P 点的测量坐标：

$$\begin{cases} x_P = x_0 + A_P\cos\alpha - B_P\sin\alpha \\ y_P = y_0 + A_P\sin\alpha + B_P\cos\alpha \end{cases}$$

若已知 P 的测量坐标，则参照上式可得 P 点的施工坐标：

$$\begin{cases} A_P = (x_P - x_0)\cos\alpha + (y_P - y_0)\sin\alpha \\ B_P = -(x_P - x_0)\sin\alpha + (y_P - y_0)\cos\alpha \end{cases}$$

2. 建筑基线

建筑基线是建筑场地的施工控制基准线，即在建筑场地布置一条或几条轴线。它适用于建筑设计总平面图布置比较简单的小型建筑场地。

（1）建筑基线的布设形式

建筑基线的布设形式，应根据建筑物的分布、施工场地地形等因素来确定。常用的布设形式有"一"字形、"L"形、"十"字形和"T"形。

（2）建筑基线的布设要求

①建筑基线应尽可能靠近拟建的主要建筑物，并与其主要轴线平行，以便使用比较简单的直角坐标法进行建筑物的定位。

②建筑基线上的基线点应不少于三个，以便相互检核。

③建筑基线应尽可能与施工场地的建筑红线相联系。

④基线点位应选在通视良好和不易被破坏的地方，为能长期保存，要埋设永久性的混凝土桩。

（3）建筑基线的测设方法

①根据建筑红线测设建筑基线。

由城市测绘部门测量的建筑用地界定基准线，称为建筑红线。在城市建设区，建筑红线可作为建筑基线测设的依据。如图 8-2 所示，AB、AC 为建筑红线，1、2、3 为建筑基线点，利用建筑红线测设建筑基线法如下：

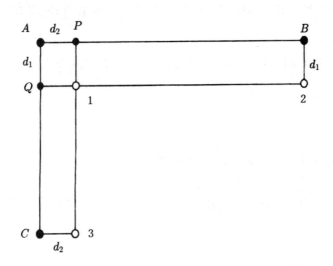

图 8-2　根据建筑红线测设建筑基线

首先，从 A 点沿 AB 方向量取 d_2 定出 P 点，沿 AC 方向量取 d_1 定出 Q 点。

然后，过 B 点作 AB 的垂线，沿垂线量取 d_1 定出 2 点，作出标志；过 C 点作 AC 的垂线，沿垂线量取 d_2 定出 3 点，作出标志；用细线拉出直线 P3 和 Q2，两条直线的交点即为 1 点，作出标志。

最后，在 1 点安置经纬仪，精确观测 $\angle 213$，其与 90° 的差值应不超过 ±20″。

②根据附近已有控制点测设建筑基线。

在新建筑区，可以利用建筑基线的设计坐标和附近已有控制点的坐标，用极坐标法测设建筑基线。如图 8-3 所示，A、B 为附近已有控制点，1、2、3 为选定的建筑基线点，测设方法如下。

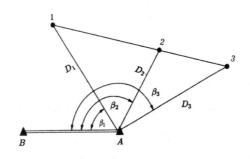

图 8-3　根据控制点测设建筑基线

首先，根据已知控制点和建筑基线点的坐标，由坐标反算计算出测设数据 β_1、D_1、β_2、D_2、β_3、D_3。然后，用极坐标法测设 1、2、3 点。

由于存在测量误差，测设的基线点往往不在同一直线上，且点与点之间的距离与设计值也不完全相符，因此，需要精确测出已测设直线的折角 β' 和距离 D'，并与设计值相比较。

如果 $\Delta\beta = \beta' - 180° $ 超过 $\pm15''$，则应对点 $1'$、$2'$、$3'$ 在与基线垂直的方向上进行等量调整，调整量为：

$$\delta = \frac{ab}{a+b} \cdot \frac{\Delta\beta}{2\rho}$$

式中，δ 为各点的调整值（m）；a、b 合分别为点 1 至点 2、点 2 至点 3 的长度（m）。

如果测设距离超限，如 $\dfrac{\Delta D}{D} = \dfrac{|D'-D|}{D} > \dfrac{1}{10000}$，则以 $2'$ 点为准，按设计长度沿基线方向调整 $1'$、$3'$ 点。

3. 建筑方格网

由正方形或矩形组成的施工平面控制网，称为建筑方格网，或称矩形网，如图 8-4 所示。建筑方格网适用于按矩形布置的建筑群或大型建筑场地。

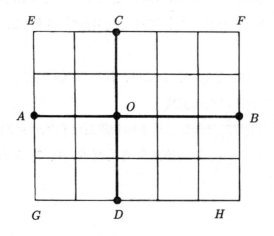

图 8-4　建筑方格网

（1）建筑方格网的布置和主轴线的选择

建筑方格网的布置，可根据建筑设计总平面图和现场地形拟定。一般先选定主轴线，再布置方格网。厂区面积较大时，可分两级：首级采用"十"字形、"口"字形、"田"字形，然后再加密。方格网的主轴线应布设在厂区中部，并与主要建筑物的基本轴线平行。如图 8-4 所示。

（2）确定主点的施工坐标

如图 8-4 所示，主轴线上的定位点 A、O、B 以及 C、D 一般由施工单位给出，也可在总平面图上图解一点的坐标后，推算其他主点的坐标。

（3）建筑方格网的测设

①主轴线测设与建筑基线测设方法相似。首先，准备测设数据；然后，测设两条相互垂直的主轴线 AOB 和 COD，如图 8-4 所示；最后，精确检测主轴线点的相对位置关系，并与设计值相比较，如果超限，则应进行调整。

②方格点的测设：

如图 8-4 所示，主轴线测设后，分别在主点 A、B 和 C、D 安置经纬仪，后视主点 O，向左右测设 90°水平角，即可交汇出"田"字形方格网点。随后再作检核，测量相邻两点间的距离，看是否与设计值相等，测量其角度是否为 90°，误差均应在容许范围内，并埋设永久性标志。

建筑方格网轴线与建筑物轴线平行或垂直，因此，可用直角坐标法进行建筑物的定位，直角坐标法计算简单，测设比较方便，而且精度较高。建筑方格网的缺点是必须按照总平面图布置，其点位容易被破坏，而且测设工作量也比较大。

在全站仪和 GPS 接收机已经十分普及的今天，建筑方格网由于其图形比较死板，点位不便于长期保存，已逐渐被淘汰。相比之下，导线网、GPS 控制网有很大的灵活性，在选点时，完全可以根据场地情况和需要设定点位。有了全站仪，在一定范围内只要视线通视，都能很容易地放样出各细部点。

4. 导线网和 GPS 网

首级控制网不一定要具有方格的形状，完全可以用导线网或 GPS 网等灵活的形式建立。这样首级网中点数不多，点位可以比较自由地选择在便于保存并便于使用的地点。随着施工的进展，用首级网逐步放样出主要建筑轴线，然后从主要建筑轴线出发建立所需精度的建筑矩形控制网或其他形式的控制网。

（三）施工场地的高程控制测量

1. 施工场地高程控制网的建立

建筑施工场地的高程控制测量一般采用水准测量方法，应根据施工场地附近的国家或城市已知水准点，测量施工场地水准点的高程，以便纳入统一的高程系统。

在施工场地上，水准点的密度，应尽可能满足安置一次仪器即可测设出所需的高程。

而测图时布设的水准点往往是不够的，因此，还需增设一些水准点。在一般情况下，建筑基线点、建筑方格网点以及导线点也可兼作高程点，只要在平面控制点桩面上中心旁边设置一个突出的半球状标志即可。

为了便于检核和提高测量精度，施工场地高程控制网应布设成闭合或附合路线。高程控制网可分为首级网和加密网，相应的水准点称为基本水准点和施工水准点。

2. 基本水准点

基本水准点应布设在土质坚实、不受施工影响、无震动和便于实测的地方，并埋设永久性标志。一般情况下，按四等水准测量的方法测量其高程，而对于为连续性生产车间或地下管道测设所建立的基本水准点，则需按三等水准测量的方法测量其高程。

3. 施工水准点

施工水准点是用来直接测设建筑物高程的。为了测设方便和减少误差，施工水准点应靠近建筑物。

此外，由于涉及建筑物常以底层室内地坪高±0.000标高为高程起算面，为了施工引测方便，常在建筑物内部或附近测设±0.000水准点。±0.000水准点的位置，一般选在稳定的建筑物墙、柱的侧面，用红油漆绘成顶为水平线的"▼"形，其顶端表示±0.000位置。

三、民用建筑施工测量

民用建筑是指住宅、办公楼、食堂、俱乐部、医院和学校等建筑物。民用建筑施工测量的主要任务是建筑物的定位和放线、基础工程施工测量、墙体工程施工测量及建筑物的轴线投测等。

(一) 施工测量前的准备工作

在施工测量之前，应先检校所使用的测量仪器设备。根据施工测量需要，还须做好以下准备工作。

1. 熟悉设计图纸

设计图纸是施工测量的主要依据，测量人员应了解工程全貌和对测量的要求，熟悉与放样有关的建筑总平面图、建筑施工图和结构施工图，并检查总的尺寸是否与各部分尺寸之和相符，总平面图的大样详图尺寸是否一致。

2. 校核定位平面控制点和水准点

对建筑场地上的平面控制点，使用前必须检查、校核点位是否正确，实地检测水准点高程。

3. 制定测设方案

考虑设计要求、控制点分布、现场和施工方案等因素选择测设方法，制定测设方案。

4. 准备测设数据

从总平面图上可以查取或计算设计建筑物与原有建筑区或控制点之间的平面尺寸和高差，作为测设建筑物总体位置的依据。

从建筑平面图中可以查取建筑物的总尺寸，以及内部各定位轴线之间的关系尺寸，这是施工测设的基本资料。

从基础平面图上可以查取基础边线与定位轴线的平面尺寸，这是测设基础轴线的必要数据。

从基础详图中可以查取基础立面尺寸和设计标高，这是基础高程测设的依据。

从建筑物的立面图和剖面图中，可以查取基础、地坪、门窗、楼板、屋架和屋面等设计高程，这是高程测设的主要依据。

（二）民用建筑物的定位与放线

1. 建筑物的定位

一般建筑物的轴线是指墙基础或柱基础沿纵轴方向布置的中心线。我们把控制建筑物整体形状的纵横轴或起定位作用的轴线称为建筑物的主轴线，多指建筑物外墙轴线。外墙轴线的交点称为角桩。所谓定位就是把建筑物的主轴线交点标定在地面上，并以此作为建筑物放线的依据。由于设计条件不同，定位方法也不同，可分为以下几种。

（1）根据建筑红线放样主轴线

在城镇建造房屋时，要按统一规划进行。建设用地边界或建筑物轴线位置由规划部门的拨地单位于现场直接测量。拨地单位直接测设的建筑用地边界点称为"建筑红线"桩，若建筑红线与建筑物的主轴线平行或垂直，可利用直角坐标法放样主轴线，并检核各纵横轴线间的关系及垂直性。然后，还要在轴线的延长线上加打引桩，以便开挖基槽后作为恢复轴线的依据。

（2）根据建筑方格网放样主轴线

通过施工控制测量建立了建筑方格网或建筑基线后，根据方格网和建筑物坐标，利用直角坐标法就可以定出建筑物的主轴线，最后检核各顶点边、角关系及对角线长。一般角度误差不超过±20″，边长误差根据放样精度要求来决定，一般不低于1/5000。此方法测设的各轴线均设在基础中间，在挖基础时大多数要被挖掉。因此在建筑物定位时，要在建筑物边线外侧定一排控制桩。

（3）根据控制点放样主轴线

在山区或建筑场地障碍物较多的地方，一般采用布设导线点或 GPS 控制点作为放样的控制点。可根据现场情况，利用极坐标法或 GPS-RTK 直接放样法放样建筑物轴线。

2. 恢复轴线位置的方法

建筑物的放线，是指根据已定位的外墙轴线交点桩（角桩），详细测设出建筑物各轴线的交点桩（或称中心桩），然后，根据交点桩用白灰撒出基槽开挖边界线，放线方法如下。

由于在开挖基槽时，角桩和中心桩都要被挖掉，为了便于在施工中恢复各轴线位置，应把各轴线延长到基槽外安全地点，并做好标识，有设置轴线控制桩和龙门板两种形式。

（1）设置轴线控制桩

轴线控制桩设置在基槽外，基础轴线的延长线上，作为开槽后各施工阶段恢复轴线的依据。轴线控制桩一般设置在基槽外 2~4m 处，打下木桩，桩顶钉上小钉，准确标出轴线位置，并用混凝土包裹木桩。如附近有建筑物，亦可把轴线投测到建筑物上，用红漆作出标志，以代替轴线控制桩。

（2）设置龙门板

在小型民用建筑施工中，常将各轴线引测到基槽外的水平木板上。水平木板称为龙门板，固定龙门板的木桩称为龙门桩。设置龙门板的步骤如下。

在建筑物四角与隔墙两端，基槽开挖边界线以外 1.5~2m 处，设置龙门桩。龙门桩要钉得竖直、牢固，龙门桩的外侧面应与基槽平行。

根据施工场地的水准点，用水准仪在每个龙门桩外侧，测设出该建筑物室内地坪设计高程线（即±0.000 标高线），并作出标志。

沿龙门桩上±0.000 标高线钉设龙门板，这样龙门板顶面的高程就同在±0.000 的水平面上。然后，用水准仪校核龙门板的高程，如有差错应及时纠正，其容许误差为±5mm。

在 N 点安置经纬仪，瞄准 P 点，沿视线方向在龙门板上定出一点，用小钉作标志，纵转望远镜在 N 点的龙门板上也钉一个小钉。用同样的方法将各轴线引测到龙门板上，所钉小钉称为轴线钉。轴线钉定位误差应不超过±5mm。

最后，用钢尺沿龙门板的顶面检查轴线钉的间距，其误差不超过 1/2000。检查合格后，以轴线钉为准，将墙边线、基础边线、基础开挖边线等标定在龙门板上。

（三）基础工程施工测量

1. 基槽抄平

建筑施工中的高程测设，又称抄平。

（1）设置水平桩

为了控制基槽的开挖深度，当快挖到槽底设计标高时，应用水准仪根据地面上±0.000m点，在槽壁上测设一些水平小木桩（称为水平桩），使木桩的上表面离槽底的设计标高为一固定值（如0.500m）。

为了施工时使用方便，一般在槽壁各拐角处、深度变化处和基槽壁上每隔3~4m测设一个水平桩。水平桩可作为挖槽深度、修平槽底和打基础垫层的依据。

（2）水平桩的测设方法

槽底设计标高为−1.700m，欲测设比槽底设计标高高0.500m的水平桩，测设方法如下。

①在地面适当地方安置水准仪，在±0.000标高线位置上立水准尺，读取后视读数为1.318m.

②计算测设水平桩的应读前视读数 b 。

$$b = a - h = 1.318m - (−1.700+0.500)\ m = 2.518m$$

③在槽内一侧立水准尺，并上下移动，直至水准仪视线读数为2.518m时，沿水准尺尺底在槽壁打入一个小木桩。

2. 垫层中线的投测

基础垫层打好后，根据轴线控制桩或龙门板上的轴线钉，用经纬仪或用拉绳挂垂球的方法，把轴线投测到垫层上，并用墨线弹出墙中心线和基础边线，作为砌筑基础的依据。

由于整个墙身砌筑均以此线为准，这是确定建筑物位置的关键环节，所以要严格校核后方可进行砌筑施工。

3. 基础墙标高的控制

房屋基础墙是指±0.000m以下的砖墙，它的高度是用基础皮数杆来控制的。

①基础皮数杆是一根木制的杆子，在杆上事先按照设计尺寸，将砖、灰缝厚度画出线条，并标明±0.000m和防潮层的标高位置。

②立皮数杆时，先在立杆处打一木桩，用水准仪在木桩侧面定出一条高于垫层某一数值（如100mm）的水平线，然后将皮数杆上标高相同的一条线与木桩上的水平线对齐，

并用大铁钉把皮数杆与木桩钉在一起，作为基础墙的标高依据。

4. 基础面标高的检查

基础施工结束后，应检查基础面的标高是否符合设计要求（也可检查防潮层）。可用水准仪测出基础面上若干点的高程和设计高程比较，允许误差为±10mm。

（四）墙体施工测量

1. 墙体定位

①利用轴线控制桩或龙门板上的轴线和墙边线标志，用经纬仪或拉细绳挂垂球的方法将轴线投测到基础面上或防潮层上。

②用墨线弹出墙中线和墙边线。

③把墙轴线延伸并画在外墙基础上，作为向上投测轴线的依据。

④检查外墙轴线交角是否等于90°。

⑤把门、窗和其他洞口的边线，也在外墙基础上标定出来。

2. 墙体各部位标高控制

在墙体施工中，墙身各部位标高通常也用皮数杆控制。

①在墙身皮数杆上，根据设计尺寸，按砖、灰缝的厚度画出线条，并标明±0.000m、门、窗、楼板等的标高位置。

②墙身皮数杆的设立与基础皮数杆相同，使皮数杆上的±0.000m标高与房屋的室内地坪标高相吻合。在墙的转角处，每隔10~15m设置一根皮数杆。

③在墙身砌起1m以后，在室内墙身上定出+0.500m的标高线，作为该层地面施工和室内装修用基准线。

④第二层以上墙体施工中，为了使皮数杆在同一水平面上，要用水准仪测出楼板四角的标高，取平均值作为地坪标高，并以此作为立皮数杆的标志。

框架结构的民用建筑，墙体砌筑是在框架施工后进行的，故可在柱面上画线，代替皮数杆。

（五）建筑物的轴线投测

在多层建筑墙身砌筑过程中，为了保证建筑物轴线位置正确，可用吊垂球或经纬仪将轴线投测到各层楼板边缘或柱顶上。

1. 吊垂球法

将较重的垂球悬吊在楼板或柱顶边缘，当垂球尖对准基础墙面上的轴线标志时，线在楼板或柱顶边缘的位置即为楼层轴线端点位置，并画出标志线。各轴线的端点投测完后，用钢尺检核各轴线的间距，符合要求后，继续施工，并把轴线逐层自下向上传递。

吊垂球法简便易行，不受施工场地限制，一般能保证施工质量。但当有风或建筑物较高时，投测误差较大，应采用经纬仪投测法。

2. 经纬仪投测法

在轴线控制桩上安置经纬仪，严格整平后，瞄准基础墙面上的轴线标志，用盘左、盘右分中投点法，将轴线投测到楼层边缘或柱顶上。将所有端点投测到楼板上之后，用钢尺检核其间距，相对误差不得大于1/2000。检查合格后，才能在楼板分间弹线，继续施工。

(六) 建筑物的高程传递

在多层建筑施工中，要由下层向上层传递高程，以便楼板、门窗口等的标高符合设计要求，高程传递的方法有以下几种。

1. 利用皮数杆传递高程

一般建筑物可用墙体皮数杆传递高程。

2. 利用钢尺直接丈量

对于高程传递精度要求较高的建筑物，通常用钢尺直接丈量来传递高程。对于二层以上的各层，每砌高一层，就从楼梯间用钢尺从下层的"+0.500m"标高线，向上量出层高，测出上一层的"+0.500m"标高线。这样用钢尺逐层向上引测。

3. 吊钢尺法

用悬挂钢尺代替水准尺，用水准仪读数，从下向上传递高程。

四、工业建筑施工测量

工业建筑中以厂房为主体，一般工业厂房多采用预制构件，在现场装配的方法施工。厂房的预制构件有柱子、吊车梁和屋架等。因此，工业建筑施工测量的工作主要是保证这些预制构件安装到位。具体任务为：厂房矩形控制网测设、厂房柱列轴线放样、杯形基础施工测量及厂房预制构件安装测量等。

(一) 厂房矩形控制网测设

工业厂房一般都应建立厂房矩形控制网，作为厂房施工测设的依据。下面介绍根据建筑方格网，采用直角坐标法测设厂房矩形控制网的方法。

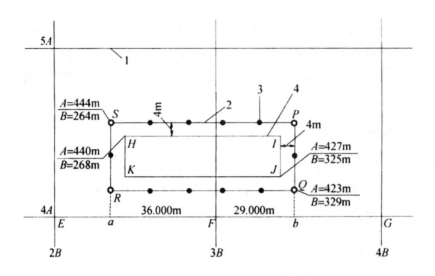

图 8-5　厂房矩形控制网的测设

1—建筑方格网；2—厂房矩形控制网；3—距离指标桩；4—厂房轴线

如图 8-5 所示，H、I、J、K 四点是厂房的房角点，从设计图中已知 H、J 两点的坐标。S、F、Q、R 为布置在基础开挖边线以外的厂房矩形控制网的四个角点，称为厂房控制桩。厂房矩形控制网的边线到厂房轴线的距离为 4m，厂房控制桩 S、P、Q、R 的坐标，可按厂房角点的设计坐标，加减 4m 算得，测设方法如下。

1. 计算测设数据

根据厂房控制桩 S、P、Q、R 的坐标，计算利用直角坐标法进行测设时，所需测设数据。

2. 厂房控制点的测设

①从 F 点起沿 FE 方向量取 36m，定出 a 点；沿 FG 方向量取 29m，定出 b 点。

②在 a 与 b 上安置经纬仪，分别瞄准 E 与 F 点，顺时针方向测设 90°，得两条视线方向，沿视线方向量取 23m，定出 R、Q 点。再向前量取 21m，定出 S、P 点。

③为了便于进行细部测设，在测设厂房矩形控制网的同时，还应沿控制网测设距离指标桩，距离指标桩的间距一般等于柱子间距的整倍数。

3. 检查

①检查 ∠S、∠P 是否等于 90°，其误差不得超过 ±10″。

②检查 SP 是否等于设计长度，其误差不得超过 1/10000。

以上这种方法适用于中小型厂房的测设。对于大型或设备复杂的厂房，应先测设厂房控制网的主轴线，再根据主轴线测设厂房矩形控制网。

（二）厂房柱列轴线与柱基施工测量

1. 厂房柱列轴线测设

根据厂房平面图上所注的柱间距和跨距尺寸，用钢尺沿矩形控制网各边量出各柱列轴线控制桩的位置，并打入大木桩，桩顶用小钉标出点位，作为柱基测设和施工安装的依据。丈量时应以相邻的两个距离指标桩为起点分别进行，以便检核。

2. 柱基定位和放线

①安置两台经纬仪，在两条互相垂直的柱列轴线控制桩上，沿轴线方向交汇出各柱基的位置（即柱列轴线的交点），此项工作称为柱基定位。

②在柱基的四周轴线上，打入四个定位小木桩 a、b、c、d，其桩位应在基础开挖边线以外，比基础深度大 1.5 倍的地方，作为修坑和立模的依据。

③按照基础详图所注尺寸和基坑放坡宽度，用特制角尺，放出基坑开挖边界线，并撒出白灰线以便开挖，此项工作称为基础放线。

④在进行柱基测设时，应注意柱列轴线不一定都是柱基的中心线，而一般立模、吊装等习惯用中心线，此时，应将柱列轴线平移，定出柱基中心线。

3. 柱基施工测量

（1）基坑开挖深度的控制

当基坑挖到一定深度时，应在基坑四壁，离基坑底设计标高 0.5m 处，测设水平桩，作为检查基坑底标高和控制垫层的依据。

（2）杯形基础立模测量

①基础垫层打好后，根据基坑周边定位小木桩，用拉线吊垂球的方法，把柱基定位线投测到垫层上，弹出墨线，用红漆画出标记，作为柱基立模板和布置基础钢筋的依据。

②立模时，将模板底线对准垫层上的定位线，并用垂球检查模板是否垂直。

③将柱基顶面设计标高测设在模板内壁，作为浇灌混凝土的高度依据。

（三）厂房预制构件安装测量

1. 柱子安装测量

（1）柱子安装应满足的基本要求

柱子中心线应与相应的柱列轴线一致，其允许偏差为 ±5mm。牛腿顶面和柱顶面的实际标高应与设计标高一致，其允许误差为 ±（5~8mm），柱高大于 5m 时允许误差为 ±

8mm。柱身垂直允许误差为：当柱高≤5m 时，允许误差为±5mm；当柱高为 5~10m 时，允许误差为±10mm；当柱高超过 10m 时，则允许误差为柱高的 1/1000，但不得大于 20mm。

（2）柱子安装前的准备工作

①在柱基顶面投测柱列轴线：

柱基拆模后，用经纬仪根据柱列轴线控制桩，将柱列轴线投测到杯口顶面上，并弹出墨线，用红漆画出"▶"标志，作为安装柱子时确定轴线的依据。如果柱列轴线不通过柱子的中心线，应在杯形基础顶面上加弹柱中心线。

用水准仪，在杯口内壁，测设一条一般为-0.600m 的标高线（一般杯口顶面的标高为-0.500m），并画出"▼"标志，作为杯底找平的依据。

②柱身弹线：柱子安装前，应将每根柱子按轴线位置进行编号。在每根柱子的三个侧面弹出柱中心线，并在每条线的上端和下端近杯口处画出"▶"标志。根据牛腿面的设计标高，从牛腿面向下用钢尺量出-0.600m 的标高线，并画出"▼"标志。

③杯底找平：先量出柱子的-0.600m 标高线至柱底面的长度，再在相应的柱基杯口内，量出-0.600m 标高线至杯底的高度，并进行比较，以确定杯底找平厚度。最后用水泥沙浆根据找平厚度，在杯底进行找平，使牛腿面符合设计高程。

（3）柱子的安装测量

柱子安装测量的目的是保证柱子平面和高程符合设计要求，柱身铅直。

①预制的钢筋混凝土柱子插入杯口后，应使柱子三面的中心线与杯口中心线对齐，用木楔或钢楔临时固定。

②柱子立稳后，立即用水准仪检测柱身上的±0.000m 标高线，其允许误差为±3mm。

③用两台经纬仪，分别安置在柱基纵横轴线上，离柱子的距离不小于柱高的 1.5 倍，先用望远镜瞄准柱底的中心线标志，固定照准部后，再缓慢抬高望远镜观察柱子偏离十字丝竖丝的方向，指挥用钢丝绳拉直柱子，直至从两台经纬仪中观测到的柱子中心线都与十字丝竖丝重合为止。

④在杯口与柱的缝隙中浇入混凝土，以固定柱子的位置。

⑤在实际安装时，一般是一次把许多柱子都竖起来，然后进行垂直校正。这时，可把两台经纬仪分别安置在纵横轴线的一侧，一次可校正几根柱子，但仪器偏离轴线的角度，应在 15°以内。

（4）柱子安装测量的注意事项

①使用的经纬仪必须严格校正，操作时，应使照准部水准管气泡严格居中。

②校正时，除注意柱子垂直外，还应随时检查柱子中心线是否对准杯口柱列轴线标志，以防柱子安装就位后，产生水平位移。

③在校正变截面的柱子时，经纬仪必须安置在柱列轴线上，以免产生差错。

④在日照下校正柱子的垂直度时，应考虑日照使柱顶向阴面弯曲的影响，为避免此种影响，宜在早晨或阴天校正。

2. 吊车梁安装测量

吊车梁安装测量主要是保证吊车梁中线位置和吊车梁的标高满足设计要求。

（1）吊车梁安装前的准备工作

①在柱面上量出吊车梁顶面标高：根据柱子上的±0.000m 标高线，用钢尺沿柱面向上量出吊车梁顶面设计标高线，作为调整吊车梁面标高的依据。

②在吊车梁上弹出梁的中心线：在吊车梁的顶面和两端面上，用墨线弹出梁的中心线。

③在牛腿面上弹出梁的中心线：根据厂房中心线，在牛腿面上投测出吊车梁的中心线，投测方法如下：

利用厂房中心线，根据设计轨道间距，在地面上测设出吊车梁中心线（也是吊车轨道中心线）。在吊车梁中心线的一个端点上安置经纬仪，瞄准另一个端点，固定照准部，抬高望远镜，即可将吊车梁中心线投测到每根柱子的牛腿面上，并用墨线弹出梁的中心线。

（2）吊车梁的安装测量

安装时，使吊车梁两端的梁中心线与牛腿面梁中心线

重合，使吊车梁初步定位。采用平行线法，对吊车梁的中心线进行检测，校正方法如下：

①在地面上，从吊车梁中心线，向厂房中心线方向量出长度 a（1m），得到平行线。

②在平行线一端点上安置经纬仪，瞄准另一端点，固定照准部，抬高望远镜进行测量。

③此时，另外一人在梁上移动横放的木尺，当视线正对准尺上 1m 刻划线时，尺的零点应与梁面上的中心线重合。如不重合，可用撬杠移动吊车梁，使吊车梁中心线到平行线的间距等于 1m。

吊车梁安装就位后，先按柱面上定出的吊车梁设计标高线对吊车梁面进行调整，然后将水准仪安置在吊车梁上，每隔 3m 测一点高程，并与设计高程比较，误差应在 3mm 以内。

3. 屋架安装测量

（1）屋架安装前的准备工作

屋架吊装前，用经纬仪或其他方法在柱顶面上测设出屋架定位轴线。在屋架两端弹出屋架中心线，以便进行定位。

（2）屋架的安装测量

屋架吊装就位时，应使屋架的中心线与柱顶面上的定位轴线对准，允许误差为5mm。屋架的垂直度可用垂球或经纬仪进行检查。用经纬仪检校方法如下：

①在屋架上安装三把卡尺，一把卡尺安装在屋架上弦中点附近，另外两把分别安装在屋架的两端。自屋架几何中心沿卡尺向外量出一定距离，一般为500mm，作出标志。

②在地面上，距屋架中线同样距离处，安置经纬仪，观测三把卡尺的标志是否在同一竖直面内，如果屋架竖向偏差较大，则用机具校正，最后将屋架固定。

垂直度允许偏差：薄腹梁为5mm；桁架为屋架高的1/250。

六、竣工总平面图的编绘

竣工总平面图是设计总平面图在施工后实际情况的全面反映，所以设计总平面图不能完全代替竣工总平面图。编绘竣工总平面的图目的在于：①在施工过程中可能由于设计时没有考虑到的问题而使设计有所变更，这种临时变更设计的情况必须通过测量反映到竣工总平面图上；②便于日后进行各种设施的维修工作，特别是地下管道等隐蔽工程的检查和维修工作；③为企业的扩建提供了原有各种建筑物、构筑物、地上和地下各种管线及交通线路的坐标、高程等资料。

新建的企业竣工总平面图的编绘，最好是随着工程的陆续竣工相继进行编绘。一面竣工，一面利用竣工测量成果编绘竣工总平面图。如发现地下管线的位置有问题，可及时到现场查对，使竣工图能真实反映实际情况。边竣工边编绘的优点是：当企业全部竣工时，竣工总平面图也大部分编制完成；即可作为交工验收的资料，又可大大减少实测工作量，从而节约了人力和物力。

竣工总平面图的编绘，包括室外实测和室内资料编绘两方面的内容。

（一）竣工测量

在每一个单项工程完成后，必须由施工单位进行竣工测量。提交工程的竣工测量成果。其内容包括以下方面：

1. 工业厂房及一般建筑物

包括房角坐标，各种管线进出口的位置和高程；并附房屋编号、结构层数、面积和竣工时间等资料；对于主要建筑物，应注明室内地坪高程；圆形建（构）筑物，应注明中心坐标及接地处半径。

2. 铁路及公路

包括起止点、转折点、交叉点的坐标，曲线元素，桥涵等构筑物的位置和高程。路面应注明宽度及铺装材料。

3. 地下管网

窨井、转折点的坐标，井盖、井底、沟槽和管顶等的高程；并附注管道及客井的编号、名称、管径、管材、间距、坡度和流向。

4. 架空管网

包括转折点、结点、交叉点的坐标，支架间距，基础面高程。

5. 其他

竣工测量完成后，应提交完整的资料，包括工程的名称、施工依据、施工效果，作为编绘竣工总平面图的依据。

(二) 竣工总平面图的编绘

竣工总图的编绘，应收集下列资料：总平面布置图、施工设计图、设计变更文件、施工检测记录、竣工测量资料、其他相关资料。编绘前，应对所收集的资料进行实地对照检核。不符之处，应实测其位置、高程及尺寸。当平面布置改变超过图上面积 1/3 时，不宜在原施工图上修改和补充，应重新编制。

竣工总平面图的比例尺，宜选用 1∶500；坐标系统、高程基准、图幅大小、图上注记、线条规格，应与原设计图一致；竣工总平面图上应包括各类平面控制点、水准点、厂房、辅助设备、生活福利设备、架空及地下管线、铁路等建筑物或构筑物的坐标和高程，以及厂区内空地和未建区的地形；有关建筑物、构筑物的符号应与设计图例相同，有关地形图的图例应使用国家地形图图示符号。

当厂区地上和地下所有建筑物、构筑物绘在一张竣工总平面图上时，如果线条过于密集而不醒目，则可采用分类编图，如综合竣工总平面图、交通运输竣工总平面图和管线竣工总平面图等。

如果施工的单位较多，多次转手，造成竣工测量资料不全，图面不完整或与现场情况不符时，只好进行实地施测。竣工总平面图的实测，一般采用全站仪测图及数字编辑成图的方法。

第二节　道路和桥隧施工测量

一、公路、铁路线路测量概述

公路、铁路线路测量是指公路、铁路在勘测、设计和施工等阶段进行的各种测量工作。主要包括新线初测、新线定测、施工测量、竣工测量以及既有线路测量。新线初测是为选择和设计线路中线位置提供大比例尺地形图。新线定测是把图纸上设计好的线路中线测设标定于实地，测绘纵、横断面图为施工图设计提供依据。施工测量是为路基桥梁、隧道、站场施工而进行的测量工作。竣工测量主要是测绘竣工图，为以后的修建、扩建提供资料。既有线路测量是为已有线路的改造、维修提供的各种测量工作。

公路、铁路线路测量的目的就是为线路设计收集所需地形、地质、水文、气象、地震等方面的资料，经过研究、分析和对比，按照经济上合理、技术上可行、能满足国民经济发展和国防建设要求等原则确定线路位置。

一座桥梁的建设，在勘测设计、建筑施工和运营管理期间都需要进行大量的测量工作，其中包括勘测选址、地形测量、施工测量、竣工测量，在施工过程中及竣工通车后，还要进行变形观测。桥梁施工测量的内容和方法，随桥长及其类型、施工方法、地形复杂情况等因素的不同而有所差别，概括起来主要有桥轴线长度测量、桥梁控制测量、墩台定位及轴线测设、墩台细部放样及梁部放样等。另外，还要按规范要求等级进行水准测量。对于小型桥一般不进行控制测量。现代的施工方法日益走向工厂化和拼装化，尤其对于铁路桥梁，梁部构件一般都在工厂制造，在现场进行拼接和安装，这对测量工作提出了十分严格的要求。

随着经济建设的发展，地下隧道工程日益增多，特别是在铁路、公路、水利等工程领域，应用更加普遍。隧道工程施工测量的主要内容包括洞外控制测量、进洞测量、洞内控制测量、隧道施工测量及竣工测量等。隧道测量的主要目的，是保证隧道相向开挖时，能按规定的精度正确贯通，并使各建筑物的位置和尺寸符合设计规定，不得侵入建筑限界，以确保运营安全。

二、桥梁施工测量

(一) 桥梁平面和高程控制测量

1. 桥梁平面控制测量

桥梁平面控制测量的目的是测定桥轴线长度并据以进行墩、台位置的放样；同时，也可用于施工过程中的变形监测。

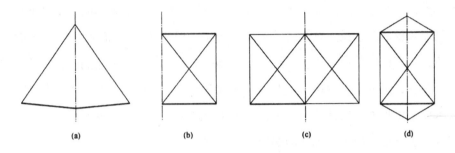

图8-6　桥梁平面控制网

根据桥梁跨越的河宽及地形条件，平面控制网多布设成如图8-6所示的形式。

选择控制点时，应尽可能使桥的轴线作为三角网的一条边，以利于提高桥轴线的精度。若不可能，也应将桥轴线的两个端点纳入网内，以便间接求算桥轴线长度，如图8-6 (d) 所示。

对于控制点的要求，除了图形简单、图形强度良好外，还要求地质条件最稳定、视野开阔，便于交会墩位，其交会角不致太大或太小。基线应与桥梁中线近似垂直，其长度宜为桥轴线的0.7倍，困难时也不应小于其0.5倍。在控制点上要埋设标石及刻有"+"字的金属中心标志。如果兼作高程控制点用，则中心标志宜做成顶部为半球状。

控制网可采用测角网、测边网或边角网。采用测角网时宜测定两条基线，如图8-6中加粗线，测边网是测量所有的边长而不测角度，边角网则是边长和角度都测。一般来说，在边、角精度互相匹配的条件下，边角网的精度较高。

由于桥轴线长度及各个边长都是根据基线及角度推算的，为保证轴线有可靠的精度，极限精度要高于桥轴线精度2~3倍。如果采用测边网或测角网，由于边长是直接测定的，所以不受或少受测角误差的影响，测边的精度与桥轴线要求的精度相当即可。

由于桥梁三角网一般采用独立坐标系统，它所采用的坐标系，一般是以桥轴线作为 x 轴，桥轴线始端控制点的里程作为改点的 x 值。这样，桥梁墩台的设计里程即为改点的飞坐标值，便于以后施工放样的数据计算。

在施工时，如果因机具、材料等遮挡视线，无法利用主网的点进行放样，可以根据主网两个以上的点将控制点加密，这些加密点称为插点。插点的观测方法与主网相同，但在平差计算时，主网上点的坐标不得变更。

此外，随着 GPS 应用技术的发展，在桥梁控制网建立中使用 GPS 方法日益增多，尤其在特长桥梁控制网中，其优势更为明显。具体方法可参考 GPS 测量有关内容。

2. 桥梁高程控制测量

在桥梁的施工阶段，应建立高程控制网，作为放样的高程依据。即在河流两岸建立若干个水准基点，这些水准基点除用于施工外，也可作为以后变形观测的高程基准点。

水准基点布设的数量视河宽及桥的大小而异。一般小桥可只布设一个；在 200m 以内的大、中桥，宜在两岸各设一个；当桥长超过 200m 时，由于两岸连测不便，为了在高程变化时易于检查，则两岸至少各布设两个。水准基点是永久性的，必须十分稳固。除了它的位置要求便于保护外，根据地质条件，可采用混凝土标石、钢管标石、管柱标石或钻孔标石，在标石上方嵌一凸出半球状的铜质或不锈钢标志。

为了方便施工，也可在附近设立施工水准点，由于其使用时间较短，在结构上可以简化，但要求使用方便，也要相对稳定，且在施工时不致破坏。

桥梁水准点与线路水准点应采用同一高程系统。与线路水准点连测的精度根据设计和施工要求确定，如当包括引桥在内的桥长小于 500m 时，可用四等水准连测，大于 500m 时可用三等水准进行测量。但桥梁本身的施工水准网，则宜用较高精度，因为它直接影响桥梁各部放样精度。

当跨河距离大于 200m 时，宜采用过河水准法连测两岸的水准点。跨河点间的距离小于 800m 时，可采用三等水准进行测量，大于 800m 时则采用二等水准进行测量。

（二）桥梁墩、台中心的测设

在桥梁施工过程中，最主要的工作是测设出墩、台的中心位置和它的纵横轴线。其测设数据由控制点坐标和墩、台中心的设计位置计算确定，若是曲线桥还需桥梁偏角、偏距及墩距等原始资料。测设方法则视河宽、水深及墩位的情况，可采用直接测设或角度交会等方法。墩、台中心位置定出以后，还要测设出墩、台的纵横轴线，以固定墩、台方向，同时它也是墩台施工中细部放样的依据。

1. 直线桥的墩、台中心定位

（1）直接测距法

直接测距法适用于无水或浅水河道。根据计算出的距离，从桥轴线的一个端点开始，用检定过的钢尺测设出墩、台中心，并附合于桥轴线的另一个端点上。若在限差范围之内，则依各端距离的长短按比例调整已测设出的距离。在调整好的位置上钉一小钉，即为测设的点位。

若用光电测距仪测设，则在桥轴线起点或终点架设仪器，并照准另一个端点。在桥轴线方向上设置反光镜，并前后移动，直至测出的距离与设计距离相符，则该点即为要测设的墩、台中心位置。为了减少移动反光镜的次数，在测出的距离与设计距离相差不多时，可用小钢尺测出其差数，以定出墩、台中心的位置。

（2）角度交会法

当桥墩位于水中，无法直接丈量距离及安置反光镜时，则采用角度交会法。如图8-7所示，C、A、D 为控制网的三角点，且 A 为桥轴线的端点，E 为桥墩中心的设计位置。C、A、D 三个控制点的坐标已知，若墩心 E 的坐标与之不在同一坐标系，可将其进行改算至统一坐标系中。利用坐标反算即可推导出交会角 α、β。

在 C、D 点上安置仪器，分别自 CA 及 DA 方向测设交会角 α、β 位则两方向的交点即为墩心 E 点的位置。为检核精度及避免错误，可利用桥轴线 AB 方向，用三个方向交会出 E 点。

由于测量误差的影响，三个方向一般不交于一点，而形成如图8-7所示的三角形，该三角形称为示误三角形。示误三角形的最大边长，在建筑墩台下部时不应大于25mm，上部时不应大于15mm。如果在限差范围内，则将交会点 E' 投影至桥轴线上，作为桥墩中心 E 的点位。

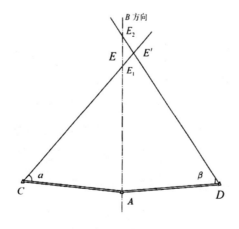

图8-7　角度交会法

随着工程的进展，需要经常进行交会定位。为了工作方便，提高效率，通常都是在交会方向的延长线上设置标志，以后交会时可不再测设角度，而直接瞄准该标志即可。当桥墩筑出水面以后，即可在墩上架设反光镜，利用全站仪，以直接瞄准该标志。

2. 曲线桥的墩、台中心定位

位于直线桥上的桥梁，由于线路中线是直的，梁的中心线与线路中线完全重合，只要沿线路中线测出墩距，即可定出墩、台中心位置。但在曲线桥上则不然，曲线桥的线路中线是曲线，而每跨梁本身却是直的，两者不能完全吻合。梁在曲线上的布置，是使各梁的中线连接起来，成为与线路中线基本吻合的折线，这条折线称为桥梁工作线。墩、台中心一般位于桥梁工作线转折角的顶点上，所谓墩台定位，就是测设这些转折角顶点的位置。

若直线桥的墩、台定位，主要是测设距离，其所产生的误差，也主要是距离误差的影响；而在曲线桥上，距离和角度的误差都会影响到墩、台点位的测设精度，所以它对测量工作的要求比直线桥要高，工作也比较复杂，在测设过程中一定要多方检验。

在曲线上的桥梁是线路组成的一部分，故要使桥梁与曲线正确的连接在一起，必须以高于线路测量的精度进行测设。曲线要素要重新以较高精度取得。为此需对线路进行复测，重新测定曲线转折角，重新计算曲线要素，而不能利用原来线路测量的数据。

曲线桥上测设墩位的方法与直线桥类似，也要在桥轴线的两端测设出两个控制点，以作为墩、台测设和检核的依据。两个控制点测设精度同样要满足估算出的精度要求。在测设之前，首先要从线路平面图上弄清桥梁在曲线上的位置及墩台的里程。位于曲线上的桥轴线控制柱，要根据切线方向用直角坐标法进行测设。这就要求切线的测设精度要高于桥轴线的精度。至于哪些距离需要高精度复测，则要看桥梁在曲线上的位置。

将桥轴线上的控制柱测设出来后，可根据控制柱及给出的设计资料进行墩、台的定位。根据条件，可采用极坐标法法或交会法。

（1）极坐标法

当在墩、台中心处可以架设仪器时，宜采用这种方法。由于墩中心距 L 及桥梁偏距 α 是已知的，可以从控制点开始，逐个测设出角度及距离，即直接定出各墩、台中心的位置，最后再附合到另外一个控制点上，以检验测设精度。这种方法称为极坐标法。

利用全站仪测设时，为了避免误差的积累，可采用极坐标法（也称长弦偏角法）。因为控制点及各墩、台中心点在切线坐标内的坐标是可以求得的，故可据以算出控制点至墩、台中心的距离及其与切线方向间的夹角。设器于控制点，自切线方向开始拨出夹角，再在此方向上测设出墩、台中心的位置。该方法特点是独立测设，各点不受前一点测设误差的影响，但在某一点上发生错误或有粗差也难以发现。所以一定要对各个墩、台中心距进行检核测量，可检核相邻墩、台中心间距，若误差在 2cm 以内，则认为成果是可靠的。

（2）角度交会法

当桥墩位于水中，无法架设仪器及反光镜时，宜采用交会法。

与直线桥上采用交会法定位不同的是，由于曲线桥的墩、台心未在线路中线上，故无法利用桥轴线方向作为交会方向之一；另外，在三方向交会时，当示误三角形的边长在容许范围内时，取其中心作为墩中心位置。

由于这种方法是利用控制网点交会墩位，所以墩位坐标系与控制网的坐标系必须一致，才能进行交会数据的计算。如两者不一致，则须先进行坐标转换。交会数据的计算与直线桥类似，根据控制点及墩位的坐标，通过坐标反算出相关方向的坐标方位角，再依此求出相应的交会角度。

（三）墩台轴线测设

为了进行墩、台施工的细部放样，需要测设其纵、横轴线。纵轴线是指过墩、台中心平行于线路方向的轴线；横轴线是指过墩、台中心垂直于线路方向的轴线；桥台的横轴线是指桥台的胸墙线。直线桥墩、台的纵轴线于线路的中线方向重合，在墩、台中心架设仪器，自线路中线方向测设 90°角，即为横轴线的方向。

曲线桥的墩、台纵轴线位于桥梁偏角的分角线上，在墩、台中心架设仪器，照准相邻的墩、台中心，测设 $\alpha/2$ 角，即为纵轴线的方向。自纵轴线方向测设 90°角，即为横轴线方向。

墩、台中心的定位桩在基础施工过程中要被挖掉，实际上，随着工程的进行，原定位桩常被覆盖或破坏，但又经常需要恢复以便于指导施工。因而需在施工范围以外钉设护桩，以方便恢复墩台中心的位置。

所谓护桩，即指在墩、台的纵、横轴线上，于两侧各钉设至少两个木桩，因为有两个桩点才可恢复轴线的方向。为防止破坏，可以多设几个。在曲线桥上相近墩、台的护桩纵横交错，使用时极易弄错，所以在桩上一定注意注明墩、台的编号。

（四）桥梁细部施工测设

所有的测设工作遵循一个共同原则，即先测设轴线，再依轴线测设细部。就一座桥梁而言，应先测设桥轴线，再依桥轴线测设墩、台位置；就每一个墩、台而言，则应先测设墩、台本身的轴线，再根据墩、台轴线测设各个细部。其他各个细部也是如此。这就是所谓"先整体，后局部"的测量基本原则。

在桥梁的施工过程中，随着工程的进展，随时都要进行测设工作，细部测设的项目繁多，桥梁的结构及施工方法千差万别，所以测设的内容及方法也各不相同。总的来说，主要包括基础测设，墩、台细部测设及架梁时的测设工作。现择其主要方面简单说明。

中小型桥梁的基础，最常用的是明挖基础和桩基础。在墩、台位置处挖出一个基坑，将坑底平整后，再灌注基础及墩身。根据已经测设出的墩中心位置和纵、横轴线及基坑的长度和宽度，测设出基坑的边界线。在开挖基坑时，根据基础周围地质条件，坑壁需放有一定的坡度，可根据基坑深度及坑壁坡度测设出开挖边界线。边坡柱至墩、台轴线的距离 D 按下式计算：

$$D = \frac{b}{2} + h \cdot m + l$$

式中，b 为基础底边的长度或宽度；h 为坑底与地面的高差；m 为坑壁坡度系数的分母；l 为基底每侧加宽度。

桩基础是在基础的下部打入桩基，在桩群的上部灌注承台，使桩和承台连成一体，再在承台以上灌注墩身。

它是以墩、台的纵、横轴线为坐标轴，按设计位置用直角坐标法测设；或根据基桩的坐标依极坐标的方法置仪器于任一控制点进行测设。后者更适合于斜交桥的情况。在基桩施工完成以后，承台修筑以前，应再次测定其位置，作为竣工资料。

明挖基础的基础部分、桩基的承台以及墩身的施工测设，都是先根据护桩测设出墩、台的纵、横轴线，再根据轴线设立模板。即在模板上标出中线位置，使模板中线与桥墩的纵、横轴线对齐，即为其应有的位置。

架梁是建造桥梁的最后一道工序。无论是钢梁还是混凝土梁，无论是预制梁还是现浇梁，同样需要相应的梁部测设工作。

梁的两端是用位于墩顶的支座支撑，支座放在底板上，而底板则用螺栓固定在墩台的支撑垫石上。架梁的测量工作，主要是测设支座底板的位置，测设时也是先设计出它的纵、横中心线的位置。支座底板的纵、横中心线与墩、台的纵、横轴线的位置关系是在设计图上给出的。因而在墩、台顶部的纵、横轴线测设出以后，即可根据它们的相互关系，用钢尺将支座底板的纵、横中心线测设出来。对于现浇梁则其测设工作相对更多些，需要测设模板的位置并根据设计测设和检查模板不同部位的高程等。

另外，在桥梁细部测设过程中，除平面位置的测设外，还有高程测设。墩台施工中的高程测设，通常都是在墩台附近设立一个施工水准点，根据这个水准点以及水准测量方法测设各部的设计高程。但在基础底部及墩、台的上部，由于高差过大，难以用水准尺直接传递高程，可用悬挂钢尺的办法传递高程。

（五）桥梁变形观测与竣工测量

在桥梁的建造过程中及建成运营时，由于基础的地质条件不同，受力状态发生改变，结构设计施工、管理不合理，外界环境影响等原因，总会产生变形。

变形观测的任务，就是定期地观测墩、台墩、台及上部结构的垂直位移、倾斜和水平位移（包括上部结构的挠曲），掌握其随时间的推移而发生的变形规律。以便在未危及行车安全时，及时采取补救措施。同时，也为以后的设计提供参考数据。

随着桥梁结构的更新，如箱型无碴无枕梁的采用，对桥梁变形的要求日益严格，因为微小的变形，就会引起桥梁受力状态的重大变化。所以桥梁的变形观测是一项十分重要的工作。至于观测的周期，则应视桥梁的具体情况而定。一般来说，在建造初期应该短些，在变形逐步稳定以后则可以长些。在桥梁遇有特殊情况时，如遇洪水、船只碰撞等，则应及时观测。观测的开始时间应从施工开始时即着手进行，在施工时情况变化很快，观测的周期应短，观测工作应由施工单位执行。在竣工以后，施工单位应将全部观测资料移交给运营部门，在运营期间，则由运营部门继续观测。

1. 墩台的垂直位移观测

（1）水准点及观测点的布设

为进行垂直位移观测，必须要在河流两岸布设作为高程依据的水准点，在桥梁墩、台上还要布设观测点。垂直位移观测对水准点的要求是水准点要十分稳定，因而必须建在基岩上。有时为了选择适宜的埋设地点，不得不远离桥址，但这样工作又不方便，所以通常在桥址附近便于观测的地方布设工作基点。日常的垂直位移观测，即工作基点施测，工作基点要定期与水准基点联测，以检查工作基点的高程变化情况。在计算桥梁墩、台的垂直位移值时，要把工作基点的垂直位移考虑在内，如果条件有利，或桥梁较小，则可不另设水准基点，而将工作基点与水准基点统一起来，即只设一级控制。无论是水准基点还是工作基点，在建立施工控制时就要予以考虑，即在施工以前，就要选择适宜的位置将它们布设好，以求得施工一级运营中的垂直位移观测，保持高程的统一。

观测点应在墩、台顶部的上下游各埋设一个，其顶端做成球形，之所以要在上下游各埋设一个，是为了观测墩、台的不均匀下沉及墩、台的倾斜。

（2）垂直位移观测

垂直位移观测的精度要求甚高，所以一般都采用精密水准测量。但这种要求并非指的绝对高程，而是指水准基点与观测点之间的相对高差。

观测内容包括两部分：一部分是水准基点与工作基点联测，称为基准点观测；另一部分是根据工作基点测定观测点的垂直位移，称为观测点观测。

基准点观测，当桥长在 300m 以下时，可用三等水准测量的精度施测；在 300m 以上时，用二等水准的精度施测；当桥长在 1000m 以上时，则用一等水准测量的精度施测。基准点观测的水准路线必须构成环线。

基准点的观测，每年进行一次或两次，每次观测时间及条件应尽可能相近，以减少外界条件对成果的影响。由于各次观测路线相同，在转折点处也可埋设一些简易的标志，这样可省去每次选点的时间，同时各次的前后视距相同，有利于提高观测的精度。

观测点的观测则是从一岸的工作基点附合到另一岸的工作基点上。由于桥梁构造的特殊条件，只能在桥墩上架设仪器，而且受梁的阻挡，还不能观测同一墩上的两个水准点，所以只能由上下游的观测点分别构成两条水准路线。

基准点闭合线路及观测点附合线路的闭合差，均按测量的测站数多少进行分配，将每次观测求得的各观测点的高程与第一次观测数值相比，即得该次所求得的观测点的垂直位移量。如果高程控制采用两级控制，设置水准基点和工作基点，则计算垂直位移时还应考虑工作基点的下沉量。

为了计算观测精度，需要计算出一个测站上高差的中误差。在桥梁垂直位移观测中，路线比较单一，也比较固定。即从一岸的工作基点到对岸的工作基点，期间安置仪器的次数受墩位的限制都是固定的，也可视为等权观测，根据每条水准路线上往返测高差的较差，依下式即可算出一个测站上高差的中误差：

$$m_{站?} = \pm \sqrt{\frac{[dd]}{4n}}$$

式中，d 为每条水准路线上往返测高差的较差，以毫米为单位；n 为水准路线上单程的测站数。

在桥梁中间桥段上的观测点离工作基点最远，因而其观测精度也最低，称之为最弱点。最弱点相对工作基点的高程中误差依下式计算：

$$m_{弱?} = m_{站?} \sqrt{k}$$

$$k = \frac{k_1 \cdot k_2}{k_1 + k_2}$$

式中，k_1、k_2 分别为自两岸工作基点到最弱点的测站数。

垂直位移量是各次观测高差与第一次观测高差之差，则最弱点垂直位移量的测定中误差见下式。$m_{垂?}$ 应满足 $\pm 1mm$ 的精度。

$$m_{垂?} = \sqrt{2}\, m_{弱?}$$

（3）垂直位移观测的成果处理

根据历次垂直位移观测的资料，应按日期先后编制成垂直位移观测成果表，为了更加直观可见，通常还要根据垂直位移观测表，以时间为横坐标，以垂直位移量为纵坐标，对于每个观测点都绘出一条垂直位移过程线。绘制垂直位移过程线时，先依时间及垂直位移量绘出各点，将相邻点相连，构成一条折线，再根据折线修绘成一条圆滑的曲线。从垂直位移过程线上，可以清楚地看出每个点的垂直位移趋势、垂直位移规律和大小，这对于判断变形情况是非常有利的。如果垂直位移过程线的趋势是日渐稳定，则说明桥梁墩台是正常的，而且日后的观测周期可以适当延长，如果这一过程线表现为位移量有明显的变化，且有日益加速的趋势，则应及时采取工程补救措施。如果每个桥墩的上下游观测点垂直位移不同，则说明桥墩发生倾斜。

2. 墩台的水平位移观测

（1）平面控制网的布设

为测定桥梁墩台的水平位移，首先要布设平面控制网。对于平面控制网的设计，如果在桥梁附近找到长期稳定的地层来埋设控制点，可以采用一级布点，即只埋设基准点，如果必须远离桥梁才能找到稳定的地层，则需采用两级布点，即在靠近桥梁的适宜位置布设工作基点，用于直接测定墩台位移，而再在地层稳定的地方布设基准点，作为平面的首级控制。根据基准点定期检查工作基点的点位，以求出桥梁上各观测点的绝对位移值。

（2）墩台位移的观测方法

墩台位移主要产生于水流方向，这是因为墩台经常受水流的冲击，但由于车辆运行的冲击，也会产生顺桥轴线方向的位移，所以墩台位移的观测，主要就是测定在这两个互相垂直的方向上的位移量。

由于位移观测的精度要求很高，通常都需要达到毫米级，为了减少观测时的对点误差，在埋设标志时，一般都安置强制对中设备。

对于墩台沿桥轴线方向的位移，通常都是观测各墩中心之间的距离。采用这种方法时，各墩上的观测点最好布设成一条直线，而工作基点也应位于这条直线上。有些墩台的中心连线方向上有附属设备的阻挡，此时，可在各墩的上游一侧或下游一侧埋设观测点，而测定这些观测点之间的距离。每次观测所得观测点至工作基点的距离与第一次观测距离之差，即为墩台沿轴线方向的位移值。

对于沿水流方向的位移，在直线桥上最方便的方法是视准线法。这种方法的原理是在平行于桥轴线的方向上建立一个固定不变的铅直面，从而测定各观测点相对于该铅直面的距离变化，即可求得沿水流方向墩台的位移值。用视准线法测定墩台位移，有测小角法及活动觇牌法，现分别说明。

①测小角法：

如图 8-8 所示，图中 A、B 为视准线两端的工作基点，C 为墩上的观测点。观测时在 A 点架设经纬仪，在 B 点和 C 点安置固定觇牌，当测出 ∠BAC 以后，即可按下式计算出 C 点偏离 AB 的距离 d，即：

$$d = \frac{\Delta\alpha''}{\rho''} \cdot l$$

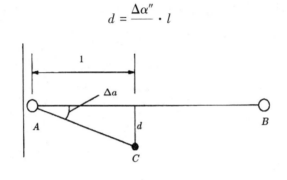

图 8-8　测小角法

角度观测的测回数视仪器精度及要求的位移观测精度而定。当距离较远时，由于照准误差增大，测回数相应增加。每次观测所求得的 d 值与第一次相较，即可求得改点的位移量。

②活动觇牌法：

所谓活动觇牌法，是指在观测点上所用的觇牌是可以移动的。它有微动和读数设备，转动微动设备，则觇牌可沿导轨作微小移动，并可在读数设备上读出读数。其最小读数可达 0.1mm。

观测时将经纬仪安置于一端的工作基点上，并照准另一端的工作基点上的固定觇牌，则此视线方向即为基准方向。然后移动位于观测点上的活动觇牌，直至觇牌上的对称轴线位于视线上，则可从读数设备上读出读数。为了消除活动觇牌移动的隙动差，觇牌应从左至右及从右至左两次导入视线，并取两次读数的平均值。为提高精度，应连续观测多次，将观测读数的平均值减去觇牌零位，及觇牌对称轴与标志中心在同一铅直线上时的读数，即得该观测点偏离视准线的距离。将每次观测结果与第一次观测结果相较，其差值即为该点在水流方向上的位移值。

在曲线桥上，由于各墩不在同一条直线上，因而不便采用上述的直线丈量法及视准线法观测两个方向上的位移，这时通常采用前方交会。

如果采用前方交会，则工作基点的选择除了考虑稳定、通视、避免旁折光外，尽量考虑优化设计的结果，使误差椭圆的短轴大致沿水流方向。由于变形观测的精度要求极高，所以观测所用的经纬仪应采用八级精度的。

不论采用什么方法，都要考虑工作基点也可能发生位移。如果采用 J_1 级布网，还要定期进行工作基点与基准点的联测，在计算观测点的位移时，应将工作基点位移产生的影响一起予以考虑。如果在桥墩的上下游两侧均设置观测点并定期进行观测，还可发现桥墩的扭动。对于在桥墩处水流方向不是很稳定的桥梁，这项观测也是十分必要的。

3. 上部结构的挠曲观测

桥梁通车，桥梁上承受静荷载或动荷载后，必然会产生挠曲。挠曲的大小，对上部结构各部分的受力状态影响极大。在设计桥梁时，已经考虑了一定荷载下它应有的挠曲值，挠曲值不应超过一定的限度，否则会危及行车安全。

挠曲的观测是在承受荷载的条件下进行的，对于承受静荷载时的挠曲观测与架梁时的拱度观测可以采用相同的方法。即按规定位置将车辆停稳以后，用水准测量的方法测出下弦杆上每个节点处的高程，然后绘出下弦杆的纵断面图，从图上即可求得其挠曲值。

在承受动荷载的情况下，挠曲值是随着时间变化的，因而无法用水准测量的方法观测。在这种情况下，可以采用高速摄影机进行单片或立体摄影。在摄影以前，应在上部结构及墩台上预先绘出一些标志点，在未加荷载的情况下，应先进行摄影，并根据标志点的影像，量测出它们之间的相对位置。加了荷载以后，再用高速摄影机进行连续摄影，并量测出各标志点的相对位置。由于摄影是连续的，所以可以求出在加了动荷载的情况下的最大瞬时挠曲值。现在有了带伺服系统的全站仪和高速摄影机一体化的挠曲仪，进行挠度观测和数据处理时更为方便。应该注意的是桥梁上部结构的挠曲与行车重量及行车速度是密切相关的。在观测挠曲的同时，应记下车辆重量及行车速度。这样，即可求得车辆重量、行车速度与桥梁上部结构挠曲的关系。它可以作为对设计的检验，同时也为运营管理提供科学的依据。

4. 桥梁的竣工测量

桥梁竣工后，为检查墩、台的各部尺寸、平面位置及高程正确与否，并为竣工资料提供数据，需进行竣工测量。桥梁的竣工测量主要根据规范要求，对已完成的桥梁进行全面的检测。竣工测量的主要内容有：

（1）测定墩距

测定各桥墩、台中心的实际坐标，检查各墩、台之间的跨距，并评定其精度；根据各跨的距离计算出桥长，与设计桥长进行比较。

（2）丈量墩、台各部尺寸

墩、台各部尺寸的丈量，是以墩、台顶已有的纵横轴线作为依据的。丈量内容有墩、台顶的长度与宽度，支承垫石的尺寸及位置。

（3）测定支承垫石顶面的高程

竣工测量结果应编写出墩、台中心距离表，墩、台顶水准点及垫石高程表和墩、台竣工平面图。

三、竖曲线的测设

在线路中，除了水平路段外，还不可避免地有上坡和下坡。两相邻坡段的交点称为变坡点。在路线纵坡变化处，考虑到行车的视距要求和行车平稳，在竖直面内应用曲线衔接起来，这种曲线称为竖曲线。竖曲线按顶点所在位置又可分为凸形竖曲线和凹形竖曲线。如图 8-9 所示，路线上有 3 条相邻的纵坡 i_1、i_2、i_3，在源 i_1 和 i_2 之间设置凸形竖曲线，在和之间设置凹形竖曲线。

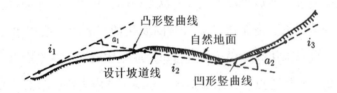

图 8-9　竖曲线

竖曲线一般采用较简单圆曲线，这是因为在一般情况下，相邻坡度差都较小，而选用竖直线的半径又较大，因此采用其他复杂曲线所得到的结果，基本上与圆曲线相同。根据路线相邻坡道的纵坡设计值 i_1 和 i_2，计算出竖曲线的竖向转折角 α。由于转折角 α 一般很小，而竖曲线的设计半径 R 较大，因此，可对转折角 α 的计算作一些简化处理：

$$\alpha = \arctan i_1 - \arctan i_2$$

$$\approx i_1 - i_2$$

竖曲线的计算元素为切线长 T、曲线长 L 和外矢距 E。由图 8-10 可得出：

$$L = R \cdot \alpha = R(i_1 - i_2)$$

由于 α 一般很小，而半径 R 较大，所以切线长 T 可近似以曲线长 L 的一半来代替，外矢距 E 也可按近似公式来计算，则有：

$$T \approx \frac{1}{2}L = \frac{1}{2}R(i_1 - i_2)$$

$$E \approx \frac{T^2}{2R}$$

又因 α 很小，故可认为 y 坐标轴与半径方向一致，也认为它是曲线上点与切线上对应点的高程差，由图 8-10 可得到：

$$(R + y)^2 = R^2 + x^2$$

$$即\ 2Ry = x^2 - y^2$$

由于 y^2 与 R 相比很小，故可将 y^2 略去，则有：

$$y = \frac{x^2}{2R}$$

求得高程差 y 之后，即可计算竖曲线任一点 P 的高程 H_p：

$$H_p = H \pm y_p$$

式中，H 为该点在切线上的高程，也就是坡道线的高程；y_p 为该点高程改正，当竖曲线为凸形曲线时，y_p 为负，反之为正。

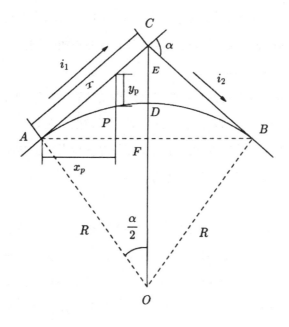

图 8-10　竖曲线

四、隧道施工测量

隧道工程施工需要进行的主要测量工作包括：

①洞外控制测量：在洞外建立平面和高程控制网，测定各洞口控制点的坐标和高程。

②进洞测量：将洞外的坐标、方向和高程传递到隧道内，建立洞内、洞外统一坐标系统。

③洞内控制测量：包括隧道内的平面和高程控制测量。

④隧道施工测量：根据隧道设计要求进行施工放样、指导开挖。

⑤竣工测量：测定隧道竣工后的实际中线位置和断面净空及各建（构）筑物的位置尺寸。

（一）洞外控制测量

1. 洞外平面控制测量

隧道的设计位置，一般是以定测的精度初步标定在地面上。在施工之前必须进行施工复测，检查并确认两端洞口中线控制桩的位置，还要与中间其他施工进口的控制点进行联测，这是进行隧道施工测量的主要任务之一，也为后续洞内施工测量提供依据。

一般要求在每个洞口应测设不少于3个平面控制点。直线隧道上，两端洞口应各确定一个中线控制桩，以两桩连线作为隧道中线；在曲线隧道上，应在两端洞口的切线上各确定两个间距不小于200m的中线控制桩，以两条切线的交角和曲线要素为依据，来确定隧道中线的位置。平面控制网应尽可能包括隧道各洞口的中线控制点，既可以在施工测量时提高贯通精度，又可减少工作量。

隧道洞外控制测量的目的是在开挖洞口之间建立精密的控制网，以便精确地确定开挖洞口的掘进方向，使之正确相向开挖，保证贯通的精确性。洞外平面控制测量应结合隧道长度、平面形状、线路通过地区的地形和环境等条件进行设计，常采用GPS法、精密导线法、中线法和三角锁法等测量方法进行施测。

（1）三角锁法

将测角三角锁布置在隧道进出口之间，以一条高精度的基线作为起始边，并在三角锁的另一端增设一条基线，以增加检核和平差的条件。三角测量的方向控制较中线法、导线法都高，如果仅从提高横向贯通精度的观点考虑，它是最理想的隧道平面控制方法。

由于光电测距仪和全站仪的普遍应用，三角测量除采用测角三角锁外，还可采用边角网和三角网作为隧道洞外控制。但从其精度、工作量等方面综合考虑，以测角单三角形锁最为常用。经过近似或严密平差计算可求得各三角点和隧道轴线上控制点的坐标，然后以这些控制点为依据，可计算各开挖口的进洞方向。

（2）精密导线法

在隧道进出口之间，沿勘测设计阶段所标定的中线或离开中线一定距离布设导线，采用精密测量的方法测定各导线点和隧道两端控制点的点位。

在进行导线点的布设时，除应满足规范规定的有关要求外，导线点还应根据隧道长度和辅助坑道的数量及位置分布情况布设。导线宜采用长边，且尽量以直线形式布设，这样可以减少转折角的个数，以减弱边长误差和测角误差对隧道横向贯通误差的影响。为了增加检核条件和提高测角精度评定的可行性，导线应组成多边形导线闭合环或具有多个闭合环的闭合导线网，导线环的个数不宜太少，每个环的边数不宜太多，一般在一个控制网中，导线环的个数不宜少于4个，每个环的边数宜为4~6条。导线可以是独立的，也可以与国家等级控制点相连。导线水平角的观测，宜采用方向观测法，测回数应符合表8-1的规定。

表 8-1　测角精度、仪器型号和测回数

三角锁、导线测量等级	测角中误差（″）	仪器型号	测回数
二	1.0	DJ_1	6~9
		DJ_2	9~12
三	1.8	DJ_1	4
		DJ_2	6
四	2.5	DJ_1	2
		DJ_2	4
五	4.0	DJ_2	2

当水平角为两方向时，则以总测回数的奇数测回和偶数测回分别观测导线的左角和右角。左右角分别取中数后按下式计算圆周角闭合差 Δ，其值应符合表8-2的规定。再将它们统一换算为左角或右角后取平均值作为最后结果，这样可以提高测角精度。

$$\Delta = [左角]_中 + [右角]_中 - 360°$$

表 8-2　测站圆周角闭合差的限差（″）

导线等级	二	三	四	五
Δ	2.0	3.6	5.0	8.0

导线环角度闭合差，应不大于按下式计算的限差：

$$f_{\beta限} = 2m\sqrt{n}$$

式中，m 为设计所需的测角中误差，单位为 s；n 为导线环内角的个数。

导线的实际测角中误差应按下式计算，并应符合控制测量设计等级的精度要求。

$$m_\beta = \pm\sqrt{\frac{[f_\beta^2/n]}{N}}$$

式中，f_β 为每一导线环的角度闭合差，单位为 s；n 为每一导线环内角的个数；N 为导线环的总个数。

导线环（网）的平差计算，一般采用条件平差或间接平差（可参考有关"测量平差"

255

教材）。当单线精度要求不高时，亦可采用近似平差。用导线法进行平面控制比较灵活、方便，对地形的适应性强。

（3）GPS法

隧道洞外控制测量可利用GPS相对定位技术，采用静态测量方式进行。测量时仅需在各开挖洞口附近测定几个控制点的坐标，工作量小、精度高，而且可以全天候观测，因此是大中型隧道洞外控制测量的首选方案。

隧道GPS控制网的布网设计，应满足下列要求：

①控制网由隧道各开挖口的控制点点群组成，GPS定位点之间一般不要求通视，但布设同一洞口控制点时，考虑到用常规测量方法检核及引测进洞的需要，洞口控制点间应当通视。

②基线最长不宜超过30km，最短不宜短于300m。

③每个控制点应有3个或3个以上的边与其连接，极个别的点才允许由两个边连接。

④点位上空视野开阔，保证至少能接收到4颗卫星的信号。

⑤测站附近不应有对电磁波有强烈吸收或反射影响的金属和其他物体。

⑥各开挖洞口的控制点及洞口投点高差不宜过大，尽量减小垂线偏差的影响。

比较上述几种平面控制测量方法可以看出，中线法控制形式计算简单、施测方便，但由于方向控制较差，只能用于较短的隧道。三角测量方法方向控制精度高，故在测距效率比较低、技术手段落后而测角精度较高的时期，是隧道控制的主要形式，但其三角点的定点布设条件苛刻。而精密导线法，图形布设简单，选点灵活，地形适应性强，随着光电测距仪的测程和精度的不断提高，已成为隧道平面控制的主要形式。若在水平角测量时使用精度较高的经纬仪，适度增加测回数或组成适当的网形，都可以大大提高其方向控制精度，而且光电测距导线和光电测距三角高程还可以同步进行，提高了效率，减小了野外劳动强度。GPS测量是近年发展起来的最有前途的一种测量形式，已在多座隧道的洞外平面控制测量中得到应用，效果显著。随着其技术的不断发展，观测精度的不断提高，未来必将成为既满足精度要求，又效率最高的隧道洞外控制方式。

2. 洞外高程控制测量

高程控制测量，是按照设计精度施测各开挖洞口附近水准点之间的高差，以便将整个隧道的统一高程系统引入洞内，保证在高程方向按规定精度正确贯通，并使隧道各附属工程按要求的高程精度正确修建。

高程控制常采用水准测量方法，但当山势陡峻采用水准测量困难时，三、四、五等高程控制亦可采用光电测距三角高程的方法进行。随着新型精密全站仪的出现和使用，在特定情况下，光电测距三角高程可以有条件地代替二等几何水准测量。

高程控制路线应选择连接各洞口最平坦和最短的线路，以期达到设站少、观测快、精度高的要求。每一个洞口应埋设不少于 2 个水准点，以相互检核；2 个水准点的位置，以能安置一次仪器即可联测为宜，方便引测并避开施工的干扰。高程控制水准测量的精度，应参照相应行业的测量规范实施。

（二）隧道内控制测量

在隧道施工中，随着开挖的延伸进展，需要不断给出隧道的掘进方向。为了正确完成施工放样，防止误差积累，保证最后的准确贯通，应进行洞内的平面控制测量。此项工作是在洞外平面控制测量的基础上展开的。隧道洞内平面控制测量应结合洞内施工特点进行。

1. 洞内平面控制测量

洞内平面控制测量常用的方法是精密导线法。导线控制的方法形式灵活，点位易于选择，测量工作也较简单，而且可有多种检核方法；构成导线闭合环时，角度经过平差，还可以提高点位的横向精度。施工放样时的隧道中线点依据临近导线点进行测设，中线点的测设精度能满足局部地段施工要求。洞内导线平面控制方法适用于长大隧道。

在洞内进行平面控制测量时应注意：

①洞内的平面控制网宜采用导线形式，并以洞口投点（插点）为起始点沿隧道中线或隧道两侧布设成直伸的长边导线或狭长多环导线。

②导线的边长宜近似相等，直线段不宜短于 200m，曲线地段不宜短于 70m。导线边距离洞内设施不小于 0.2m。

③当双线隧道或其他辅助坑道同时掘进时，应分别布设导线，并通过横洞连成闭合环。

④当隧道掘进至导线设计边长的 2~3 倍时，应进行一次导线延伸测量。

⑤对于长距离隧道，可加测一定数量的陀螺经纬仪定向边。

⑥当隧道封闭采用气压施工时，对观测距离必须作相应的气压改正。

⑦洞内导线计算的起始坐标和方位角，应根据洞外控制点的坐标和方位进行传算。

2. 洞内高程控制测量

洞内高程控制测量是将洞外高程控制点的高程通过联系测量引测到洞内，作为洞内高程控制和隧道构筑物施工放样的基础，以保证隧道在竖直方向正确贯通。

洞内水准测量与洞外水准测量的方法基本相同，但有以下特点：

①隧道贯通之前，洞内水准路线属于水准支线，故需往返多次观测进行检核。

②洞内三等及以上的高程测量应采用水准测量，进行往返观测；

四、五等也可采用光电测距三角高程测量的方法，应进行对向观测。

③洞内应每隔 200~500m 设立一对高程控制点以便检核。为了施工便利，应在导坑内拱部边墙至少每 100m 设立一个临时水准点。

④洞内高程点必须定期复测。测设新的水准点前，注意检查前一水准点的稳定性，以免产生错误。

⑤因洞内施工干扰大，常使用倒、挂尺传递高程，如图 8-11 所示，高差的计算公式仍用 h&=a—b，但对于零端在顶上的倒、挂尺（如图中 B 点倒尺），读数应作为负值计算，记录时必须在挂尺读数前冠以负号。

B 点高程为：

$$H_B = H_A + a - (-b) = H_A + a + b$$

洞内高程控制测量的作业要求、观测限差和精度评定方法应符合洞外高程测量的有关规定。洞内测量结果的精度必须符合洞内高程测量设计要求或规定等级的精度。

当隧道贯通之后，求出相向两水准路线的高程贯通误差，在允许误差以内时可在未衬砌地段进行调整。所有开挖衬砌工作应以调整后的高程指导施工。

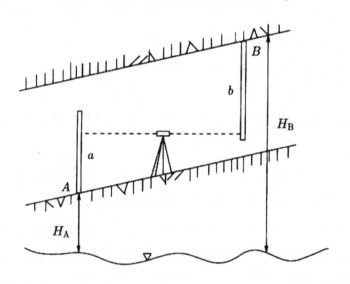

图 8-11　倒尺高程传递

（三）竖井联系测量

在隧道施工中，常用竖井在隧道中间增加掘进工作面，从多面同时掘进，可以缩短贯通段的长度，提高施工进度。这时，为了保证相向开挖面能正确贯通，就必须将地面控制网中的坐标、方向及高程，经由竖井传递到地下去，这些传递工作称为竖井联系测量。其中坐标和方向的传递，称为竖井定向测量。通过定向测量，使地下平面控制网与地面上有统一的坐标系统。而通过高程传递则使地下高程系统获得与地面统一的起算数据。竖井联系测量工作分为平面联系测量和高程联系测量。平面联系测量又分为几何定向（包括一井定向和两井定向）和陀螺定向。

1. 竖井定向测量

竖井定向测量包括投点和投向（定向）两项内容。投点是将地面一点向井下作垂直投影，以确定地下导线起始点的平面坐标，一般采用垂球或激光铅垂仪投点。投向就是确定井下导线边的起始方位角。

（1）投点

投点所用垂球的重量与钢丝的直径随井深而异：井深小于100m时，垂球重30~50kg；大于100m时为50~100kg。钢丝的直径大小取决于垂球的重量

由于井筒内受气流、滴水的影响，使垂球线发生偏移和不停的摆动，故投点分稳定投点和摆动投点。稳定投点是指垂球的摆动振幅小于0.4mm时，即认为垂球线是稳定的，可进行井上井下同时观测；垂球摆动振幅大于0.4mm时，则按照观测摆动的振幅度求出静止位置，并将其固定。

（2）连接测量

同时在地面和定向水平上对垂球线进行观测，地面观测是为了求得两垂球线的坐标及其连线的方位角；井下观测是以两垂球的坐标和方位角推算导线起始点的坐标和起始边的方位角。连接测量的方法很多，但普遍使用的是连接三角形法。

为提高定向精度，在点的设置和观测时，两垂球的距离应尽量大。所以，若实际有两个可用的竖井，井下有巷道相通，并能进行测量，就可在两井筒各下放一根垂球线，然后在地面和井下分别将其连接，形成一个闭合环，从而把地面坐标系的平面坐标和方位角引测到井下，此即两井定向。

2. 竖井高程传递

竖井高程传递的目的是将地面的高程系统传递到井下高程起始点上，建立井下高程控

制点，统一井下与井上的高程系统。从井上高程导入井下，常用的方法有钢尺导入法和光电测距仪导入法等。

为了提高测量精度，照准前视尺（钢尺）和照准后视尺（钢尺）应同时观测。观测时应测量井上及井下的温度。由于钢尺受客观条件的影响，因此，在计算 B 点高程时，应加入尺长、温度、拉力和钢尺自重等改正数。另外，导入高程需进行至少两次的独立测量，且在加入各项改正数后，前后两次导入高程之差也应满足规范规定的限差要求。

（四）隧道内施工测量

1. 进洞测量施工技术

在隧道开挖以前，必须根据洞外控制测量的结果，测算洞口控制点的坐标和高程。同时，按设计要求计算洞内中线点的设计坐标和高程，通过坐标反算，求出洞口待定点与洞口控制点（或洞口投点）之间的距离和角度关系。也可按极坐标或其他方法测设出进洞的开挖方向，并放样出洞门内中线点，这就是隧道洞外和洞内的联系测量（即进洞测量）。

（1）洞门的施工测量

进洞数据通过坐标反算得到后，应在洞口控制点（或洞口投点）安置仪器，测设出进洞方向，并将此掘进方向标定在地面上，即测设洞口投点的护桩标石方向。

在洞口的山坡面上标出中线位置和高程，按设计坡度指导劈坡工作。劈坡完成后，在洞帘上测设出隧道断面轮廓线，就可以进行洞门的开挖施工了。

（2）进洞测量

洞外控制测量完成之后，应把各洞口的线路中线控制桩和洞外控制网联系起来，为施工测量方便，也可建立施工坐标系。如若控制网和线路中线两者的坐标系不一致，应首先把洞外控制点和中线控制桩的坐标纳入同一坐标系内，即进行坐标转换。直线隧道，一般以线路中线作为 X 轴；曲线隧道，则以一条切线方向作为 X 轴，建立施工坐标系。用控制点和隧道内待测设的线路中线点的坐标，反算两点的距离和方位角，从而确定进洞测量的数据，把中线引进洞内。

①直线隧道进洞

直线隧道进洞计算比较简单，常采用拨角法。如图 8-12 所示，A、D 为隧道的洞口投点，位于线路中线上，当以 AD 为坐标纵轴方向时，可根据洞外控制测量确定的 A、B 和 C、D 点坐标进行坐标反算，分别计算放样角围和段。测设放样时，仪器安置在 A 点，后视 B 点，拨角水平角就可得到 A 端隧道口的进洞方向；仪器安置在 D 点，后视 C 点，拨水平角但，得到 B 端隧道口的进洞方向。

图 8-12　直线隧道

②曲线隧道进洞

曲线隧道每段洞口切线上的两个投点的坐标在平面控制测量中已计算出，根据四个投点的坐标可算出两切线间的偏角 α。α 值与原来定测时所测得的偏角值可能不相符，应按此时所得。值和设计所采用曲线半径 R 和缓和曲线长，重新计算曲线要素和各主点的坐标。

曲线进洞测量一般有两种方法：一个是洞口投点移桩法，另一个是洞口控制点与曲线上任一点关系计算法。

洞口投点移桩法，即计算定测时原投点偏离中线（理论中线）的偏移量和移桩夹角，并将它移到正确的中线上，再计算出移桩后该点的隧道施工里程和切线方向，于该点安置仪器，就可按曲线测设方法测设洞门位置或洞门内的其也中线点。

洞口控制点与曲线上任一点关系计算法是将洞口控制点和整个曲线转换为同一施工坐标系，无论待测设点位于切线、缓和曲线还是圆曲线上，都可根据其里程计算出施工坐标，在洞口控制点上安置仪器用极坐标法测设洞口待定点。

2. 洞内施工中线测量

隧道洞内掘进施工，是以中线为依据进行的。当洞内敷设导线之后，导线点不一定恰好在线路中线上，也不可能恰好在隧道的轴线上（隧道衬砌后两个边墙间隔的中心即为隧道中心轴线，其直线部分与线路中线重合；而曲线部分由于隧道断面的内、外侧加宽值不同，所以线路中心线与隧道中心线并不重合）。施工中线分为永久中线和临时中线，永久中线应根据洞内导线测设，中线点间距应符合表 8-3 的规定。

表 8-3　永久中线点间距（m）

中线测量	直线地段	曲线地段
由导线测设中线	120~250	60~100
独立中线法	不小于 100	不小于 50

（1）由导线测设中线

用精密导线进行洞内控制测量时，应根据导线点位的实际坐标和中线点的理论坐标，反算出距离和角度，用极坐标法测设出中线点。为方便使用，中线桩可同时埋设在隧道的底部和顶板；底部宜采用混凝土包木桩，在桩顶钉一颗钉子以示点位；顶板上的中线桩点，可灌入拱部混凝土中或打入坚固岩石的钎眼内，且能悬挂垂球线以标示中线。测设完成后应进行检核，确保无误。

（2）独立中线法

对于较短隧道，若用中线法进行洞内控制测量，则在直线隧道内应用正倒镜分中法延伸中线；在曲线隧道内一般采用弦线偏角法，也可采用其他曲线测设方法延伸中线。

（3）洞内临时中线的测设

隧道的掘进延伸和衬砌施工应测设临时中线。随着隧道掘进的深入，平面测量的控制工作和中线测量也需紧随其后。当掘进的延伸长度不足一个永久中线点的间距时，应先测设临时中线点。点间距离，一般直线上不大于30m，曲线上不大于20m。为方便掌子面的施工放样，当点间距小于此长度时，可采用串线法延伸标定简易中线，超过此长度时，应该用仪器测设临时中线，当延伸长度大于永久中线点的间距时，就可以建立一个新的永久中线点。永久中线点应根据导线或用独立中线法测设，然后根据新设的永久中线点继续向前测设临时中线点。当采用全断面法开挖时，导线点和永久导线点都应紧跟中线点，这时临时中线点要求的精度也较高；供衬砌用临时中线点，直线上应采用正倒镜压点或延伸，曲线上可用偏角法、长弦支距法等方法测定，宜每10m加密一点。

3. 掘进方向指示

应用经纬仪指示，根据导线点和待定点的坐标反算数据，用极坐标的方法测设出掘进方向。还可应用激光定向经纬仪或激光指向仪来指示掘进方向。利用激光指向仪发射的一束可见光，指示出中线及腰线方向或它们的平视方向。激光指向仪具有直观性强、作用距离长、测设时对掘进工序影响小、便于实现自动化控制的优点。如采用机械化掘进设备，则配以装在掘进机上的光电跟踪靶，当掘进方向偏离了指向仪的激光束时，光电接收装置将会通过指向仪表给出掘进定向的自动纠正，激光指向仪可以被安置在隧道顶部或侧壁的锚杆支架上。

4. 开挖断面的放样

开挖断面的放样是在中垂线和腰线基础上进行的，包括两侧边墙、拱顶、底板（仰拱）三部分。根据设计断面的宽度、拱脚和拱顶的标高、拱曲线半径等数据放样，常采用断面支距法测设断面轮廓。

全断面开挖的隧道，当衬砌与掘进工序紧跟时，两端掘进至距预计贯通点各 100m，开挖断面可适当加宽，以便于调整贯通误差，但加宽值不应超过该隧道横向预计贯通误差的一半。

（五）隧道贯通测量

为了加快隧道的施工进度，隧道施工通常是在进口和出口相向开挖。贯通测量的任务是指导贯通工程的施工，以保证隧道能在预定贯通点贯通。由于地面控制测量、竖井联系测量以及地下控制测量中的误差，使得贯通工程的中心线不能相互衔接，所产生的偏差即为贯通误差。其中在施工中线方向的投影长度称为纵向贯通误差，在水平面内垂直于施工中线方向上的投影长度称为横向贯通误差，在竖直方向上的投影长度称为高程贯通误差。纵向贯通误差仅影响隧道的长度，对隧道的质量没有影响。高程要求的精度，使用一般水准测量方法即可满足施工要求。横向贯通误差会直接影响施工质量，严重时甚至会导致隧道报废。所以，一般所说的贯通误差，主要是指隧道的横向贯通误差。

为了加快隧道施工进度，除了进、出口开挖面外，还常采用横洞、斜井、竖井、平行导坑等方式增加开挖面。隧道的开挖总是沿线路中线向洞内延伸的，保证隧道在贯通时两相向开挖施工中线的相对错位不超过规定的限值。施工作业前，应根据贯通误差容许值，进行贯通测量的误差预计。鉴于横向贯通误差对隧道贯通影响最大，直线隧道大于1000m，曲线隧道大于 500m 就要进行误差预计。即在进行平面控制测量设计时，应进行横向贯通误差的估算。

各种贯通工程的容许贯通误差视工程性质而定。在铁路隧道贯通时，两开挖洞口间长度小于 4km 时，隧道的横向贯通中误差的限差为 ±0.1m；两开挖洞口间长度在 4~8km 时，隧道的横向贯通中误差的限差为 ±0.15m；高程贯通中误差的限差都为 ±0.05m。在矿上开采和地质勘探施工时，隧道的横向贯通中误差的限差为 ±（0.3~0.5）m，高程贯通中误差的限差为 ±（0.2~0.3）m。

工程贯通后的实际横向偏差值可采用中线法测定，即将相向掘进的隧道中线延伸至贯通面，分别在贯通面上钉立中线的临时桩，测量临时桩之间的水平距离，即为实际横向贯通误差。也可在贯通面上设立一个临时桩，分别利用两侧的地下导线点测定该桩位的坐标，利用两组坐标的差值求得横向贯通误差。

对于实际高程贯通误差的测定，一般是从贯通面一侧有高程的腰线点上用水准仪联测到另一侧有高程的腰线点，其高程闭合差就是贯通巷道在竖向上的实际偏差。

参考文献

[1] 徐善初，董道军，王晓梅．土木工程施工［M］．武汉：中国地质大学出版社，2017.12.

[2] 张春姝．土木工程施工技术［M］．北京：航空工业出版社，2017.09.

[3] 韩俊强，袁自峰．土木工程施工技术第 2 版［M］．武汉：武汉大学出版社，2017.07.

[4] 董博，罗祥．高等教育工程造价专业"十三五"规划系列教材土木工程施工［M］．成都：西南交通大学出版社，2017.01.

[5] 刘伯权，吴涛，黄华．土木工程概论第 2 版［M］．武汉：武汉大学出版社，2017.07.

[6] 白会人．土木工程测量第 3 版［M］．武汉：华中科技大学出版社，2017.09.

[7] 周明华．土木工程结构试验与检测第 4 版［M］．南京：东南大学出版社，2017.09.

[8] 王星捷，左欢欢，池跃龙，袁自峰．土木工程 CAD 第 2 版［M］．武汉：武汉大学出版社，2017.07.

[9] 1 林龙镔，张荣洁．土木工程测量［M］．北京：北京理工大学出版社，2018.03.

[10] 付克璐．土木工程测量［M］．北京：北京理工大学出版社，2018.06.

[11] 杨红霞，郝艳娥，王磊，焦盼盼．土木工程测量［M］．武汉：武汉大学出版社，2018.01.

[12] 王天稳，李杉．土木工程结构实验第 2 版［M］．武汉：武汉大学出版社，2018.06.

[13] 帅映勇．土木工程专业英语［M］．北京：机械工业出版社，2018.11.

[14] 应惠清．土木工程施工下第 3 版［M］．上海：同济大学出版社，2018.05.

[15] 冯社鸣．建筑工程测量［M］．北京：北京理工大学出版社，2018.01.

[16] 王淑红，寸江峰．建筑工程测量［M］．北京：北京理工大学出版社，2018.01.

[17] 邓兮，乔雪，苏军德．测量学［M］．天津：天津大学出版社，2018.06.

[18] 卜良桃，曾裕林，曾令宏．土木工程施工［M］．武汉：武汉理工大学出版社，2019.11.

［19］续晓春．土木工程施工组织［M］．北京：北京理工大学出版社，2019.02.

［20］刘莉萍，刘万锋，杨阳，郭建博．土木工程施工与组织管理［M］．合肥：合肥工业大学出版社，2019.03.

［21］周合华．土木工程施工技术与工程项目管理研究［M］．文化发展出版社，2019.06.

［22］张亮，任清，李强．土木工程建设的进度控制与施工组织研究［M］．郑州：黄河水利出版社，2019.05.

［23］黄声享，高飞．土木工程测量［M］．武汉：武汉大学出版社，2019.03.

［24］熊峰．土木工程概论［M］．武汉：武汉理工大学出版社，2019.07.

［25］邱洪兴．土木工程概论第2版［M］．南京：东南大学出版社，2019.09.

［26］刘秋美，刘秀伟．土木工程材料［M］．成都：西南交通大学出版社，2019.01.

［27］袁荣才，兰进京，胡圣武，张健雄．土木工程测量学［M］．西安：西安地图出版社，2020.06.

［28］由爽．土木工程测试与监测技术［M］．北京：中国建材工业出版社，2020.04.

［29］余培杰，刘延伦，翟银凤．现代土木工程测绘技术分析研究［M］．长春：吉林科学技术出版社，2020.09.

［30］张广兴，张乾青．工程地质［M］．重庆：重庆大学出版社，2020.01.

［31］张彤．土木工程结构试验与检测实验指导书［M］．北京：冶金工业出版社，2020.10.

［32］牛志宏，陈志兰．GPS测量技术［M］．郑州：黄河水利出版社，2020.06.

［33］熊春宝．测量学学科基础课适用第4版［M］．天津：天津大学出版社，2020.02.

［34］徐伟．土木工程施工［M］．武汉：武汉理工大学出版社，2021.02.

［35］胡利超，高涌涛．土木工程施工［M］．成都：西南交通大学出版社，2021.07.

［36］张泽平．土木工程施工第1版［M］．天津：天津科学技术出版社，2021.01.

［37］郭霞，陈秀雄，温祖国．岩土工程与土木工程施工技术研究［M］．文化发展出版社，2021.05.

［38］谢强，郭永春，李娅．土木工程地质第4版［M］．成都：西南交通大学出版社，2021.

［39］王瑛芳，周强．土木工程专业英语［M］．武汉：武汉理工大学出版社，2021.03.